大潮起之江

能源安全新战略的浙江实践

国网浙江省电力有限公司◎编著

浙江人民出版社

前 言

长桥外，东海边，群岛一线牵。这里曾经是海防前沿，1390座孤岛静默林立，如今，800多千米输电海缆就像海底蛟龙，连接一片向东是大海、角逐高质量发展的战略要地。

破困局，开新局。沿着“八八战略”的整体思路与具体部署，浙江省自2003年以来一张蓝图绘到底，系统推进能源供需平衡、技术突破、体制改革等领域发展，为习近平总书记“四个革命、一个合作”能源安全新战略的形成提供了丰富实践。

这其中，浙江省以电力为枢纽主轴、驱动多层次变革百花齐放的发展实践，书写了保障省域能源安全的精彩篇章，构成了新时代全面展示中国特色社会主义制度优越性“重要窗口”的亮丽风景线。

一

隔海相望的金塘岛、册子岛上，两座380米高的输电铁塔巍然耸立，连通舟山本岛与大陆电网。在中国电网建设史上，这是规模最大、技术难度最高的跨海工程——浙江舟山500千伏联网输变电工程，它创造了14项世界纪录，标志着中国掌握了国际一流的海洋输电技术。

电力、石化、风电、潮汐能等领域全面革新，让陆地面积约占浙江省1.3%、人口约占浙江省2%、建市仅30余年的舟山，站在国际能源革命前沿，成为浙江省面向海洋要空间、面向未来高质量发展的重要潜力点。

能源定兴衰。事实上，自18世纪中叶至今，能源革命一直是世界各国综合国力角逐的一条暗线。从工业革命视角看，新的能源利用方式直接开启了蒸汽时代、电气时代，在当前的信息时代、智能时代依然大放异彩。

2020年，埃隆·马斯克（Elon Musk）凭着特斯拉——以电力替代燃油的新能源汽车，超越了多位互联网领域巨头，成为世界首富。在第四次工业革命浪潮中，能源依然是重要的创新载体、国际竞争战场上的主角。

不止于经济，在综合国力的较量中，能源网络发挥的作用亦超出了以往的认知。相比早期“有与没有”的单线条角色，如今的能源网络已经渗透到社会的方方面面，其综合作用、应用潜力无可比拟。

比如，在新冠肺炎疫情的考验中，电网凭借着覆盖面广、灵敏度高、掌握信息量大等突出特点，在智能时代扮演了不可替代的功能角色。

（一）社会治理末梢“传感器”

老旧小区“小路多、流动人口多、外地租户多”，没有围墙和智慧门禁系统，给社区防疫带来了困难。国网浙江省电力有限公司（以下简称“国网浙江电力”）立足电力大数据信息，避免了挨家挨户询问过程中的交叉感染风险，精准反映农居群租点、老旧开放式社区人员的流动情况，反映社区居家隔离人员、独居老人、残障人士的生活状况，有效地提升了社区防疫的效率和能力。

国网杭州供电公司通过家庭智能电表，对滨江全域160个社区15余万户业主的1200余万条日用电量数据进行云端采集，将输出的“电力数据排查分析表”与社区工作人员的“防疫预警清单”进行比照，形成了疫情数字化联防联控、信息化群防群控的管用办法。

（二）企业复工复产“监测器”

2020年2月10日，拥有200多万家企业的经济大省浙江，开始有序引导复工复产。在现代经济体系中，跨地区、跨行业、跨属性的产业链协作能确保复工效率，但同时也考验着政府的决策能力。

国网浙江电力依托全覆盖、多维度的电力触角，发布的“企业复工电力指数”涉及多行业、多县（市、区）、多属性、多规模的企业用电动态，精确地反映了复工复产的进度和缺口，对政府有针对性地加强组织、出台政策具有较强的参考性、指导性。此外，基于用电量及业扩报装变化情况的“电力消费指数”，从区域、产业、行业、新基建、外贸等多个维度分析电力消费水平及发展趋势，真实地反映了经济运行动态。

（三）撬动实业金融“枢纽轴”

疫情给民营企业、小微企业、传统产业带来更大冲击，造成市场开拓、成本控制、资金流转、员工稳定“四难”问题，企业资金链紧张现象较为普遍。其间，国网浙江电力基于区块链技术的供应链金融服务在浙江试运行，以央企信用为纽带，盘活了数以千计的中小微供应商融资。

作为供应链枢纽企业的国网浙江电力，2019年全年采购规模约500亿元，仅浙江省内的一级供应商就有397家，三级供应商超过3600家。越靠近供应链末端，中小微制造企业就越多。立足供应链“枢纽企业”角色，依托“国家主权级信用评级”优势，该供应链金融服务平台发挥区块链技术不可篡改、公开透明、可溯源等优势，与金融机构合作搭建高信用、高效率、低成本融资平台，缓解多级供应商资金之急难题。

二

21世纪初，是浙江省能源供需矛盾最突出的时候，其中最直观的印象就是一个字——“缺”：支撑经济快速发展所消耗的煤炭、石油、天然气等一次能源，大多依靠省外调入；2003—2005年间累计少用电90多亿千瓦时，最大电力缺口一度达600万千瓦。

除了量的缺口，用能方式也走到了十字路口。那时候，经历数十年粗放式增长的浙江民营经济，也遇到了发展瓶颈，环境公共事件频发。随着生态建设大幕拉开，如何清洁用能、集约用能，成为当时浙江遇到的新课题。

彼时的浙江与近年的中国，用能处境有一定的相似之处。从微观事件看，2020年底，受持续低温寒流天气影响，加上疫情缓解后因工业生产快速恢复而造成用电剧增，南方多省电力供应形势严峻，多地企业和机关单位收到限电通知。“拉闸限电”再次出现在日常生活中。虽然出台限电举措的浙江并不缺电，只是省内个别地方为促进节能减排而采取限制电力消费措施，但这亦表明能源供需结构调整面临着考验。

从宏观背景看，一场能源变革势在必行：中国目前碳排放总量居世界第一位，面临巨大的减排压力；承诺二氧化碳排放力争于2030年前达到峰值，努力争取2060年前实现碳中和；根据IEA（国际能源机构）相关数据，中国平均能源利用效率低于世界的平均值，每万美元GDP能耗高于世界平均水平的40%以上，为美国的两倍左右。

浙江是中国革命红船起航地、改革开放先行地、习近平新时代中国特色社会主义思想重要萌发地。多年来，浙江在诸多领域敢于发现问题、化解问题，并不断输出浙江经验。

回过头看，2003年以来浙江省破解“能源小省、经济大省”发展困局的前瞻部署、系列举措，为当前“四个革命、一个合作”能源安全新战略的形成，提供了宝贵的前期探索、丰富实践。

（一）更新能源消费观

一是深入推进节能降耗。沿着“把解决电力短缺问题同调整优化产业结构、技术结构和产品结构有机结合起来，淘汰落后产能”，“抓好节电技术和设备的推广应用，提高能源利用效率，做好节能文章，努力创建资源节约型社会”的思路，化瓶颈为动力，倒逼产业结构调整，改变粗放用能惯性。2019年，浙江万元GDP能耗0.39吨标准煤，位居国内前列。“十三五”以来，浙江以年均3.3%的能源消费增速，保障了年均7.3%的GDP增速，单位GDP能耗累计下降14.3%。

二是持续扩大电能替代范围。从居民家用到服务业生产，再到工业生产，浙江省持续提升终端能源消费中的电能占比，比重达35%，居全国领先水平。2019年，浙江煤炭消费占比降低至45.3%，非化石能源消费占比达19.8%，能源清洁低碳化水平在长三角地区最高；城市公交中清洁能源车辆占比70%，部分城区实现清洁能源公交车全覆盖。

三是用电导向从“增量”转向“增效”。电力企业帮助社会优化用能方案，提升综合能效水平。比如，走在全国前列的国网浙江电力“智慧电务”，通过综合能源服务平台中的智慧电务模块，采集客户用能数据并进行分析，为企业提供24小时云监测、设备代运维、节能降耗、能源托管等组合式服务。

（二）密织多元供应网

一是做加法，扩大能源容量。浙江省委、省政府在2003年部署新一轮电力建设目标，规划在之后5年里以“3个1000万”缓解用电矛盾，即建成1000万千瓦装机容量的电厂、开工建设1000万千瓦电厂和开展1000万千瓦电厂的前期准备工作。此外，侧重电力结构调整，推进化石能源清洁高效利用、非化石能源规模化发展。到2020年底，浙江全省电力装机容量突破1亿千瓦，达1.014亿千瓦。其中，核电装机910.6万千瓦；清洁能源装机3784.2万千瓦，占比37%，比“十二五”末增长96%；光伏装机1516.8万千瓦，屋顶光伏装机规模为全国第一。

二是做乘法，提升机动能力。浙江省内有火电、风电、水电等13类电源，其中风电、光伏发电等清洁能源起到重要补充作用，但由于稳定性不足、难参与调峰等束缚，潜力难以发挥。对此，浙江探索应用由多种分布式电源、储能系统、能量转换装置、负荷以及监控保护装置汇集而成的小型发配电系统——“微网”，有效削弱分布式发电对电网的冲击和负面影响，充分整合分布式能源的优势。

（三）激发体制新活力

2005年5月，浙江省委提出加快能源建设以及要素配置市场化改革，以此缓解能源供给不足对地方发展的制约。这一省域战略层面提出的破题思路，是对能源体制改革的前瞻性探索。

2015年，中央提出进一步深化电力体制改革，明确了改革重点和路径。立足省情，浙江省进一步提出建立以电力现货市场为主体、电力金融市场为补充的省级电力市场体系。目前，浙江已建成国内首个“数据统一、流程贯通”的基于云架构体系的现货市场技术支持系统，实现主要功能一体化平台支撑。

2020年，浙江省电力市场化交易电量提高到2100亿千瓦时，其中普通直接交易、售电市场交易、现货市场交易规模分别达到1700亿千瓦时、300亿千瓦时和100亿千瓦时，全省市场化电量占全社会用电量的比例提高到43%左右。

（四）挺立数字化潮头

当前新一轮科技革命、产业变革正在重构全球创新版图，重塑全球经济结构，其中，能源技术革命依旧是全球科创旋风的核心轴。以绿色低碳为方向，以数字技术应用为路径，电力企业变革有着巨大的想象空间。

身处“数字中国”前沿，浙江全面推进数字化改革，浙江电力企业技术革命有更肥沃的土壤，也肩负着更重的使命。多年来，以柔性直流输电技术、舟山500千伏联网输变电工程、能源互联网形态下多元融合高弹性电网等为代表，浙江电力企业取得了一系列前沿技术突破。

（五）内引外联谋合作

放眼全局谋一域，从起初“跳出浙江发展浙江、立足全国发展浙江”，到“利用两个市场、两种资源，在境外建立能源原材料基地”，从能源终端产品的引进，到能源上游产业的国际合作，全球视野下的浙江能源国际合作格局加速形成。

浙江省把对外合作作为解决能源短缺问题的重要路径，走内引外联之路，寻找战略合作伙伴。“十三五”期间，浙江率先建成“两交两直”特高压交直流电网，我国西南、西北清洁能源直入浙江；共成交外购电交易电量7390亿千瓦时，其中清洁能源交易电量4500亿千瓦时，外来电比例从29.6%增至37%；在安徽、新疆、宁夏等地建成电源基地，在新疆建成世界单体最大的煤制天然气项目；投资运营巴西圣西芒水电站，在“一带一路”能源国际合作上迈出新步伐。

三

2003年以来，浙江省久久为功、推动能源格局嬗变的历程，不仅解决了省域用能问题，更是一场契合方法论、战略思维与新发展理念的有益探索，具有丰富的实践价值。

（一）秉持“八八战略”，于危机中育先机

2003年7月，中共浙江省委举行第十一届四次全体会议，提出了面向未来要进一步发挥八个方面的优势、推进八个方面的举措，即“八八战略”。

多年来，“八八战略”是引领浙江发展的总纲领，是推进浙江各项工作的总方略，也同样是指引浙江破解能源困局、秉持优势化危为机的方法论。建设省级电力市场体系、“走出去”加强国际能源合作、面向海洋打造新型能源高地等改革创举，都可以在“八八战略”中找到理论源头。

值得一提的是，作为中国市场经济土壤最肥沃、创新氛围最浓郁的省份，浙江在能源发展实践中，始终贯彻基于市场、适应市场的改革创新。比如，浙江的电力交易、混合所有制改革、国资委“双百企业”综合改革、售电侧改革等一直走在全国前列，充分体现干在实处、走在前列、勇立潮头的浙江风采。

（二）战略思维谋划安全，夯实发展根基

在能源贫瘠之地、电力紧缺之际提出建设“电力大省”，将能源安全作为保障社会平稳有序发展的重中之重，充分体现了“夯基逐高、补短谋长”的战略思维。

"宁肯电等发展，不要发展等电"，这一基础设施建设适度超前的理念，在当前一些国家战略中也得到了体现。比如在脱贫攻坚战场上，路网、电网、水网、互联网等农村基础设施集中投资、全面完善，使得我国城乡时空距离显著缩小，国家版图经络更加畅通，也成为乡村振兴战略实施的基础工程、前置工程。

（三）践行新发展理念，展现能源新面貌

浙江是"绿水青山就是金山银山"理念发祥地，是全国典型的"协调均衡省份"，是践行新发展理念的模范生。在能源安全建设进程中，浙江的能源企业树立了更高目标，展现了新面貌。

从共享角度看，2016年以来，通过调整两部制电价计费方式、推进输配电价改革等，持续降低大工业企业用电成本。在应对新冠肺炎疫情中，国网浙江电力首创"企业复工电力指数""转供电费码"，坚决贯彻落实阶段性降电价等政策，2020年降低社会用能成本112亿元；在全国首推基于区块链技术的供应链金融服务，帮助中小微企业融资超17亿元。

遵循浙江"努力成为新时代全面展示中国特色社会主义制度优越性的重要窗口"的新目标新定位，承接国家电网公司具有中国特色国际领先的能源互联网企业战略目标，国网浙江电力把革命红船承载的"首创、奋斗、奉献"精神转化为先行示范的强大动力，以"走在前、作示范，建设具有中国特色国际领先的能源互联网企业的示范窗口"为目标定位，加快建设多元融合高弹性电网，深入打造能源先进思想理念的发源和传播地、先进标准的制定和出产地、先进技术的创新和应用地，引领能源清洁低碳发展，支撑浙江高质量实现碳达峰，为浙江争创社会主义现代化先行省、打造"重要窗口"作出更大贡献。

第六章　引领发展

第七章　绿水青山

第八章　共同富裕

第九章　非常时刻

第十章 国际舞台

第十一章 红船领航

后 记

第一章

从节能降耗到能源消费革命

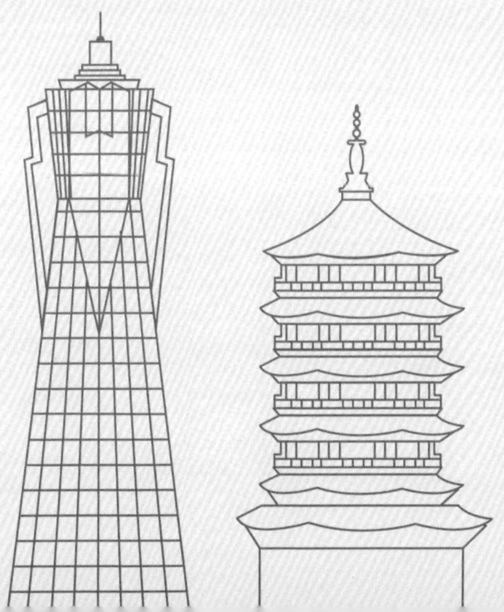

凭借“八八战略”这把“金钥匙”，浙江打开了一扇高质量发展的“大门”，经济、社会、文化等各方面全面发展，其中包括能源领域的日新月异。从“有序用电”到“需求响应”，庞大的负荷资源池被唤醒，电网与用户得以柔性互动。伴随着经济结构调整，能源结构也渐次优化。清洁替代、电能替代齐头并进，为绿色生活生产添动力。从降价到降量，企业能效水平大幅提升。在碳达峰、碳中和目标的引领下，一场声势浩大的能源革命在之江大地加速推进。

时代的印记：不断革新的用能史

浙江既是个经济大省，也是个能源资源小省。全省一次能源自产率只有5%左右，节能降耗是推动浙江发展的现实需要和内在动力。改革开放以来，快速发展的经济、急剧扩大的市场，让浙江的用能压力持续上升，并逐步出现供用电紧张的局面。

2003—2013年，浙江几乎每年用电高峰期都会因供电不足而实施错避峰方案，“有序用电”成为每年夏季企业和百姓耳熟能详的字眼。很多企业面临一周“停三开四”甚至“停四开三”的局面。往事令人不胜唏嘘，有的企业选择外迁，有的干脆关门歇业。

缺电困局持续多年。这一边警示着电力建设加码不足，另一边也意味着节能降耗尚存在更大空间。

2005年12月19日，时任浙江省委书记习近平同志在浙江省委经济工作会议上指出，坚持资源保障和节约利用并举，把节约放在首位，要着力搞好资源节约，杜绝资源浪费，降低资源消耗，在节约中求发展。2006年12月14日，习近平同志在浙江省委经济工作会议上指出，要完善监督管理和问责机制，把强化政治责任作为实现节能降耗和污染减排的关键环节，严格执行节能降耗和减少排放目标责任制。2007年1月10日，他在《浙江日报》“之江新语”专栏发表的《正确理解“好”与“快”》一文中指出，在制定工作目标时，“好”作为对经济发展质量和效益的要求，主要贯穿于以节能降耗减排为代表的约束性指标中。

在这一系列关于调整产业结构、推进节能降耗、控制不合理能源消费的思路指引下，国网浙江电力不断加强企业内部节能减排管理，加快淘汰高耗能变压器，应用节能工器具，有效降低配网线损，仅2012年就实现节约电量34509万千瓦时；同时，加强节能技术研究，促进生产运行环节节能减排。大力推进节能服务体系建设，成立浙江浙电节能服务公司，建设省级电能服务管理平台，建立能效服务网络，深入推广社会优化用电模式，全面开展社会节能宣传、推广和服务。

供电服务人员现场开展科学用电、节约用电宣传

与之一脉相承的是，通过浙江省域层面的不断探索、实践，习近平总书记有关节能降耗的理念也渐趋系统、成熟。这为日后能源消费革命理念的萌发、形成奠定了坚实基础。

时代在发展，节能降耗方式也在革新。

为更好地保障电网安全平稳运行，自2018年起，从“有序用电”演变而来的“需求响应”，作为一种有效的负荷调节手段被推广开来。

电力需求响应，是指电力市场价格明显升高（降低）或系统安全可靠性存在风险时，电力用户根据价格或激励措施，改变其用电行为，减少（增加）用电，从而促进电力供需平衡、保障电网稳定运行，这是需求侧管理的解决方案之一。参与需求响应的用户可获得相应补贴。相比传统偏行政手段的“有序用电”，“需求响应”无疑更趋于市场化。

截至2020年，需求响应有了全新特质。2020年，是“十三五”收官之年，“十四五”开局在即，颇具转折意味。充分唤醒负荷侧资源、接入可中断负荷……这些都是2020年国网浙江电力开展需求响应不同于往年的鲜明特点。

当下，浙江全年统调尖峰用电负荷95%以上累计时间约为27小时。针对年度尖峰负荷持续时间短、电网利用率不足的问题，国网浙江电力充分利用“互联网＋”、智能客户端、储能等先进技术手段，全方位挖掘工商业和居民生活领域的可转移负荷，组织实施“百万用户、百万千瓦”专项行动（以下简称“双百万行动”），即按照“每千瓦行动”理念，开展“百万用户参与、百万千瓦响应”需求响应，广泛发动各类用户参与，实现电力削峰填谷，加快可再生能源消纳，促进源网荷储友好互动，让电网“弹性”更足。

在“双百万行动”中，国网浙江电力快速构建电力需求侧实时管理系统，用此平台聚拢海量负荷资源，全面挖掘医药、钢铁、通用制造等行业用户的柔性中断负荷，并在大型商业酒店、商场等楼宇，实现中央空调的运行功率与冷却水温柔性调节。数以百万计的客户聚合成负荷资源池，参与削峰填谷，客户侧互动负荷资源被充分唤醒。

值得一提的是，这催动着新事物的产生。由于中小型负荷分布具有离散性，为有效利用这些分散的需求侧资源的调控潜力，负荷聚合商应运而生。各种灵活性资源如何通过市场实现资源优化配置，给电力市场建设带来了新挑战，而聚合商是解决上述问题的有效方法之一。中国电力市场正在稳步建设，随着发用电计划的逐步放开，数量巨大的小规模市场主体将进入市场，这为聚合商的发展提供了重要契机。聚合商与其代理的负荷之间通过协商确定代理模式。聚合商通过聚集代理各类互动负荷资源，打包后参与电网互动。

当前，浙江可柔性调节的资源池越来越大。湖州星星商业广场在2020年8月12日第一次参与了电力需求响应，从用能者成了“供能者”。广场中央空调与冷却水温的柔性调节，1小时可减少负荷520千瓦，广场运营方因此获得相应补贴。当年，国网浙江电力汇聚577万千瓦削峰负荷、322万千瓦填谷负荷的资源池，折算成经济价值，相当于建一座500万千瓦级的大型电站费用；针对电网设备故障、电力供需平衡、节假日填谷等多场景，累计按需开展需求响应实战122次，响应负荷2375万千瓦，单次最大响应负荷突破650万千瓦，创国内最高纪录。

企业支持、个体参与，更广泛力量的汇聚让电网有了更强的韧性。在国网浙江电力积极构建能源互联网形态下多元融合高弹性电网的背景下，电网正朝着“源网荷储柔性互动”方向发展升级。依托多元融合高弹性电网建设，电网与客户的界限被慢慢打破。国网浙江电力充分利用负荷侧可调节资源，推动源网荷储友好互动，通过引导全社会广泛参与电网调峰可以延缓电网高额投资、填谷可以实现清洁能源的安全消纳，有效确保电网供需平衡，实现安全效率双提升，以更柔性更智慧的方式让电网更具“弹性”，也让节能降耗得到更高水平的实现。

柔性可调节负荷规模达到千万千瓦级别，电网能抵御严重的故障冲击风险；单位GDP能耗下降率优于欧美等发达国家水平，全社会综合能效水平大幅提升；源网荷储四侧实现“即插即用”，各类能源互联互动、互通互济……这样的发展趋势，未来可期。

2020年，浙江全社会用电量达到4830亿千瓦时，比1949年增长了8186倍。1949年一年的用电量，放到现在只够用一个小时。这，是时代发展的印记。在节能降耗上，从刚性干预到柔性调节，这也是时代发展的印记。

随着历史车轮的滚滚向前，包含节能降耗等在内的能源转型大潮，踏浪而来。

能源转型的十字路口：清洁主导、电为中心

在人们日常生活中，能源的重要性就像空气一样，难以割离。但随着全球人口膨胀和工业化快速发展，能源紧缺危机正加速到来。据世界煤炭协会的说法，目前有1.1万亿吨左右煤炭，主要用作燃料来产生电力，但预计在150年后耗尽。据相关部门对世界能源统计评估显示，2017年的石油储量为1696.6亿桶，就算全球使用量保持现在的情况不变，预计也将在50.2年后耗尽……

危机怎么破？早在2014年，中国就提出了“能源消费革命”。2014年6月13日，习近平总书记在中央财经领导小组第六次会议上提出“四个革命、一个合作”能源安全新战略，为新时代中国能源发展指明方向。2016年12月，国家发改委、国家能源局印发《能源生产和消费革命战略（2016—2030）》，提出要推动能源消费革命，开创节能新局面。

推动能源消费革命，就是要抑制不合理能源消费，坚决控制能源消费总量，有效落实节能优先方针，把节能贯穿于经济社会发展全过程和各领域，坚定调整产业结构，高度重视城镇化节能，树立勤俭节约的消

费观，加快形成能源节约型社会。

进行能源消费革命，有其深刻的原因。

首先，碳排放压力大。中国目前的碳排放总量已居世界第一位。能源消费革命的持续深化势在必行。远景目标已定下：2020年9月22日，国家主席习近平在第七十五届联合国大会一般性辩论上发表重要讲话指出，中国将提高国家自主贡献力度，采取更加有力的政策和举措，二氧化碳排放力争于2030年前达到峰值，努力争取2060年前实现碳中和。

其次，中国能源利用方式整体仍较为粗放，全社会能效偏低。根据IEA相关数据，中国平均能源利用效率低于世界的平均值，每万美元GDP能耗高于世界平均值40%以上，为美国的两倍左右。2017年，浙江单位GDP能耗为0.41吨标准煤/万元，大大低于全国0.57吨标准煤/万元的平均水平，接近韩国同期水平，但仍为法国、日本、德国等发达国家的两倍左右。

虽然基于以煤炭为主的一次能源禀赋以及以第二产业为主的产业结构的客观原因，但仍清晰勾勒出了能源消费革命的必要性和方向。

此外，能源绿色发展消费成大趋势。从近10年能源消费结构数据看，煤炭消费占比呈下降趋势，2018年跌入60%以内，但短期内仍是中国主要能源来源。10年间，清洁能源消费占能源消费总量的比重从2009年的12%上升到2018年的22.1%，几乎翻一番。清洁能源消费占比持续提升。

推动能源消费革命，实现能源利用模式的清洁、低碳、高效转型，是中国能源发展的必由之路，是关系国计民生的重大战略问题。

而水能、核能、风能、太阳能等清洁能源无一例外都需要转换成电

嘉兴夏墓荡“渔光互补”水上光伏电站

力以供便捷传输和使用，这推动了终端消费环节上电能对化石能源的深度替代。研究表明，电气化水平每提高1个百分点，能源对外依存度就有望降低0.5—1个百分点；电能占终端能源消费的比重每提高1个百分点，能源强度可下降3.7%。

因此，优化用能方式，推动终端能源电气化，提升终端能源中的可再生能源比例，成为电网企业积极推动能源消费革命的重要手段和途径。

在浙江，围绕创建国家级清洁能源示范省的部署，国网浙江电力积极作为，大力推动发展清洁和可再生能源，同时推进终端用能再电气化。经过多年深耕，能源利用模式的清洁、低碳、高效转型，正在一步步落地。

当前，电能已成为浙江终端能源消费占比最高的用能方式，浙江电能占终端能源消费的比重达35%，居全国领先水平。

后续，浙江能源消费清洁化水平还将进一步提高。国家能源局发文指出，到2023年，浙江非化石能源消费（不含外来火电）占一次能源消费的比重要达到24%以上。随着白鹤滩直流满送浙江，将实现清洁能源示范省创建非化石能源消费占比24%的阶段性目标。而由于风电、光伏发电利用小时较低，单位装机发电量有限，浙江非化石能源消费提升主要靠核电和外来水电。随着再电气化进程加速、电能替代深化，电能占终端能源消费的比重也将进一步提高。

能源结构的调整，背后也是经济结构的调整。信息经济产业迅猛发展，先进制造业加快发展，现代农业稳步发展，高耗能、低小散产业纷纷寻求绿色智慧转型……随着结构优化，浙江经济内生动力不断增强。未来，新基建更多基于软件、数字孪生和虚拟空间，重点为5G、人工智能、工业互联网、物联网、数据中心等。这些智能化基础设施，空间巨大且持续时间长，将带来经济、社会的全面智能化。可以说，人工智能的快速发展改变着人们的衣食住行，改变着经济的运行效率，也推动着能源行业的高质量发展。

而碳达峰、碳中和目标的提出，无疑将深刻影响经济体系和能源体系的发展，带来双重效果。一方面，将转变国民经济体系，促进经济规模变动和产业结构演化；另一方面，会通过降低能源消耗强度、碳排放强度实现碳减排目标。可以预测，在碳中和发展趋势下，绿色建筑、交通运输和新能源的快速发展，能够有效带动产业经济发展。

以碳达峰、碳中和为契机，能源格局正加速向以清洁主导、电为中心的模式转变，重点聚焦在能源供给侧实施清洁替代、能源消费侧实施电能替代。能源系统在更大范围内实现互联互通发展，智能化电网将成为服务未来能源共享经济的骨干平台，更大规模的清洁能源将以电能的形式实现更大范围内的优化配置。能源电力技术向融合集成发展，一方面，高效清洁发电、先进输变电、大电网运行控制、电储能、需求侧响应等电力技术不断取得创新突破；另一方面，能源电力将与现代信息通信技术和控制技术深度融合，实现多能互补、智能互动，满足用户多元化的用能需求。

浙江能源转型正站在一个新的起点上，迈向更广阔的天地。

问道“电能替代”：绿色之风吹遍江南

在能源转型发展的过程中，电能替代被频频提及。不仅仅是众所周知的助力绿色发展，在它背后，还关联着牵动人心的能源安全问题。

加快推进能源生产和消费革命，可增强中国能源自主保障能力。而其中，重塑能源消费方式、不断提升电能在终端能源消费中的比重，便是路径之一。

电能是优质高效的二次能源，是能源转型的中心环节，经济价值相当于等量煤炭的17.3倍、石油的3.2倍，电能消费占终端能源消费的比重每提高1个百分点，能源强度下降3.7%。国网浙江电力在电源侧100%消纳新能源，在消费侧推动实施以全领域电能替代、综合能源服务等为重要载体的能源消费革命，加快浙江形成以电能为主的能源消费格局。

“电能替代”是近年来的热门词语，同时是历史的选择。规划发展电能替代是对能源结构优化、大气污染防治、提升居民生活水平等多方面进行基本的、整体的、长期的思考和设计，是对可持续发展战略的长远谋划。它是保障国家能源安全的重要举措。中国国内能源资源与生产力逆向分布，能源结构以煤为主，油气消耗严重依赖进口，能源开发加速向西部和北部转移，风电、太阳能发电等大规模、集约化发展，决定了全国优化能源资源配置的重要性。通过建设特高压电网，把西部、北部的火电、风电、太阳能发电和西南水电远距离、大规模输送到东部，在能源终端消费环节实施以电代煤、以电代油（气），是保障中国能源安全可靠供应的必然选择。同时，它更是服务碳中和、支撑经济转型升级的重要抓手。

在浙江，电能替代发展迎来了最好的时代。

近年来，浙江处于大力建设“两美浙江”、“国家清洁能源示范省”以及加快“腾笼换鸟”促进经济转型升级的进程中，明确提出转变能源利用方式，实现能源清洁化发展目标；为改善大气环境，浙江出台相关大气污染防治行动计划，大力引导用能企业和第三产业全面推行“煤（油）改电”……一切顶层设计都在为实施和推广电能替代提供有利的契机。

与此同时，随着浙江特高压的建成投运，大量清洁的西南水电送入浙江电网，为浙江实施清洁电能替代创造了条件。通过近几年配电网的大量投入，浙江的配网建设已取得长足进步，卡脖子、低电压、限扩区域逐步减少，成为电能替代工作全面推进的保障。

电能替代的实施，给浙江经济社会生活带来了深刻变化和深远影响，达到了规划预期。

从百姓的自觉认同，到遍布浙江大街小巷的小吃店纷纷站队“煤改电”，少了黑烟呛鼻，多了清爽洁净。浙江不少企业的全电食堂改造是浙江以电代气的一个缩影。与此前相比，改造后的全电食堂，无油料及燃料带来的油烟、噪声污染，既保障了食品安全与卫生，也改善了就餐环境。

除了助力环保，减少能源对外依赖以保障能源供给安全，电能替代带来的节能减排，更在助力企业以用能方式转变促进发展方式转变，促进产业转型升级。

在浙江黄岩北洋镇的绿沃川农场里，占地40余亩的蔬菜类薄膜智能联动温室内，只有10余名工人在打理相关工作。大棚内的光线、温度、水分可通过系统调节，同时播种育苗机可自动完成上土、打孔、放种子、加料、喷水等作业。农场采用全自动化无土栽培技术，没有污染物排放，整体环保、安全。

在湖州安吉，通过加快推进电气化改造，电能在终端能源的消费占比已提高至38.5%，促进传统农业示范点生产效率提升40%，推动30余家示范点企业综合能效提升20%，预计每年节约企业用能成本710万元，节省人工成本70%。

湖州安吉鲁家村电气化果蔬大棚

优势有目共睹，如今在浙江，电能替代已越来越受到重视与青睐。近年来，浙江电能替代终端技术快速发展，电能替代产品市场应用也日益成熟。电能替代终端技术有冰蓄冷技术、港口岸电技术、机场岸电技术；电能替代产品有热泵、电动泵、电厨具、电锅炉、电热水器、电窑炉、电阻炉、工业微波炉、电蒸汽发生器、电动汽车等；电能设备已广泛应用于工业生产、日常生活领域用以替代其他一次能源。

数据可以证明，在工业、绿色校园、全电景区、港口岸电、商业餐饮、居民再电气化等各重点领域，国网浙江电力加速终端能源消费市场再电气化。2018—2019年，国网浙江电力累计完成替代电量149.1亿千瓦时，支撑售电量增长2.1个百分点。2020年，国网浙江电力累计完成电能替代项目8731个，替代电量94亿千瓦时，同比增长19.39%，可以说是在新冠肺炎疫情影响下实现“逆势增长”。

数据背后，有“机器换人”的更多智慧增值可能，也有绿色发展带来的潜能。而不论是打造绿色农场还是绿色工厂，构建绿色发展体系、实现经济社会发展与生态的平衡，都是电网企业为社会经济发展寻求的可持续之道的创新举措。

2005年，时任浙江省委书记习近平在安吉考察时，首次提出了“绿水青山就是金山银山”的理念。“把绿水青山建得更美，把金山银山做得更大，让绿色成为浙江发展最动人的色彩。”浙江各界牢记嘱托，忠实践行“八八战略”，全面贯彻“绿水青山就是金山银山”理念，推进经济转型升级、资源高效利用、环境持续改善、城乡均衡发展，让幸福感飞入千家万户。

16年来，国网浙江电力坚持生态优先、绿色发展。大力推进电能替代，推动能源转型高质量发展，助力浙江清洁能源示范省建设，助力美丽浙江建设，这也是践行“绿水青山就是金山银山”理念的具体实践。

问道“电能替代”，可谓是补齐生态与经济发展不平衡的短板、锻造绿色新风尚的长板，更是增强能源保障供应的底气。

从“降价”到“降量”：促进企业高质量发展

除了力推电能替代助力经济实现可持续发展，在浙江，还有更加多元化的方式在推动着社会经济实现高质量发展。

从全国看，浙江是经济最活跃的省份之一，同时也是政府“店小二”思维最彻底的省份之一。何为“店小二”？就是一心一意提供好对企业的服务，做好“服务型政府”。国网浙江电力作为在浙央企，紧跟浙江省委、省政府的步伐，一直致力于降低企业用电成本，彰显央企责任担当，营造良好发展生态。

就拿2020年来说，国网浙江电力坚决执行国家阶段性优惠电价政策，不打任何折扣，促进经济发展和帮助小微企业渡过难关，全年为浙江企业节省电费达112亿元。

不仅仅是执行降价政策，国网浙江电力还以问题为导向，把眼光聚焦于政策落地的实际过程，通过在“网上国网”平台开发上线全国首个“转供电费码”，一举打破小微企业面临的转供电“信息壁垒”。“转供电费码”先后在浙江全省以及全国电网系统推广应用，助力广大小微企业享受应有的政策红利、节约用电成本。

国网浙江电力为企业提供生产用电服务保障

可以说，在“降价”这一环节，国网浙江电力不遗余力。但企业要获得可持续健康发展，仅仅靠“降价”，显然还是不够的。

除了通过“降价”增加企业获得感，国网浙江电力还通过“降量”，助力全社会能源实现可持续发展，即应用技术手段提高能源利用效率，提升全社会综合能效水平。

这也是能源转型发展的应有之义。随着中国经济高质量发展、能源转型加速，特别是在碳达峰、碳中和目标下，综合能源服务发展尤为关键。

能源系统转型与能源服务升级相伴而生、互促发展，能源系统转型是物理基础，决定了能源服务升级的发展方向。随着中国能源革命的纵深推进，能源生产方式和能源消费理念发生深刻变化，能源生产由供给侧向终端用户侧延伸，能源消费理念从能源供应向能源服务转变。在此背景下，综合能源服务应运而生。

综合能源服务是面向能源系统终端，以用户需求为导向，通过能源品种组合或系统集成、能源技术或商业模式创新等方式，使用户收益或满足感得到提升的行为。作为能源服务的高级形态，综合能源服务旨在提供符合能源发展方向、契合用户实际需求的能源解决方案，是推动能源革命的重要举措。同时，综合能源服务能够有效提升能效、促进清洁能源利用，大力发展综合能源服务将是推进中国能源低碳发展，实现碳达峰、碳中和目标的关键着力点。

在浙江，布局推广综合能源业务已有多年。

智慧电务就是基于企业用能数据而开发的一项综合能源服务业务。国网浙江电力通过综合能源服务平台中的智慧电务模块，采集客户用能数据并分析，为企业提供24小时云监测、设备代运维、节能降耗、能源托管等组合式服务，做到电力服务再升级和企业成本再降低。

宁波旭日泓宇科技有限公司是一家签订了智慧电务协议的企业。国网浙江电力综合能源服务人员通过智慧电务模块，发现该公司实际用电负荷不到变压器装机容量的40%，于是主动上门核对其用电需求。经确认，该公司在相当长时间内保持低负荷，国网浙江电力立即提供优化基本电费计算方式，由变压器容量计收基本电费方式变更为需量计算，每年可为该公司降低用电成本60多万元。

综合能源服务还能推动“亩均效益”提升。在浙江，“亩均论英雄”是地方经济治理的一场深刻变革，其旨在通过企业亩均效益综合评价和资源要素的差别化配置，推动资源要素向优质高效领域集中。

在此背景下，国网浙江电力为企业提供全方位的综合能源服务，实现企业用能状况的全面监控，促进企业节能降耗，推动企业在“亩均论英雄”赛跑中成为优等生。对企业而言，省下来的能源成本，可以再投向科技，向“专精特新”发展要活力，增强自身竞争力。

譬如衢州开化的做法。开化县创新设立了“亩均资金池”，全面推动企业节能降耗。该资金池是指对“亩产效益”综合性评价为D类企业征收的费用。这类企业由于在亩均效益、单位能耗、生产效率等综合评价上沦为“差生”，不仅无法享受各类财政奖补，而且还得执行用水、用电等资源要素差别化价格政策，并按照节能减排年度计划，被列为有序用电首批限电对象。而“亩均资金池”中的资金将用于助推工业园区优质企业节能降耗，实现正向激励，倒逼落后企业节能减排。

助力企业更好地用能，使得更多创新举措在浙江落地生根。

在国家电网公司的统一部署下，国网浙江电力于2020年正式推广应用能效账单，帮助企业实现用电更经济、更高效。

分析浙江企业客户数据显示，一般工商业企业客户数占企业客户总数的98%，呈现海量、长尾的特点。这部分客户专业力量配备不足，迫切需要接受电能能效服务。而网格化客户经理则找不到能效服务切入点，缺少能效服务工具，能效服务水平不高。面对这些问题，为中小型工商业企业客户提供在线电能能效服务的能效账单应运而生。

能效账单根据不同企业类型的差异化分析模型，为各类高压客户提供能效评价、电量电费构成分析、用能建议等服务，并综合以上因素，将企业用能评价分为一般（红码）、良好（黄码）、优秀（绿码）三个等级，为客户提供查阅及分享功能。

浙江桐庐千红笔业有限公司通过能效账单分析，优化了用电方式，从而节约了一笔电费。“能效账单”通过数字化、规范化和专业化升级，为企业提供了一套便捷经济的能效服务。像这样的应用场景和实例在浙江已十分普遍。

用能成本下降，便可助力企业有效激活其潜能。在节能降耗的大趋势下，我们看到企业正通过能效提升而享受到了更多获得感。

未来，随着综合能源服务内涵和外延的不断拓展与创新，以及综合能源服务需求的不断扩大，电网企业作为综合能源服务供应商的角色，将与客户产生越来越多、越来越高效的互动。通过综合能源服务的不断优化提升，促进企业高质量发展，这也是碳达峰、碳中和目标下的美丽愿景。

碳达峰、碳中和目标下的电力行动

在2020年12月16—18日举行的中央经济工作会议上，“做好碳达峰、碳中和工作”被列为2021年的重点任务之一。目前，全球已有54个国家的碳排放实现达峰，其中大部分为发达国家，约占全球碳排放总量的40%。在中国“2060年前实现碳中和”的愿景下，以2030年前实现碳达峰为第一阶段目标，面临着诸多挑战与难题。中国能源转型发展按下“加速键”。

浙江是“绿水青山就是金山银山”等重要理念的发祥地，同时具有互联网的先发优势和实体经济的雄厚基础，具备了高质量实现碳达峰、碳中和目标的基础和机遇。浙江省电能终端占比高、数字经济领跑全国、电力现货市场起步早，这为推进碳达峰、碳中和筑牢了良好的电气化数字化市场化根基。

诚然，挑战也很明显。浙江一次能源相对匮乏，主要依靠外来能源输入，能源供给模式在东部沿海地区具有代表性，能源消费仍以化石能源为主，非化石能源消费占比20%，产业结构低碳化进程仍有待加快。浙江需要在资源禀赋受限的条件下，探索出一条保持经济稳中向好发展、能源电力持续安全可靠供应的同时推进绿色低碳转型走在前列的高质量碳达峰路径。

在碳达峰、碳中和背景下，电力的关键性作用也将越来越被放大。电网作为连接能源生产和消费的平台，可以通过持续促进能源生产清洁化、能源消费电气化、能源利用高效化，发挥“纽带”“杠杆”作用。同时，新能源在未来电力系统中的主体地位，也首次得以明确。2021年3月15日在京召开的中央财经委员会第九次会议指出，要构建清洁低碳安全高效的能源体系，控制化石能源总量，着力提高利用效能，实施可再生能源替代行动，深化电力体制改革，构建以新能源为主体的新型电力系统。

新能源呈爆发式增长已是不争的事实。电力系统也因此将面临更多高质量发展矛盾，包括既要保障能源安全，又要推动低碳发展，还要降低用能成本。这也是实现碳达峰、碳中和必须破解的难题。

国网浙江电力探索解困思路，即建设能源互联网形态下多元融合高弹性电网，通过唤醒海量资源，让源网荷储全交互、安全效率双提升，实现内外资源极大调动、调节模式极大优化，更好地适应各类能源互联互通互济，提高能源资源广域优化配置能力和社会综合能效，实现保障能源安全、推动低碳发展、降低用能成本的“三重目标”，从而助力碳达峰、碳中和目标的实现。

这一解困思路得到业界一致认可。2020年12月国务院新闻办公室发布的《新时代的中国能源发展》白皮书强调，中国将着力建设多元清洁的能源供应体系，发挥电网优化资源配置平台作用，促进源网荷储互动协调。在2021年3月30日国务院新闻办公室举行的新闻发布会上，国家能源局电力司介绍，中国将着力构建适应大规模新能源发展的电力产供储销体系、提升电力系统的灵活调节能力、推动源网荷储的互动融合、加大新型电力系统关键技术推广应用、推进电力市场建设和体制机制创新。

在浙江各地，源网荷储互动融合、增加电力系统弹性的实践已经展开。

嘉善六百亩荡渔光互补项目

在电源供给侧，浙江一方面通过加快特高压环网建设，提升清洁能源入浙能力；另一方面积极发展本省风电、太阳能发电并确保全消纳。"十三五"期间，浙江光伏规模增长迅速，2020年底光伏发电装机容量为1517万千瓦，较2015年增长827%。光伏发电在浙江已成为仅次于火力发电的第二大电力来源。2021年3月22日12时23分，浙江全社会光伏发电输出功率达1004万千瓦，首次突破1000万千瓦。这意味着，该时刻浙江全省超1/7的用电由太阳能提供。

盘活存量也是浙江的创新实践。浙江结合各地用电高峰的实际，探索“错峰发电”，互换峰谷发电时间，让部分小水电站主动调配到晚上发电，将白天发电时间更多让“路”给风电、太阳能等新能源发电站。同时，减少调配火电资源弥补夜晚电网缺口的需要，实现本地用电需求的最大化可再生能源供给，减少损耗与二氧化碳排放，减少不必要的投资。浙江丽水等地还利用自身小水电站丰富的优势，建设“虚拟电厂”，把全域星罗棋布的1000多座风、光、水等可再生能源小型电站和百万个分散的负荷用户聚集起来，借助光纤、无线专网及北斗通信新技术，让原本海量的无序资源变得有序可调节，帮助电网全天候24小时开足马力为电源输送和负荷供能服务，形成了一个可根据电网需求提供绿色零碳电能的百万千瓦级“超大号电池”。

在电网输送侧，浙江实施传输通道动态增容，对现有设备进行技术改造，实时计算供电水平，改变刚性的输电限额，提升线路供电能力。杭州、湖州等地通过创新潮流控制技术，在不新建电网工程的情况下，将易过载的线路电流“挤压”到其他承载力更大的线路上，或者将电流“吸引”到宽松的线路上，从而动态优化电网潮流分布，有效缓解部分重载线路的过载压力，提升区域电网的整体承载力和安全性。

在储能侧，抽水蓄能是目前世界上技术最成熟的大规模储能方式，具有启停便捷、反应迅速、经济合理等优点；作为电力系统的“稳定器”“调节器”“平衡器”，是以新能源为主体的新型电力系统的重要组成部分。2020年12月20日，浙江湖州长龙山抽水蓄能电站送出工程正式投运。该电站投产后，在夜晚用电低谷期间用电抽水，将电能转化为水的势能；到白天用电高峰期间放水发电，缩减电网负荷峰谷差。这相当于给电网安上一个巨型“充电宝”，从而进一步提高电网弹性和用电稳定性。

在用户侧，各地主要通过工厂、商场、电动汽车充电设施等电力用户参与供需调节，来实现削峰填谷。

但要真正高质量实现碳达峰、碳中和目标，浙江还有很长的路要走。不论是修炼自身能力还是呼唤配套政策，能源领域的变革之路需要走得更深入更彻底。

2021年初，国家电网公司已率先发布碳达峰、碳中和行动方案，提出推动电网向能源互联网升级，打造清洁能源优化配置平台；推动网源协调发展和调度交易机制优化，做好清洁能源并网消纳；推动全社会节能提效，提高终端消费电气化水平；推动节能减排加快实施，降低自身碳排放水平；推动能源电力技术创新，提升运行安全和效率水平等举措。

在此遵循下，国网浙江电力将着力推进省域领先实践，当好能源清洁低碳发展的“引领者”，通过一系列首创性实践，加速碳达峰、碳中和电力行动，寻求全新突破。

第二章

从电力结构调整到能源供给革命

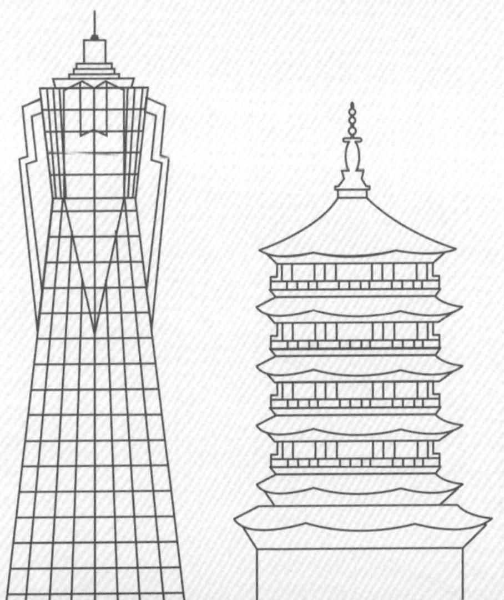

浙江一次能源匮乏，但又是能源消耗大省。21世纪初，浙江经历了严重的资源短缺，要素供给和环境承载力的瓶颈日益突出，遭遇“成长中的烦恼”。沿着“八八战略”和能源安全新战略指引的方向，浙江从快马加鞭搞建设、调整电力结构，到发展能源多元供应体系，逐步解决了能源供应紧缺问题，推进能源电力高质量供给，创新实践从电力结构调整到能源供给革命的这一重要转变。

筑牢能源电力供给基本盘

2020年夏，浙江电网负荷持续上升，全省11个地市电网负荷均创历史新高。2020年8月25日13时34分，浙江全社会最高用电负荷达9268万千瓦，相当于4座三峡水电站所有机组满功率供电，比2019年最高值多出751万千瓦，同比增长8.82%，已超过英国、法国、德国等发达国家规模，朝着亿千瓦时代迈进。

显然，浙江最高用电负荷的创纪录是有迹可循的。据国家统计局发布的数据显示：2020年中国第一季度GDP同比下降6.8%，但第二季度增长3.2%，第三季度同比增长4.9%。中国由此成为全球主要经济体中唯一实现正增长的国家。同期内，从2020年助力浙江复工复产起，面对新冠肺炎疫情和严峻复杂的内外部形势，国网浙江电力紧扣安全稳定大局，服务保障经济社会发展，推动国家电网战略目标落地先行，在能源电力供给方面取得新成绩，上半年完成售电量1796亿千瓦时，同比虽下降5.6%，但降幅相较于受疫情笼罩的第一季度已收窄8个百分点。其实，在国家电网公司的战略目标确定后不到2个月，国网浙江电力的售电量就已经转正向红，全年售电量更是达4187亿千瓦时、同比增长

2.8%。统筹疫情防控和经济社会发展，浙江经济快速恢复增长的势头强劲，而这其中，能源电力的稳定可靠供给就是最有力的支撑。

实际上，面对2020年新冠肺炎疫情的来袭，人们会联想起开始于2002年11月并历时半年多的“非典”。而假如时间的指针拨回到21世纪初，在用电高负荷之下，要使浙江电力供需平衡，全省电力供应平稳有序，没有出现影响电网安全稳定供电的断面和设备超限，简直是不可想象的。

浙江省的电力供应，在20世纪末曾达到相对平衡。进入21世纪后，浙江经济一路高歌猛进，无论是经济总量还是增长水平在当时都是连续多年走在全国前列。到了2002年，浙江省的GDP比上一年增长12.3%，高于全国平均值4.3个百分点。与此同时，经济发展的强劲势头也让浙江的用电水平处于全国领先的位置。2002年，浙江社会用电量首次突破千亿，达到1010.72亿千瓦时，比上一年增长19.13%，增幅居华东之首。当年，浙江的用电增幅已连续4年保持两位数增长。

这一全国领先的用电增速，又在2003年得到延续。不过，与之相伴的是浙江全社会用电量、统调最大负荷等指标不断刷新历史纪录，电力供需平衡不断被打破。

一方面，从2003年下半年开始，浙江的电源供应就极度吃力，全省14家大型火力发电厂只要机组状况允许，全部24小时满负荷运转。统调燃煤机组年平均发电利用小时达到7000小时左右，比全国平均水平高1000小时以上。另一方面，在2003年的前11个月里，浙江全社会用电量已同比增长22.68%，达到1124.8亿千瓦时；且统调最高负荷相较上一年增长24.6个百分点，达到1568万千瓦时，此二者均创历史新高。值得注意的是，统调最高负荷的计算，尚且已排除同一时刻的错峰、负荷控制等因素。而到了2003年的最后一个月，浙江全省每天的电力需求超过3亿千瓦时，但供电能力只有2.8亿千瓦时，用电缺口已在300万千瓦以上。至此，“拉闸限电”这个20世纪90年代初的常用词语，再度成为浙江居民生活的一部分。

面对有限的电能“粮草”，国网浙江电力全力抢建一批应急电力项目，并加强用电有序管理，调整用电结构，优化电力调度，加大节电工作力度，最大限度上让电于民。

实际上，从全国来看，当时电力乃至能源供应紧张是普遍性的问题。那一时期，浙江省委、省政府十分重视浙江的能源安全，并曾多次专题部署能源尤其是电力保障工作。早在2001年就基于浙江经济发展的需求，要求有关方面自筹资金，先期开展了嘉兴电厂二期、桐柏抽水蓄能等一批大电源点项目建设，并加快了宁海、乐清、兰溪、玉环等一大批电厂的前期准备工作。

桐柏抽水蓄能电站下水库面貌

而在2003年，一个具有战略定力的声音出现了。是年7月24日，时任浙江省委书记习近平在浙江省电力公司考察调研时强调，浙江省发展电力工业要树立发展是第一要务的观念，紧锣密鼓、快马加鞭地加快电源、电网建设，科学调度，合理规划，克服电力供应紧张的困难，为浙江省加快全面建设小康社会、提前基本实现现代化作出新贡献。

与浙江省委、省政府部署相呼应的，则是2003年确定的浙江新一轮的电力建设目标。按照当时的规划，在之后的5年时间里，浙江要以“3个1000万”缓解用电紧张矛盾，即建成1000万千瓦装机容量的电厂、开工建设1000万千瓦电厂、开展1000万千瓦电厂的前期准备工作。此后，嘉兴电厂二期扩建工程的4台60万千瓦机组分别在2004年7月至2005年10月相继投产；桐柏抽水蓄能电站4台单机容量30万千瓦的机组，则以国家批准工期提前10个月的速度，分别在2005年底及2006年下半年相继并网发电，并投入商业运行。大电源在各部门、各单位通力协作下，逐个投运发电。

在电源建设步伐逐渐加快的同时，超高压电网的建设也呈现出赶超的势头。

负责全省输变电建设的浙江省送变电工程公司，在2003年12月建成宁（波）温（州）输电线路工程，构建了浙东、浙南的500千伏环网，为浙江沿海大型火电、核电厂的接入系统构建创造了条件。2004年、2005年，浙江送变电以令人瞠目的速度，实现了属于浙江电网建设的“双千”，即2004年全年在浙江省投产500千伏变电容量达1000万千伏安，超过当年全国330千伏以上超高压投产变电容量的1/5；2005年在浙江省内投运500千伏输电线路达1000千米。

2005年末，浙江省拥有500千伏变电站16座，变电容量2725.9万千伏安；500千伏线路58条，全长3695.8千米；装机容量和年发电量均是20世纪90年代初的10余倍，跃居全国省级电网第二。浙江省初步建成了贯通东、西、南、北大电厂，外联沪、苏、皖、闽大电网的500千伏主网架。

到了2009年，浙江送变电的“双千”剧目更是同台上演，实现了同年完成500千伏线路超过1000千米和变电容量超过1000万千伏安的新飞跃。

此后的“十二五”期间，国网浙江电力又向着43项500千伏输变电工程的建设目标（新建变电站15座，变电容量增加3275万千伏安，线路3750千米）迈进，构筑形成以500千伏电网为骨干网架。这些500千伏的输电线路与变电站，成为2014年浙江一举扭转缺电困局的电力枢纽，也成了此后浙江发展能源互联网的电网基本盘。

特高压入浙，破解长期缺电困局

浙江素来一次能源匮乏，属于能源净输入省份。如今，浙江电网依旧是典型的省级受端电网，外来电占比超35%。而回溯21世纪初的浙江，需要消耗煤炭的火电厂占了省内发电的重头，这使得浙江能源供给对外来电具有先天依赖性。

然而，综观浙江在进入21世纪以来的电力供需平衡关系改善，可以看到，面对一次能源匮乏、外来电占比高等问题，浙江电力不断把劣势、短板转化成提升空间，把被动供应转变为主动供给。

正当2003年底浙江被贴上"拉闸限电"的标签时，就有数据预测，当年度能源短缺给浙江GDP带来的影响，几乎是"非典"造成的2倍。是年12月17日，浙江省政府第十七次常务会议召开，又一次专题研究了当时全省能源形势和能源工作，并一致认为第二年浙江省能源供给特别是电力供应形势仍十分严峻，明确了要在煤炭与成品油的需求快速增长的同时，多管齐下缓解能源特别是电力紧张的问题。

实际上，当时浙江省政府代表团已远赴中国北方，在中国煤炭资源最丰富的山西及内蒙古，与各大煤炭企业签署了中长期的煤炭购销合同，力求以此解决浙江本身缺煤少油的问题。与此同时，因本省电力紧缺，国网浙江电力此前就已成立了购电小组直接向外省买电，并累计购入电量达261亿千瓦时，最大购电负荷576万千瓦，最远买到四川二滩电厂，最短的只有一刻钟。而2003年度，浙江的外购电量已占浙江电网统调电量的三成左右。

从当时外省购电占比和本省电力供需紧张的态势来看，随着浙江经济社会的快速发展，即使加快推进省内电源与电网建设，浙江对外来能源的需求也将长期存在。

显然，到了“十二五”期间，国网浙江电力坚定不移地拓展省外能源合作渠道的做法，也证明了这一点。为深入推进当时浙江省“十二五”能源发展规划及电力发展规划的编制，浙江省能源局组织省建设厅、省电力公司等部门和单位人员赴中国西部地区调研考察能源基地。调研组途经宁夏、四川、湖北等省份，考察了宁东能源基地、四川溪洛渡水电开发、湖北1000千伏荆门特高压交流站等项目，目的之一便是落实浙江省的区外来电工作。

随着调研的进行，围绕着跨省电力交易的区域能源合作模式也开始浮出水面。由于宁夏火电脱硫标杆电价为0.28元/千瓦时，倘若通过宁夏（太阳山）——浙江±800千伏直流输电工程送电入浙，即使加上0.08元/千瓦时的输电价及0.02元/千瓦时的线损电价，浙江电网落地电价也是在0.38元/千瓦时左右，具有较好的价格优势。同样具有价格优势的是四川溪洛渡左岸水电站发出的电能。当时的情况是，四川2009年平均上网电价仅0.228元/千瓦时，采用直流特高压送电到浙江，落地电价也将低于当时浙江省燃煤脱硫电厂的标杆上网电价。

尤其值得一提的是川浙两地能源电力的强互补性。当时四川汛期发电充足，输送电源丰富；而浙江省每年的6—10月是迎峰度夏期，属用电高峰，倘若合理利用四川5—11月的丰水期，采取川电送浙，刚好能缓解浙江的用电压力。

几经调研与交流后，浙江方面的意见是明确的，即关于宁电东送，如果技术可行、经济合理，特别是国家在对特高压输变电项目态度明朗的基础上，浙江欢迎宁电以“点对网”方式送浙，并提出了“点对网”输送、接入口以浙江提出的地点为宜等四项原则。关于溪洛渡水电，浙川双方因为具有几乎完美的互补关系，都表现出积极的合作意愿。四川方面表示要大力支持西部水电基地电力以特高压直流的方式输电入浙江，并建议争取早日动工建设，尽快促成四川溪洛渡左岸水电站输电入浙江。

很明显，当时国网浙江电力所致力的省外来电，是以500千伏为主网架，并努力实现与国家特高压电网相衔接。因为在那几年间，虽然浙江持续的500千伏电力主网架建设，正逐步为缓解全省用电紧张状况和经济社会发展提供电力保障，但在2012年夏季，全省电力缺口仍有1000万千瓦，局部地区出现瓶颈。

好在浙江电力主网架的“特高压”时代来得也不迟。2013年9月23日，皖电东送特高压工程1000千伏安吉站顺利接入浙江电网，以交流特高压的输送方式，为浙江的省外来电工作注入第一剂强心剂，紧接着在次年7月，宾金±800千伏直流工程（即四川溪洛渡左岸——浙江金华±800千伏特高压直流输电工程）送来了四川清洁水电，一共为浙江当年夏季增加了近900万千瓦的电力，成为浙江一举扭转缺电困局的关键“胜负手”。

灵州—绍兴特高压直流工程绍兴换流站

整个“十二五”期间，浙江境内共建设淮上（淮南—上海）和浙福（浙北—福州）特高压交流工程，以及溪浙（溪洛渡左岸—浙江金华）和宁浙（宁夏宁东—浙江绍兴）特高压直流工程。截至2016年11月初，灵州—绍兴±800千伏特高压直流输电工程（宁浙工程）正式投运，浙江至此在全国率先建成“两交两直”特高压骨干网架，进一步强化浙江电网主网架，构建以特高压站为核心、东部电源群为支撑的3个局部电网，即浙北区域由交流特高压浙北站和嘉兴电源群支撑，浙中区域由交流特高压浙中站和宁波电源群支撑，浙南区域由交流特高压浙南站、宾金特高压直流注入和台温电源群支撑。各局部电网内部以双环网供电为主要特征，局部电网之间以交直流站互备线路为联络，建成“南北互通、东西互供、交直流互备、水火电互济”的坚强主网结构。

从那时起，浙江以省间交易的方式开展的区域能源合作，所产生的作用可谓是现象级的。单是灵绍特高压工程投运后，每年就可向浙江输送电量达500亿千瓦时，满足当时浙江全省1/6的用电需求。而以“两交两直”特高压网架为载体，浙江不但新增区外受电能力超过2500万千瓦，从根本上保障了此后浙江中长期和可持续的电力供应，而且从单纯依靠运煤的能源输入方式，转变为输煤与输电并举，实现从就地平衡到更大范围内资源平衡的转变。

建设能源多元供应体系

“十二五”时期是浙江省全面建设小康社会、加快转型发展、推进生态文明建设的关键时期。这一时期浙江预测2015年全省能源需求总量将达到2.38亿吨标准煤。然而与如此巨大的总需求相矛盾的，是浙江省内可供开发利用的资源明显不足。

如今看来，这无疑说明此前浙江在区域能源合作的推进中，与区外电源建立的长期战略合作关系，为未来浙江经济又好又快发展奠定了坚实的基础。不过，更值得令人称道的是，当浙江加快区外电源基地建设、构筑稳定的区外来电通道时，“清洁”被视为与“高效、低价、可靠”同样关键乃至更加重要的基点，摆在了能源电力发展首要原则的位置。

实际上，浙江对于能源“清洁”的关注，早在2004年就已有之。那时浙江电力正在努力“赛跑”，处在缓解浙江缺电局面的关头。而在2004年7月26日，时任浙江省委书记习近平同志在调研嘉兴电厂建设项目时，不仅提出要关注电力供应，还特别强调从长远看，要考虑电力结构的调整，要大力发展清洁能源，如天然气发电、核电、水电、风电，还有利用潮汐发电等，进一步提出了发展能源多元供应体系的要求。

秦山核电站实景

这一具有战略眼光的卓见，在其后国网浙江电力开展川电入浙、宁电入浙的区域能源合作工作中，体现得十分明显。

川电入浙自不必多说。四川汛期时，70%为清洁水电。而作为连接中国西南水电基地和东部负荷中心清洁能源大通道的四川溪洛渡左岸—浙江金华±800千伏特高压直流输电工程投运后，在此后很长的一段时间里，由特高压电网输送的清洁能源使得浙江省内清洁能源供应占比提高至近30%。

宁电入浙对于促进东西部协调发展固然是具有重要意义的。灵州—绍兴±800千伏特高压直流输电工程的建设，不仅大大加快了宁东火电基地的建设步伐，推动宁夏资源优势向经济优势转化，而且使资源在全国范围内得到优化配置，缓解了电煤运输压力，减少了能源输送过程中的损耗与污染。

而站在能源供应体系的角度看，灵绍特高压直流工程还对宁夏地区的新能源消纳产生了积极的影响。国网宁夏电力利用电力外送优势，缓解了低谷期间风电、光伏电的消纳问题，实现了新能源发电、输送及消纳的协调统一，实现了新能源打捆外送，推进新能源在更大范围内实现优化配置。

横看成岭侧成峰。当我们把目光聚焦到灵绍工程的受电省份，经由打通的外送通道所消纳的风电、光伏电等新能源，正是浙江发展出能源多元供应体系的精妙布局所在。

通过一个数据就能窥得其貌。灵绍工程投运次年（2017年）的前7个月，位于浙江绍兴的灵绍直流绍兴换流站就已累计受入电量86.8亿千瓦时，远远超出浙江省最大的水电电源新安江水电厂13.9亿千瓦时的同期发电量。而当时的浙江电力交易中心有限公司相关负责人介绍说，灵绍直流送到浙江电网的电量中，有14.7亿千瓦时属于调度弃风弃光的现货交易。这些电能如果没有特高压直流送出，都将白白浪费。

其实在全国，“十三五”时期是能源供给质量大幅提升的5年。能源自主保障能力保持在80%以上；提前两年完成“十三五”煤炭、煤电去产能目标任务；全国可再生能源发电装机容量突破7亿千瓦，清洁能源消纳难题得到有效解决。

与之对应的是，“十三五”期间浙江电源结构也得到持续优化。2019年，浙江省内共拥有13类电源，到当年底，清洁能源装机容量达1690万千瓦，是2015年的5倍。

不谋万世者，不足谋一时。能源多元供应体系的发展实则在浙江为省内供应和省外来电下苦功夫的时期，就已经绘进浙江电力规划的蓝图里。

1998年，浙江制订电力规划时，正值亚洲金融危机，全国用电进入低谷期。当时华东网预测年递增率为5.5%，浙江为7.7%，但进入21世纪后，实际增长率超过预测的1倍以上。其具体的发展态势为：浙江从华东电网年输入电量，已从1995年的51.7亿千瓦时增加到2002年的147亿千瓦时，高峰负荷从119万千瓦增加到404万千瓦。华东电网全网严重缺电，电源建设严重不足，再加上需要倒送电力，面临极大的困难。

到了2003年春，在建的可用于浙江省电力平衡的大中型电源项目装机容量只有420.5万千瓦。为平衡电力需要所规划的装机，由于审批立项困难等因素，没有相应投产，如嘉兴二期4×60万千瓦机组、温州二期2×30万千瓦机组等，按以往计划都应该投产了，但其实在2003年时仍在施工建设。

随即，国网浙江电力和浙江省能源集团，对之后的电力电量需求分别做了新的预测。这才有了后续在2003年提出的“3个1000万”的计划。

计划不难，难在长远考虑，长久布局，而国网浙江电力做到了。当时为缓解这一严峻形势，国网浙江电力就已经提出新增装机916万千瓦的计划。此外，国网浙江电力根据其发展规划部门编制的电力电量平衡表，制定了新目标，即要使浙江电力电量在2010年达到基本平衡，不但要立即着手后续如浙西电厂、台州四期等火电的前期建设工作，力争及早开工建设，还要抓紧报批三门核电站项目，争取及早开工。

2004年7月，位于浙江省台州市三门县的三门核电站一期工程建设项目获得国务院批准。这是继中国第一座自行设计、自主建造的核电站——秦山核电站之后，获准在浙江省境内建设的第二座核电站。2018年6月和8月，三门核电站的1号机组和2号机组分别并网成功。

实际上，三门核电站在建设时，正赶上浙江提出要大力发展清洁能源的契机，当时除了核电，一并被提到发展能源多元供应体系中的还有天然气发电、水电、风电，以及光伏发电、潮汐发电等。光伏发电尤其值得一提。

自2009年9月杭州建成全省首个光伏发电并网项目后，浙江在光伏应用建设的道路上，几乎是以奔跑的速度迈进“十二五”时期。

到了2013年底，浙江全省光伏发电并网容量450兆瓦，较2012年增长3.5倍，分布式光伏发电站是其中大头，占90%以上。而到了2015年底，浙江省当年已累计装机容量164万千瓦。同时，中国光伏发电累计装机容量4318万千瓦，成为全球光伏发电装机容量最大的国家。

进入“十三五”后，光伏发电在浙江的发展势头并没有就此放缓。2015年12月，当时浙江最大的渔光互补项目——位于大江东产业集聚区萧围东线的舒能电力81.25兆瓦渔光互补项目并网成功。2019年，位于慈溪市龙山镇总装机容量340兆瓦的海涂渔光互补光伏发电项目投运，创造了最新的纪录。截至2018年8月底，浙江省全社会口径新能源装机容量就已达到1366.59万千瓦，其中分布式光伏1064.3万千瓦，位居全国第一。而当年浙江省内光伏发电呈现快速增长的态势，形成集中式、分布式发展布局并存，装机规模已经超过水电，成为浙江电网第二大电源。

到了2020年底，浙江全省光伏发电装机容量1517万千瓦（电源装机总容量为1.014亿千瓦）。2021年3月22日，浙江电网全社会光伏发电的出力突破1000万千瓦，达到1004.88万千瓦，创历史新高，并实现全额消纳。光伏发电已成为仅次于火力发电的浙江第二大出力电源。

在我国绿色多元的能源供应体系加快建立的进程中，国网浙江电力无疑为发展能源多元供应体系创造了一个早年长远布局、后来总体跟随、如今局部居上的存在。

确保能源电力高质量供给

实现电网高质量发展，一直是国网浙江电力更好服务经济社会发展、满足人民美好生活需求的前提。然而，由于一次能源缺乏，浙江能源电力的高质量供给在进入21世纪后的很长一段时间里都受到掣肘。

放眼浙江能源结构的全貌，可以肯定的是，21世纪前后，浙江省的一次能源供应基本靠外部输入解决。按照当时能源结构调整的思路，如果要让煤炭用量逐渐下降，则对应的是，电力电量需要呈稳步上升趋势，并逐渐成为主导的能源品种。由此可以看到，浙江能源在后来发展供给转型变革时，国网浙江电力的供给侧改革早在21世纪初就埋下了伏笔。

根据21世纪初的规划，在后续的10年间，浙江市场将迎接天然气的到来，电源结构也将由此出现较大的调整。同时，后来的核电装机比重也纳入规划当中，抽水蓄能电站等工程也开始写入开工建设的方案里。

浙江试图将能源结构带入优质化的发展方向，并为此结合本省实际，充分利用国际、国内市场以及省内的各种优势，优化能源结构，提高优质能源比重，控制煤炭消费，在努力提高可再生能源开发利用水平的同时，满足日益增长的一次能源需求。

当时的预计目标是到2010年时，在初始能源结构中，将煤炭、油品以及天然气的需求量占总耗量的比例调整为48.3%、35.2%和11.3%。

临近2010年，一组数据为21世纪初浙江拟定的冲刺目标提供了对比答卷。2009年，浙江省能源消费总量为15567万吨标准煤。其中，煤炭消费占63.2%；油品、天然气的消费占比分别为21.7%和1.5%，一次电力则不到13.6%。

实际上，在那之前的8年里，浙江省能源依靠当量值仅为3%—5%的自产率，支撑了较高的能源消费增长率和经济增长率，然而其付出的发展成本较为巨大。如2003年出现的“用电荒”，造成经济损失达千亿元以上。

后来一段时期里，浙江省电力部门抢抓电源建设的同时，积极协同省政府组织煤炭等能源的调入，做了大量富有成效的工作。不过长期高度依赖外省能源调入的做法，给能源供应保障工作带来巨大的压力。

此后，浙江开始逐步深入推进供给侧结构性改革，呈现出新旧动能加快转换的良好态势。改革过程中，国网浙江电力坚持有“破”有“立”，在推动传统行业绿色转型、电力市场化改革为企业减负和推动供电服务“放管服”改革等方面取得显著成效，助力供给侧结构性改革向纵深推进。

值得一提的是，同期发展清洁能源供应带来了极大助力。随着“十二五”规划的推进，“两交两直”特高压工程在浙江落地。国网浙江电力依托特高压主网架，引入大容量清洁电能，实现电力供需平衡。2017年夏天，宾金直流累计输电就突破1000亿千瓦时。而在该工程投运后的3年里，浙江累计接收四川清洁水电1000多亿千瓦时，减少燃煤3070万吨，减排二氧化碳8500万吨。到了2017年底，当年浙江企业的用电成本则减少近百亿元，国网浙江电力推动用电供给侧改革总体成效显著。

自2018年起，国网浙江电力以落实供给侧结构性改革为主线，提高发展质量、效率和效益。首先，高效实施大用户直接交易，落实一般工商业电价调整、临时接电费清退等国家降价减费政策，累计为企业减少用能成本超100亿元。其次，全力配合完成输配电价改革，对自备电厂关停后企业用电、船舶岸基设施用电、燃煤（油）锅炉电能替代改造用电等给予扶持，降低企业用电成本。此外，通过综合分析制订最佳用电方案，帮助企业客户节能增效。

嘉兴芦花荡岸电服务区

在浙江能源供应转型变革中，国网浙江电力在不断提供电力供应增量的同时，努力通过电力供给侧结构性改革的实践减少存量的电力消耗，可以说是为能源供给转型提供了电力发展的浙江样板。

推进区域能源互联

进入“十三五”后，国网浙江电力以更强的担当、更大的力度和更实的举措服务浙江高质量发展。这一时期里，传统电网正向着能源互联网演进，随之而来的问题包括源荷缺乏互动、安全依赖冗余、平衡能力缩水、提效手段匮乏等。面对这一情况，浙江电网在能源多元供应、高质量供应的基础上，进一步提高了对大规模电力供应、大规模清洁能源的承载能力，源网荷储的多元高互动能力，强抗干扰和自愈能力，以及高效运行能力。

建设坚强智能主网架便是当时的主要目标。按照当时的目标，到2020年，国网浙江电力将投资1200亿元率先在全国建成安全稳定、灵活柔性、绿色高效的省级能源互联网。浙江能源互联网已初具雏形：特高压工程大规模引进西部能源，500千伏主干网架实现合理布局，220千伏电网实现分层分区。

实际上，区域能源互联网此前便是电力企业发展的趋势。自2015年以来，各种形式的电力能源（火电、水电、风电以及太阳能发电）的产能过剩问题日益凸显，火电年利用小时数不断下降，西北、西南等地的弃光弃风、弃水的问题加剧。国家在积极推动清洁能源替代和能源结构转型的同时，经济下行和产业结构调整导致用能需求不振，用户在经济上越来越难以承受较高的能源价格，能源行业的盈利增长日趋困难。在这一背景下，尽快提升多种形式能源系统互联互通、互惠共济的能力，有效支撑能源电力低碳转型、能源综合利用效率优化、各种能源设施“即插即用”灵活便捷接入，促使能源新业态、新模式发展成为必然之势。

同期，先进的电网和信息通信技术为能源的互联共通提供了契机和动能。特高压输电技术使大容量远距离输电变为现实，柔性交、直流输电技术为实现潮流灵活调控、多供区动态互联等难题提供了解决路径。能源互联网建设应运而生。

2016年，国家能源局相继发布《关于推进“互联网＋”智慧能源发展的指导意见》《关于推进多能互补集成优化示范工程建设的实施意见》，吹响了能源互联网发展的号角。作为国家能源互联网综合试点示范的主要形式之一，率先落地区域能源互联网成了各大电力企业积极探索和实践的方向。

国网浙江电力在加强能源输配网络和设施建设方面下足了功夫。

从2018年起，国网浙江电力就推出服务浙江高质量发展三年行动计划（2018—2020年），计划3年投入约1200亿元，在国内率先建成省级能源互联网。这一行动计划涉及202个电网建设重点项目，合计变电容量达15571万千伏安，线路长度15863千米。

大湾区大花园大通道大都市区建设是浙江高质量发展的主战场。服务“四大”建设，国网浙江电力实施了杭州电网“迎亚运、促跨越、创一流”提升行动，构建“跨江联络、东西互济、四源三环”网架格局；

实施宁波电网“三年攀高”行动，以及杭州江东新城柔性直流配电网、嘉兴城市能源互联网等重大工程。同一时期，精细做好配电网规划，加强配电网建设与交通、市政、通信等部门专业规划的衔接，配合相关部门构建“多规合一”的空间规划体系。到了2020年底，3年前提出的“行动计划”中的城市中心、城镇供电可靠率99.991%、99.957%的目标顺利实现，配电自动化覆盖率超过90%。

这些成绩的获得，依靠的是一流的现代化配电网，它把电能替代向工业、农产品加工、居民生活、交通、旅游与建筑等领域推进。与此同时，光伏、风电、储能的经济性和能效的提升，以及互联网领域ICT、物联网、大数据和云计算技术的进步，让国网浙江电力获得了发展区域能源互联网的动能。在进行跨领域的技术融合之后，如能源与“互联网＋”的技术融合，国网浙江电力将分布式存量储能系统进行优化调

海宁尖山风力发电厂

度，既保障了其主要功能，同时又实现了对电网的稳定调节并获得了收益。

此外，国网浙江电力还在能源传输侧推进高端电气装备研制，培育直流电气设备产业链；推进电网人工智能调度及数字孪生技术发展，实现智能化演进；突破源网荷储四侧“即插即用”及多场景灵活储能技术，加强高品质互动资源布局。

这些颇具特色的实践，让国网浙江电力打造起未来区域能源互联形态实景，有力支撑了“美丽浙江”建设。

第三章

从能源科技创新到能源技术革命

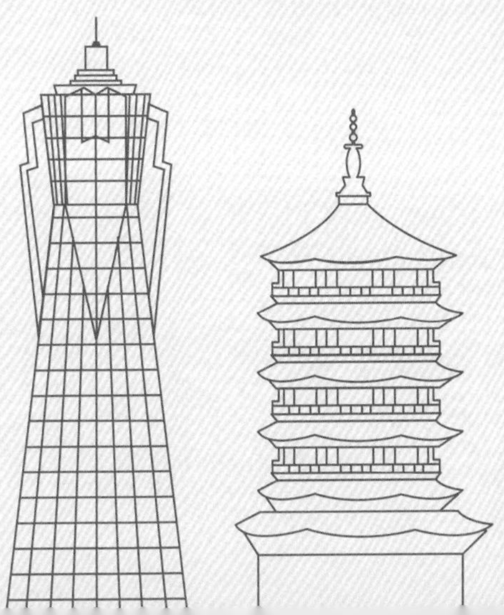

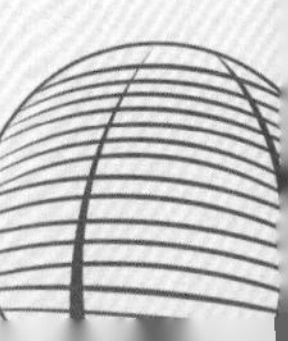

从20世纪末期部署落实国家科教兴国战略，科技研究经费逐年增长，到2020年落实碳达峰、碳中和行动方案，构建清洁低碳安全高效的能源体系，国网浙江电力逐步走出了一条以自主创新为主的技术攻关之路，在科技强企中积蓄了强大的发展动能。数字化与智能化，将是未来电力系统最为重要的技术特征。只有抓住全球新一轮科技革命与产业变革的机遇，充分发挥科技创新是第一动力的作用，在能源领域大力实施创新驱动发展战略，才能赋能传统业务、催生新的业态、构建行业生态，从而带动能源企业上下游产业链发展，为新时代中国能源高质量发展注入源源不断的动力。

一个面向21世纪的重要战略

在世纪交汇之际，全球范围内科技革命突飞猛进的发展，对各国经济发展、社会进步和综合国力的增强产生了巨大的推动作用。在我国，伴随着市场经济体制的确立，出现了一股依靠科技振兴中华的热潮。一时之间，科技兴农、科技兴工、科技兴省、科技兴市、科技兴企成为热议的主题。国家开始从经济、科技和社会协调发展的全局观上定位科技和教育发展。1995年，党中央召开全国科技大会，第一次提出了科教兴国的重大战略决策，颁布《关于加速科学技术进步的决定》。而1996年，《中华人民共和国国民经济和社会发展“九五”计划和2010年远景目标纲要》的颁布，更是把科教兴国从一条重要的指导方针和发展战略上升为国家意志。1997年中共十五大后，科教兴国战略成为我国经济发展的重要战略之一，奏响了世纪之交的“春之声”。

浙江作为改革开放先行地，在科技创新引领方面更是勇于探索、走在时代前列。习近平同志主政浙江期间，浙江经济正处于转型发展的关键期。他高度重视科技创新，敏锐把握当今世界经济科技发展趋势，立足浙江实际和经济社会发展全局，提出了一系列重要的科技创新思想，作出了一系列重大战略举措和部署，大力推进科技强省建设，为浙江经济社会转型升级、创新发展起到了十分重要而深远的作用。

在这样的背景下，国网浙江电力积极贯彻落实国家战略和浙江省委、省政府决策部署，全面加快推进浙江电力科学技术进步。从一组数据可以印证这一点：1991年，国网浙江电力在科技经费上的投入是897万元，到了2005年已经增长至3亿元，增长了32倍多。“十一五”期间，国网浙江电力在科研开发上的投入是11.38亿元，“十二五”期间跃升为32.99亿元，一直在逐年递增。以科技兴电、人才强企为目标，国网浙江电力组织了科技攻关、技术创新和新技术的推广应用，全面提升电力规划、设计、建设、生产、管理和电力系统装备技术水平，提高技术人员素质，推动电力科学技术发展。这对21世纪以来浙江电网的跨越式发展产生了极为深远的影响。

“十一五”期间，由于2008年冰冻灾害对浙江电网造成了严重损失，因此国网浙江电力的科技研究中有很大一块内容是提高电网输送能力、抗击冰雪及台风等自然灾害能力，从电网规划、设计、建设等方面引入抗冰理念，研究与开发500千伏直流融冰技术，保证极端天气下骨干电网稳定运行。“十二五”期间，保证特高压电力的安全可靠消纳、确保电网安全可靠供电是科技研发的重点，国网浙江电力向“信息化、自动化、互动化”的智能电网方向发展，建设形成了以特高压网架为支撑、超高压网架为骨干，各级电网协调发展的坚强电网。

如今，科技创新逐渐成为国家发展和国际竞争的决定性力量。“十三五”期间，以可再生能源为主的新能源供给和利用模式快速发展，发展智能电网和能源互联网成为推动我国能源变革的必由之路。彼时正逢浙江省委、省政府提出国家级清洁能源示范省创建，明确以清洁替代和电能替代为主要内容的“两个替代”是能源可持续发展的重要方向，于是，浙江大力发展风电、光伏等清洁能源。截至2020年底，全省新能源装机1943万千瓦，是2015年装机规模的5倍。这一期间，国网浙江电力紧密跟踪“互联网＋”与大数据等新兴技术领域，在柔性输电技术、分布式能源并网与微网技术两大优势特色领域保持领先水平，培育了一系列重大项目，形成了一批具有自主知识产权的达到国内领先水平的科技成果。

2020年，国家电网公司召开科技创新大会，全面部署“新跨越行动计划”，试图全面打通人才链、创新链、技术链、价值链和资金链，形成以国内大循环为主体，增强自身应对新形势下全球化发展的适应性与灵敏度，用科技创新催生新发展动能，在创新型国家建设中发挥大国重器的作用。国网浙江电力依此计划，制定了实施激发科研活力、释放创新动能的“十二大举措”，出台了一系列深化科研改革、强化创新激励的硬核措施，加大基础研究和技术攻关力度，实施人才培养“三大工程”，大力倡导“首创精神”。也就是在同一年，中国向世界宣布在2030年前实现碳达峰、2060年前实现碳中和的承诺。于是，促进清洁能源发展、构建更加安全高效的能源新生态成为电网企业新的发展动力。

“十三五”期间，国网浙江电力征集了新技术321项，其中54项通过评估并被纳入《国家电网公司新技术目录》，累计推广应用目录内新技术284项。特高压交直流输电、灵活输电、变电站机器人巡检、直升机/无人机巡检、新能源优先调度与后评估、雷电灾害风险预警等重点新技术已经在浙江电网系统得到了广泛应用。一批重大科技示范工程，例如舟山多端柔性直流输电科技示范工程、上虞交直流混合微电网示范工程、500千伏交联聚乙烯绝缘海底电缆示范工程等均已落地实施。由于重视重大科技成果培育，国网浙江电力在科技奖励方面也硕果累累：获得国家科学技术奖2项、中国专利奖6项、中国电力科学技术奖39项、浙江省科学技术奖励51项；获得国家电网公司科技奖132项。“十三五”期间，国网浙江电力专利数量较“十二五”大幅增长，新增专利4200项，其中新增发明专利1700项、国际专利30项。

世界首根500千伏交联聚乙烯海底电缆在宁波镇海到舟山大鹏岛之间完成敷设

从新中国成立时浙江大地上48个孤立的电网，到第一座220千伏变电站，再到建立以“两交两直”特高压电网为核心的骨干网架；从舟山海岛上的片片风轮，到钱塘江畔的璀璨夜色，国网浙江电力在不断发展壮大，变得越来越安全稳定、越来越灵活柔性、越来越绿色高效。毋庸置疑，先进的电力技术是它最重要的支撑力量，是第一发展动力。

浙江电网的“大国重器”

2021年3月，白鹤滩—浙江±800千伏特高压直流输电工程完成勘察，浙江即将迎来落点省内的第三个特高压直流工程。

特高压输电包括1000千伏及以上交流输电和±800千伏及以上直流输电，是目前世界上最先进的输电技术，具有远距离、大容量、低损耗、少占地等综合优势。浙江是国家电网区域内特高压落点最多的省份之一，10多年来在全国率先构建起以淮上、溪浙、浙福、灵绍“两交两直”特高压电网为核心的骨干网架，连接了西北、西南与东部的清洁能源，实现了“电从远方来，来的是清洁电”的能源梦想。

要论特高压电网与浙江的渊源，还得从2006年讲起。2006年6月19日，为了做好国家电网公司与浙江省政府签订战略协议的准备工作，国网浙江电力专程向时任浙江省委书记习近平同志作工作汇报。习近平听了有关特高压电网建设的意义、布局和在浙江省的建设规划等介绍后指出，特高压电网建设是我国能源工作的重大战略举措，通过特高压电网把西部的水电、北部的能源送到东部，对于浙江来讲是一件利在千秋的好事，对浙江的环境保护、缓和铁路运输压力都有很大的帮助，这也是实现世界第一的重大科技创新项目。

彼时的国家电网公司，也在逐步落实研发和应用特高压输电技术的规划。2008年，浙江省内的首条特高压线路——向家坝—上海±800千伏特高压直流输电工程浙江段输电线路开工建设，但这条线路只是路过浙江，并没有变电站落点浙江，这也就意味着不能将电直接送入浙江电网。

但浙江特高压建设的序幕至此拉开。此后几年内，一条条特高压线路相继登场。2013年淮南—上海1000千伏皖电东送特高压交流工程建成投运，这是首个落点浙江的特高压工程，标志着浙江电网从此正式迈入特高压时代。这是由我国自行设计、研发、制造的首个1000千伏同塔双回路工程，实现了特高压技术上的实质性突破，其中的“特高压设备故障预警技术”更是攻克了超/特高压设备多源放电故障全覆盖监测和预警技术，成功预警近百起设备放电缺陷。

2014年，溪洛渡左岸—浙江金华±800千伏特高压直流输电工程投运，这是我国第一条双极四换流器800万千瓦额定功率运行、840万千瓦过负荷运行试验的特高压直流输电工程，刷新了超大容量直流输电的纪录。同一年，浙北—福州1000千伏特高压交流输电工程投运。2016年，灵州—绍兴±800千伏特高压直流输电工程投运……在当时浙江省委、省政府的支持和长期的技术经验积累下，国家电网在特高压输电技术、工程建设、设备制造上不断深入研发和自主创新，实现了由依赖进口到核心技术、设备全面国产化的跨越。水涨船高，在这个过程中，浙江电力技术力量也实现了质的飞跃。

特高压技术的创新和广泛应用，改变了浙江的用电格局。宾金工程将来自西南的水电送到浙江，灵绍工程将来自西北大型能源基地宁东的煤电、风电等送入浙江，“西电东送”使能源富裕的西部与负荷大户东部在能源上实现互联互通，全面优化资源配置，能源利用效率进一步提升。

以正在大力推进的白鹤滩—浙江±800千伏特高压直流输电工程为例。四川水电装机比重大、调节性能差，“丰多枯少”季节性特征十分突出，弃水问题凸显，而浙江则用电负荷增长迅速，但能源资源相对匮乏。因此，建设白鹤滩至浙江的直流输电工程的首要目的，是为了优化配置西南水电资源，缓解四川弃水问题，同时浙江经济社会持续快速发展也需要大量的区外来电。该工程不仅可以填补未来10年杭州电力供需缺口，更可以直接带给杭州市近40%的绿电比例，使杭州实现能源清洁率超过50%。

如果说特高压工程在建设时期是一个产业驱动引擎的话，它在建成后就宛如一条能源大动脉，源源不断地为经济社会的高质量发展“输血”，可有力带动电源、电工装备、用能设备、原材料等上下游产业发展，推动装备制造业转型升级，培育新增长点、形成新动能，促进区域经济协调发展，在提升经济发展质量、效益、效率方面能够发挥十分重要的作用。

白鹤滩—浙江±800千伏特高压直流输电工程预计总投资约270亿元，将带动近20个上下游产业链产值110亿元，预计增加就业岗位近2500个。仅杭州一座城市，就能够激活84家特高压及配套电网工程产品供应企业。

2015年9月26日，国家主席习近平在纽约出席联合国发展峰会并发表题为《谋共同永续发展　做合作共赢伙伴》的重要讲话时指出，中国倡议探讨构建全球能源互联网，推动以清洁和绿色方式满足全球电力需求。

浙江在全国率先建成“两交两直”特高压骨干网架

2017年，国家主席习近平在“一带一路”国际合作高峰论坛上强调，要抓住新一轮能源结构调整和能源技术变革趋势，建设全球能源互联网，实现绿色低碳发展。

显然，从2015年的“倡议”到2017年的“强调”，这其中的变化来自一个正在崛起的大国呈现出的自信与底气。而与能源互联网直接相关的技术，便是特高压技术。

特高压不仅在国内遍地开花，还走出了国门。2015年，国家电网公司成功中标巴西美丽山水电特高压直流送出一期与二期项目，并派浙江省送变电工程公司参建，将我国的特高压技术和设备输出国外。

如今，我国拥有世界领先的特高压技术，也是唯一在特高压输电技术上实现了商业运行的国家。特高压输电技术可谓是一张中国的金名片。抚今追昔，我们不由想起习近平总书记在浙江工作期间，对国网浙江电力建设特高压的殷殷嘱托、对技术创新的关心指导，这里孕育着能源互联网思想最初的萌芽和探索。

从技术进口到“中国制造”

21世纪初，浙江供用电形势一度出现紧缺局面。

2003年2月19日，时任浙江省委书记习近平同志刚到浙江工作不久，就深入调研了嘉兴电厂建设项目，指出这些年浙江省在能源建设方面取得了较大成绩，但仍难满足经济持续快速发展对电力的需求。全省上下要形成合力，统筹安排，加快电力建设。同年7月24日，习近平同志到国网浙江电力调研，提出要快马加鞭促进浙江电力发展，他还鼓励搞清洁电源，包括抽水蓄能、核电。此外，电源选择布局要合理，电网建设要配套，要加快电网建设步伐，优化电网结构，保证电不仅发得出，而且送得出、用得上。[①]时隔一年，2004年7月26日，习近平同志再次到嘉兴电厂调研，这一次他进一步提出要发展新能源技术，扩大清洁能源的应用。

伴随着浙江省委、省政府不断创新与丰富的能源思想理论内涵，浙

① 《习近平在省电力公司考察调研时强调：快马加鞭促进浙江电力发展》，《浙江电力报》2003年7月28日。

江不断加大电网建设力度。2004年、2005年两年，国网浙江电力新增500千伏变电容量在全国各省（市）中排名居首位。2004年，浙江省全年投产的500千伏变电站变电容量达到1000万千伏安。大规模的新建和扩建500千伏变电站及500千伏线路，使浙江省进入了以大电网、超高压、高度自动化为主要特征的现代电网阶段。

2003年7月，习近平同志在多方调研的基础上，提出了“八八战略”。“八八战略”指出，进一步发挥浙江的山海资源优势，大力发展海洋经济，推动欠发达地区的发展成为全省经济新的增长点，进一步发挥浙江的人文优势，积极推进科教兴省、人才强省、加快建设文化大省。2006年8月15日，习近平同志在《经济日报》发表的《加强自主创新推动科学发展》一文中提出，“十一五”期间，浙江科技发展的战略重点是把发展能源、山海资源开发、水资源节约和环境保护技术放在优先位置，集中力量解决制约经济社会发展的重大瓶颈问题。

2007年9月18日开工建设的舟山—大陆220千伏跨海联网工程显然是对浙江省委、省政府一系列战略思想的呼应与实践。为了解决当时的电力供应难题，浙江不仅兴建嘉兴电厂，大力推进电源建设，而且发挥山海资源优势，研发海洋输电技术，将科技创新与能源供应问题结合起来，从今天来回看这段历史，这是十分具有战略眼光的。

舟山—大陆220千伏跨海联网工程在当时的中国输电线路建设史上和技术研发史上创造过多个世界第一，塔高370米，是当时的世界第一输电高塔。多年孤立的舟山电网并入了浙江的大电网，舟山的用电状况改善解决了电网卡脖子的问题，经济迎来跨越式腾飞。而巴西工程业主方Isolux Corsan公司考察这项工程时，被这两座横跨于东海之滨的铁塔深深震撼，力邀国网浙江电力的工程建设单位——浙江省送变电工程公司前往巴西参与巴西亚马孙河500千伏大跨越工程建设，这才有了后来“中国技术”输出国外的故事。

然而意想不到的是，舟山全球第一输电高塔的纪录，保持10年不到就被刷新了。随着舟山用电量的节节攀升，220千伏电网已经满足不了舟山的用电需求，急需建设一条电压等级更高的输电线路，再次将舟山与大陆电网相连。舟山500千伏联网输变电工程就这样在2019年1月15日建成投运。这是我国电网建设史上规模最大、技术难度最高的跨海电网工程。工程一共创下了14项世界纪录，为全世界在输电特高塔组立、海洋输电技术发展、全球能源互联技术发展等领域积累了宝贵的中国经验，堪称用“中国智造”解决了世界难题。尤其是工程建设中的世界首条国产500千伏交联聚乙烯海底电缆，从研发、试验、检测、制造上都实现了全程国产化，破除了我国500千伏等级海底电缆需要依赖进口的瓶颈。如今，1390个岛屿分布在东海之畔，浙江输电海底电缆长度已接

国内首家海洋输电技术实验室开展500千伏交联聚乙烯海底电缆“带电试验”

近900千米，它们像“海底蛟龙”一样串联起舟山群岛的光明。

500千伏交联聚乙烯海底电缆是“十三五”期间国网浙江电力在电网技术上取得的五个重大突破之一。除此以外，还有应用于皖电东送等特高压工程的特高压设备故障预警技术，柔直断路器和阻尼系统，交直流混合微电网技术，分布式光伏规模化消纳技术。

海洋输电技术与特高压输电技术不同，如果说特高压输电技术经历了进口设备、学习西方到逐步自主设计并引领世界的过程，海洋输电技术则从一开始就是完全独立的、自主创新的。而说到海洋输电技术，柔性直流输电技术则是国网浙江电力的一张王牌。

柔性直流输电技术就像个太极高手，具有“以柔克刚”的本领。通过一个大容量、长距离的电力传输通道，实现多个新能源电源点向多个海岛供电，为海岛电网之间的直流互联和能量互通创造条件，可以提升电力系统稳定性，增强系统对清洁能源的消纳能力，提高配电网的可靠性和灵活性。

2014年7月4日，世界首个五端柔性直流输电示范工程在舟山正式投运，它是当时世界上端数最多、电压等级最高的多端柔性直流输电工程。这个工程是我国直流输电史上的一座里程碑，标志着我国在柔性直流输电领域占领了世界制高点，在世界范围内实现了“中国创造”和“中国引领”。这个工程还催生了全球首个200千伏高压直流断路器，这也是世界上首套高压直流断路器和阻尼恢复系统。

工程建设是科技创新的“催化剂”。无论是特高压工程，还是海洋输电工程，都凝聚着国网浙江电力人掌握核心科技的坚定决心，都彰显着国网浙江电力人开展自主技术攻关的努力，都是我国在参与全球竞争、抢占技术制高点、提高核心竞争力等方面作出的积极实践。只有加强自主创新和自主品牌建设，加快推动产业和产品升级，才能化解贸易摩擦带来的影响，从而在激烈的国际竞争中掌握主动权。

许多海洋工程技术攻关工作由位于舟山的海洋输电工程技术实验室承担。这是国内唯一一家专业从事海洋输电领域技术研究的机构，也是国家电网公司拥有的唯一一家海洋输电实验室。类似这样的高科技实验室，国家电网公司有100多家，它们或立足于海洋输电技术，或立足于极寒输电技术……对于电力技术在特定环境下的开发应用，对于电网大数据的采集、电网科研人才的培养都具有很大的价值。

国网浙江电力拥有国家级质检中心1个、浙江省重点实验室2个、国家电网公司重点实验室1个、国家电网公司实验室5个，这样的科研实力是不容小觑的。位于杭州的国网浙江电科院分布式电源和微网技术实验室也是一家这样的实验室。10多年来，该实验室负责人赵波带领团队从零开始，建立起了我国首个自主研发的微网实验室；率领团队，在海岛建设了一个个造福于民的微电网工程；开展分布式光伏规模化消纳技术的实践应用，为大规模分布式光伏接入下的配电网安全稳定运行提供强劲支撑。如今，分布式光伏规模化消纳技术项目成果已推广至浙江、江苏、山东等省份，覆盖分布式光伏装机总量超过340万千瓦。

在国网浙江电力，科研人员们一直默默耕耘、不计回报，有以直流组网核心技术装备研制及工程应用而获得国家电网公司科技进步一等奖的陆翌团队，有因研发国内外首套电能表智能化检定流水线而获得国家科技进步二等奖并推进智能检定创新成果向国际标准转化的黄金娟团队……源源不竭的电能动力，传过高山铁塔，传过海缆银线，点亮了偏远海岛的万家灯火，点亮了京杭运河旁的璀璨夜景，也激励着这些无私奉献的科研人员和所有的劳动者们，在波澜壮阔的时代画卷中留下自己的面孔与身影。

走向开放共享型企业

早在2003年，习近平同志主政浙江期间就曾经说过，要坚持以信息化带动工业化，以工业化促进信息化，加快建设“数字浙江”。2020年3月29日至4月1日，习近平总书记在浙江考察调研杭州城市大脑运营指挥中心。他驻足在“产业大脑·电力数字驾驶舱”前，听取有关电力大数据服务城市现代化治理的汇报。

国网杭州供电公司通过“产业大脑·电力数字驾驶舱”，对全市4700余家企业的经营情况开展实时异常预警分析。这是电力大数据服务数字经济，为长三角高质量一体化发展提供战略引擎的一个具体应用。而实际上，国网浙江电力的信息化之路早在20世纪90年代就开始了。随着中国接入国际互联网，最早一批“吃螃蟹”的电力人利用互联网开发营销业务，将挨家挨户手工抄电表转变成电脑录入、集抄集收。21世纪初，随着阿里巴巴等互联网企业如雨后春笋般破土而生，浙江成了全国互联网发展第一大省。在浓郁的创新氛围中，国网浙江电力开始了以云计算、物联网、大数据为代表的新一代信息技术与现代制造业、生产性服务业等的融合创新，从传统的工业产业思维转向为探索以客户为中心的现代服务体系。

2018年，国网浙江电力以求新求变的勇气，在国家电网公司系统率先建成“互联网＋智慧能源”双创示范基地，不久后该基地又成为“国家双创示范基地国网浙江双创示范中心”。国网浙江电力双创中心与浙江大学联合成立能源互联网技术联合研究中心，成立国网浙江新兴科技有限公司，打造企业发展新的增长极。

国家双创示范基地举行创新项目发布会

在杭州最具创新活力的滨江区，在与阿里巴巴毗邻的国网浙江电力双创中心的两栋白色大楼内，已进驻过102支创新团队。双创中心充分体现了“开发共享型”的互联网思维，集合“产、学、研、金、介、用”协同发展，优化科研力量布局和创新要素配置。一个以“90后”青年员工为主的创新团队，从智能电表集中采集的海量数据中，创新研发了全国首个“电力大数据网格化”防疫数据模型，精准解决了涉及364个社区近150万户居民的防疫流动人口难发现、居家隔离人员状态难掌控、三返人员难预控等盲点、难点、痛点问题。还有一支属于“互联网＋营销服务”类别下的创新团队，在2020年新冠肺炎疫情暴发时，首创了基于大数据分析基础上的“企业复工电力指数”，通过对全省11个地市高压用户近期日电量数据开展分析，监控各地企业用户实时复工生产情况，为各级党委、政府统筹疫情防控和推进复工复产工作起到了重要作用。

互联网理念给电网企业带来的不仅仅是技术的变革，也意味着企业运营模式和管理思维的转变。为了激励职工创新，国网浙江电力从2017年开始举办职工创新成果转化交易会。从体制创新和机制创新入手，出台《职工技术创新成果转化应用管理办法》，为职工创新成果转化交易搭建市场化、规范化的对接平台，建立有利于职工成果转化的分红激励机制。双创中心更是通过项目收益分红等激励，激发电力科研人员创新活力。如今已经联合系统内外部单位共同开展15项双创孵化培育基金项目研发，布局一批自主核心技术（产品）成果，孵出20项项目成果。65项成果转化实现市场化交易，交易额达1000余万元。双创中心还培育了国网浙江电力的第一批技术经理人26人，为需求者提供能源领域专利、商标、版权等知识产权的申报、保护、分析、预警、交易、授权等线上线下的全方位服务。

2020年开始，国网浙江电力倡导“首创”精神，出台激发科研活力、释放创新动能的12项举措，鼓励在微观层面上大胆首创，鼓励“首台首套”“首面首域”创新，努力突破能提升电网辅助能力的体制机制问题。在“大众创业、万众创新”的国家创新驱动发展战略支撑下，一大批创新项目、创新工程脱颖而出：开展柔性潮流控制、短路电流柔性抑制等国际首台首套装置研制，分布式潮流控制器示范工程在杭州、湖州成功投运，国际首个220千伏短路电流柔性抑制示范工程在宁波投运，世界首个柔性励磁系统示范工程在温州投运；建成全国首座铅碳式电网侧储能电站，设立宁波泛梅山多元融合高弹性电网省级建设示范区；建立国家电网首个“网上电网”综合示范区，建成首批智能物联低压精品台区，一项QC成果获国际质量管理小组大赛最高奖。

“这是一场颠覆式的变革。”2019年，面对国家电网公司首个自主研发的区块链应用平台，国网浙江电力科学研究院技术专家颜拥这样感慨道。

如果家里有分布式光伏电站且发电量有富余，可登录这个系统，进入交易大厅，发起交易，就可以点对点将光伏电卖给他人，并直接获得电费，不再局限于目前卖给电网企业的模式。在区块链应用平台的基础上，国网浙江电力应用区块链技术，着力打造开放共享型企业，打造共建共治共赢的能源互联网生态圈，与全社会共享发展成果。

2020年4月13日，国网浙江电力基于区块链的电子合同签署平台正式上线。该平台通过应用区块链技术，推进现代智慧供应链体系建设，实现供应商业务办理“一次都不跑”，有效解决了疫情防控形势下线下合同签约效率低、周期长等问题。

作为一种去中心化的数据协议，区块链技术具有分布式记账和信息可追溯、不可逆、防篡改的优势，能够确保合同签约数据的真实性、可靠性。区块链技术和电子合同结合，使得合同签署效率大大提升，从过去跑多家单位费时4天提升到如今只需要20分钟。新冠肺炎疫情期间，这种新型的零接触签署服务为武汉、北京、南京等省外供应商提供线上服务，避免了人员受感染风险，保证了电力物资采购业务的正常进行，切实降低了企业运营成本。国网浙江电力还将区块链技术应用于能效管理、绿证、碳交易、虚拟电厂等应用场景，并结合嘉兴城市能源互联网项目打造示范应用，探索利用变电站资源建设运营充换电（储能）站和数据中心站新模式，促进清洁低碳、安全高效的能源体系建设。

中国工程院院士李立浧说过，未来能源的发展势必会与互联网的开放性思维相碰撞，从能源生产、能源传输、能源消费、转换等各个环节突破，实现智能电网和能源网高度融合，从全方位、各环节上带来能源技术革命。

新一轮科技革命和产业变革正在重构全球创新版图、重塑全球经济结构。电网企业不再是中心环节参与者，而是平台服务提供者，体现的不仅仅是国家电网公司在技术层面的突破，更是向开放共享型企业转变的理念创新。

数字新基建下的新一代电力技术

2020年的政府工作报告提出，要全面推进“互联网+”，打造数字经济新优势，加强新型基础设施建设，发展新一代信息网络，拓展5G应用范围，建设数据中心，推进充电桩、换电站等设施建设。“新基建”作为“两新一重”的重要内容，首次被写入政府工作报告。

新基建的全面推进为电力行业信息化、数字化、智能化发展提供了新契机。2020年6月15日，国家电网公司举行“数字新基建”重点建设任务发布会暨云签约仪式，面向社会各界发布“数字新基建”十大重点建设任务，并与华为、阿里、腾讯、百度等合作伙伴签署战略合作协议。国家电网公司的“数字新基建”十大重点建设任务包括：一是电网数字化平台，二是能源大数据中心，三是电力大数据应用，四是电力物联网，五是能源工业云网，六是智慧能源综合服务，七是能源互联网5G应用，八是电力人工智能应用，九是能源区块链应用，十是电力“北斗”应用。

迎着“数字新基建”发展的风口，能源互联网正以“未来的样子”在浙江逐步展现。

电力员工对当地企业能效数据进行监测，利用大数据深度分析企业用能

让白鹤滩清洁水电送得进来、消纳得了，一张“网上电网”发挥着积极作用。“网上电网”汇聚国土资源规划数据和电网网架数据，一键赋能，让大数据“帮忙”优选线路路径，不仅成功绕开了良渚遗址等一批文化古迹、风景名胜区，还在杭州西部的高山和水域间找到了投资最省的建设路径；不仅加快了电网建设自身节能减排、降低自身碳排放水平，也解决了电网规划中落地选址综合考虑因素过多的“老大难”问题。

浙江省部署新基建三年行动计划（2020—2022年），国网浙江电力加快电动汽车充电桩建设工作，建成全国首个“多站融合”充电微综合体、241座综合供能服务站等具有浙江特色的电动汽车充电站，完成省内11个地市18个居民区270个有序充电试点建设。

5G时代正在到来。浙江计划到2022年建成5G基站12万个以上。原有的电线杆成为布局5G微基站、助力新基建的首选。国网浙江电力还将5G技术运用到工程建设中，通过“5G＋物联网”，实现工程现场设备多态互联；通过智能终端的5G通信模块，对塔吊、车辆闸机、工器具管理等施工机械、环境温湿度、噪声、有毒气体等施工环境及施工对象进行实时监测记录，强化基建现场管控。

2021年3月15日，习近平总书记在中央财经委员会第九次会议上提出了一个新的词语——“新型电力系统”。结合实现碳达峰、碳中和的基本思路和主要举措，会议指出，要构建清洁低碳安全高效的能源体系，控制化石能源总量，着力提高利用效能，实施可再生能源替代行动，深化电力体制改革，构建以新能源为主体的新型电力系统。

“新型电力系统”意味着在未来，新能源将大量接入电力系统。2020年，我国电源结构中，新能源（风力发电、太阳能发电）占比约为24.3%，离成为“主体”的标准还差得远。省级区域中，浙江省稍微好一些，占比近四成。但以新能源为主体，电源结构就要“脱胎换骨”。

以浙江为例，浙江省内拥有火电、风电、水电等13类电源，其中，风电、光伏发电起到重要作用。截至2020年底，浙江全省并网运行的分布式光伏已超23万个，总装机容量首次突破1000万千瓦，光伏发电成为浙江省第二大电源。但分布式光伏电源具有发电量小、分布广、可调节性差等特点，接入电网后对电网的规划设计、调控运行将产生一定的影响，给原有的大电网带来风险。这也是国网浙江电力集中科研优势力量研究微网技术的主要原因。微网技术的实践与应用，能够为光伏发电、风电等高密度分布式电源接入提供新的、可推广模式，能有效促进清洁能源的大规模消纳与高效利用。

在“2030年前碳达峰，2060年前碳中和”目标下，电力系统低碳转型的机遇前所未有，新一代电力技术将给浙江的探索和实践带来越来越大的应用价值。

新的系统，也需要新的“插件”。随着新能源、直流电网、电动汽车等加速发展，电力系统将接入越来越多的高级“插件”，例如，新能源发电中的逆变器、直流输电中的晶闸管、负荷侧的大型变频电机。国网智慧车联网平台已经接入119万个充电桩。这好比是一台大型计算机上接入了100多万个能随时上传、下载资料的U盘。这样势必给电力系统带来风险，因此要不断提高电力系统的灵活性来适应情绪化的新能源、很敏感的电力电子设备，如推进抽水蓄能与储能电站建设等。随着高比例新能源、高比例电力电子设备接入电网，电力系统的底层逻辑上都将发生改变。

氢能是“21世纪的终极能源”，其制备过程能实现“零碳排放”。2020年10月29日，国网浙江电力成功申报国家重点研发计划“可再生能源与氢能技术”重点专项。这也是国家电网公司牵头承担的首个与氢能相关的国家重点研发计划项目。该项目将氢能与可再生能源耦合，通过氢能支撑的微网，满足用户对电能、氢能、热能多种能源的需求，实现从清洁电力到清洁气体能源转化及供应的全过程零碳，清洁能源100%消纳。

未来，国网浙江电力将加快省内特高压环网建设，加强配网建设运维，深化多元融合、全要素赋能，大幅提高电网优化能源资源配置能力，引导浙江电源结构和布局优化，支持水能、光能、核能等清洁能源协调发展和全额消纳。加快形成以电为中心，多种能源互联互通、互济互补的现代能源体系，促进能源生产清洁化、能源消费电气化、能源利用高效化。推动模式创新，聚焦氢能等储能载体与电网耦合发展，发展储能商业模式和应用场景，引导抽水蓄能电站、电化学储能电站等储能产业发展，解决分布式电源间歇性、不稳定性等带来的消纳难题，推动新能源全额消纳，助力新能源发展。

5G、物联网、云计算、大数据、人工智能和区块链提升了电力行业的智能化水平。“十四五”期间，国网浙江电力作出进一步规划：

依托重大工程、重大项目和实验室建设，培育一批科技领军人才和科研创新团队。

持续健全完善与企业战略目标定位相适应的协同高效、开放包容的科技创新体系。

深入打造“能源先进思想理念的发源和传播地、先进标准的制定和出产地、先进技术的创新和应用地”。

加快建设国家电网新型电力系统省级示范区，打造一批首创成果并实现转化应用，全面引领和支撑能源互联网形态下多元融合高弹性电网建设……

想象力有限而未来无限。

科技创新，永不停步。

第四章

从深化能源改革到能源体制革命

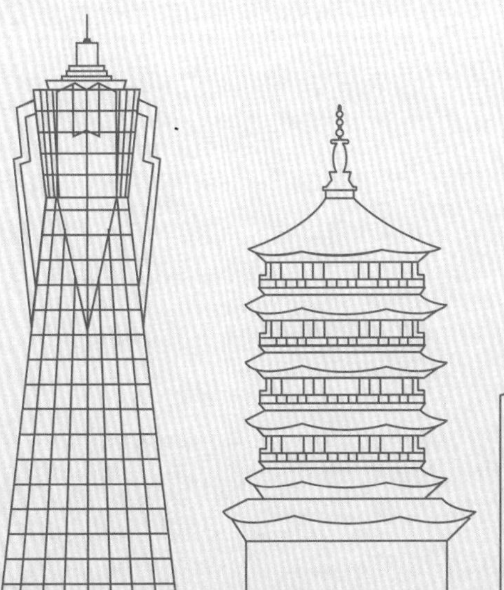

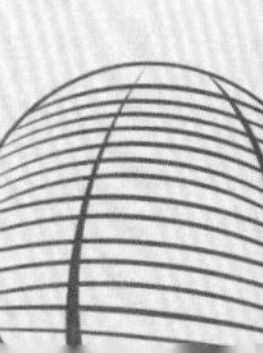

浙江是改革开放先行地。综观浙江电力改革发展历程，创新的灵魂和改革的步伐，始终如影随形。从2002年到2014年，第一轮电力体制改革初步形成了电力市场主体多元化竞争格局，为浙江电力发展注入了巨大活力，市场在电力资源配置的基础性作用初显成效。2014年，习近平总书记首次提出“四个革命、一个合作”能源安全新战略；2015年，中央9号文件明确了深化电力体制改革的重点和路径，由此掀开了新一轮电力体制改革。浙江顺应改革大方向，积极探索适合国情省情的实践方案，从电力市场交易化改革、售电侧改革、混合所有制改革等方面入手，打通能源发展快车道，取得显著成效。

电力交易市场化改革硕果累累

2002年2月，国务院下发《国务院关于印发电力体制改革方案的通知》（国发〔2002〕5号），其核心目标是：实施厂网分开，重组发电和电网企业；实行竞价上网，建立电力市场运行规则和政府监管体系，初步建立竞争、开放的区域电力市场，实行新的电价机制。本轮改革，从根本上改变了指令性计划体制和政企不分、厂网不分等情况，初步形成了电力市场主体多元化竞争格局。

改革10年后，取得了不俗成绩。然而随着中国经济的腾飞，时代对能源体制变革提出了新的需求。习近平总书记在2014年中央财经领导小组第六次会议上指出，要推动能源体制革命，打通能源发展快车道，要坚定不移推进改革，还原能源商品属性，构建有效竞争的市场结构和市场体系，形成主要由市场决定能源价格的机制，转变政府对能源的监管方式，建立健全能源法治体系。

能源体制革命是习近平同志主政浙江期间形成的能源体制改革思路的进一步深化和升华。在能源体制改革思路的引领下，电力体制改革如乘东风，迈步向前。2015年，中央发布了《中共中央　国务院关于进一步深化电力体制改革的若干意见》（中发〔2015〕9号），明确了深化电力体制改革的重点和路径。9号文件的发布，掀起了新一轮电力体制改革的浪潮，各个试点省份积极贯彻实施，如八仙过海，各显神通。浙江作为试点省份之一，秉承一贯的“敢为人先”的做事风格，探索步伐不曾停止。随着电力体制改革进入深水区，真正的考验才刚刚开始。

在国家全面深化改革的背景下，新一轮电力体制改革酝酿实施的目标是解决电力行业发展遇到的突出矛盾和深层次问题。电力行业发展亟须通过改革解决的问题主要有：电力市场交易机制尚待就位与完善，电能资源利用效率仍须进一步提高；电力市场上的价格关系需要理顺，市场化定价机制要加快形成。

业内已有共识，近年电力行业发展的主要矛盾是建设清洁低碳、安全高效的新一代电力系统的需要与市场发展不充分、结构调整不到位、产业链不协同之间的矛盾。有专家指出，“这是新形势下生产关系与生产力不相适应的具体表现。要破解这一主要矛盾，必须通过改革和创新解决滋生矛盾的深层次问题，实现电力发展方式的根本转变”。习近平总书记关于能源体制革命的构想，正是开出了对症药方，而这也正是2015年新一轮电力改革背后的推动力所在。

浙江一路走在历史变革的前沿。2017年6月30日，浙江省政府召开经济体制改革工作领导小组会议，标志着浙江省电力体制改革综合试点工作正式启动。一系列举措随之出台，迅速落地，浙江省电力市场建设正在紧锣密鼓地展开。

2017年9月，浙江省政府和省发改委分别印发了《浙江省电力体制改革综合试点方案》以及《浙江电力市场建设方案》等配套专项方案，提出了“建立以电力现货市场为主体、电力金融市场为补充的省级电力市场体系”。2017年10月，经过几轮竞争性谈判，浙江省确定了自己的电力市场方案。该方案由中国电科院和美国PJM公司相关人员组成的联合专家团队共同设计，内容包括浙江电力市场详细设计方案和浙江电力市场运营规则，明确建立以现货市场为主体、金融市场为补充的省级电力市场体系，电力交易机构负责提供交易量、电价结算依据，电网企业负责电费结算。

2017年11月，浙江省能源局发函委托国网浙江电力开展电力市场技术支持系统建设。国网浙江电力经过3年奋战，目前已建成国内首个“数据统一、流程贯通”的基于云架构体系的现货市场技术支持系统，实现了主要功能一体化平台支撑，为结算试运行工作顺利开展提供技术保障。浙江再一次走在了全国前列，成为时代的弄潮儿。

5年来，浙江始终把推进能源体制改革作为能源发展的突破口。国网浙江电力的精英们众志成城，秉持浙江精神，干在实处、走在前列、勇立潮头，在电力市场建设方面取得了累累硕果。自2019年5月30日启动模拟试运行以来，浙江现货市场已顺利完成结算试运行。国网浙江电力循序渐进，将模拟试运行分为分时段模拟、连续模拟、深化模拟三个阶段，逐步扩大市场主体的参与范围。第一次结算试运行期间，电网运行安全平稳、支持系统运转顺畅、现货价格合理。结算时发现不平衡资金较大，后调整合约。2020年5月完成第二次连续7天的结算试运行，2020年7月完成首次连续整月结算试运行，一步一个脚印，稳扎稳打。整月结算试运行期间市场运营平稳有序，电网运行安全可控，达到迎峰度夏高负荷水平下结算试运行的预期效果。2021年6月1日，顺利完成持续一个季度的连续结算试运行，浙江成为全国首家完成季度连续结算试运行的省份。

浙江电力现货市场技术支持系统模拟试运行汇报演示

与此同时，电力市场规则初稿已经编制完成，市场进入试运行阶段，规则和技术支持系统正在融合。业内人士对此评价：从市场框架和规则设计上，能够感受到浙江方案的真诚——它尝试最大限度地突破现有边界，实现从计划向市场的转轨。不积跬步，无以致远。浙江电力市场的建设运营，手段灵活胆子又大，步子却理性扎实，按照三步走的规划，逐渐完善电力市场体系。

第一阶段电力市场建设，其目标是探索适合浙江的电力市场模式，初步建立电力市场化竞争体系，培育市场参与主体，促进竞争，降低成本，确保市场转换平稳过渡，避免价格过度波动，为市场进一步发展奠定基础。

第二阶段要打造的中期电力市场，目标也很明确，即提高市场各方的参与度，尤其是促进售电侧市场竞争，丰富合约市场交易品种，并建立起完善的电力市场框架体系。

第三阶段目标，则是吸引社会上广泛的市场主体参与，并对市场风险形成有效防控。力争打造一个符合浙江省情、符合9号文件精神、功能完善的电力市场——竞争是充分的、价格是合理的、体系是完备的，各种功能趋于完善。这是一场漫漫征途，只有身在局中，才能体会其中的各种艰辛挑战，它需要国网浙江电力行业无数精英人士付出心血。

对浙江省及国网浙江电力人而言，电力市场化的建设其实早已试水，1994年，浙江就启动了电网模拟电力市场试运行。当时本着务实的动机和需求，为的是更好地进行管理内部结算。不过，一次当时略显稚嫩的探索，却像是星星之火，时隔20多年，终成燎原之势。对电力市场一以贯之的探索兴趣和改革精神，在一代代国网浙江电力人的身上得到了传承。

成就不是空谈，它有具体的数据支撑：2020年浙江省电力市场化交易电量提高到2100亿千瓦时。其中普通直接交易、售电市场交易、现货市场交易规模分别达到1700亿千瓦时、300亿千瓦时和100亿千瓦时，全省市场化电量占全社会用电量的比例提高到43%左右。

这既是一种指引，也是一种驱动。为实现既定的改革目标，国网浙江电力多方面发力，搭建市场平台，组织市场竞价，规范市场秩序，扩大交易规模，积极发挥市场配置电力资源的作用，完善电力交易价格市场形成机制，用“看不见的手”的力量去激发电力市场的巨大潜力。随着电力市场的逐步建立，一个明显利好结果就是降低了浙江省终端电价水平。2020年，浙江全省降低企业用电成本100亿元以上，企业平均用电成本每千瓦时下降3分以上，这对浙江经济高质量高速度发展而言无疑是一个巨大的支撑。

2020年5月8日，浙江省发改委、浙江省能源局及国家能源局浙江监管办公室联合印发了《2020年浙江省电力直接交易工作方案》（浙发改能源〔2020〕145号），并迅速在国内电力行业引起热议。

浙江省售电市场改革，继续领全国之先，在中国电力史上迈出了跨时代的一步。观斑斓景象，可见其中深意，该方案严格又不乏灵活地执行了9号文件“管住中间、放开两头”的改革精神。

按照9号文件的设想，电力交易结算方式为标准“顺价”模式，即“用户价格＝交易价格＋输配电价＋基金和附加”，且按照先后顺序，第一顺位结算用户电费，第二顺位结算输配电费，第三顺位结算发电电费。这一轮电力市场改革初期时，部分地区采用的是“发电降多少、用户降多少”的价差模式。这几年电价依据市场实际情况作出调整，目前大部分地区“平段”电价采用完全顺价，峰段、谷段电价本质上仍为“统购统销”。真正的“顺价”结算，是指所有时段电网企业均收取输配电价标准费用，各时段的电价均由买卖双方形成。

浙江模式的灵活之处在于选择了“批零分开”的市场设计。批发市场中，买卖双方分别是各售电公司和发电企业，由电力交易机构开具结算单；零售市场中，则是由售电公司为用户设计套餐，向交易机构开具用户结算单，由电网企业代收费。这个模式和电信、移动等运营商的经营模式很类似，运营商向银行开具“话费单”（套餐费），银行算账，用户（客户本人）走账。批发市场电费结算根据“现货市场全电量结算＋中长期合约差价结算”进行，采用“按月结算”周期，非市场化电费结算则沿用现行规则。发电企业的电能收入分为合约市场和现货市场电能收入。合约市场包括政府授权合约、市场交易合约，统一按照差价结算。现货市场采用双结算方式，日前市场按出清价格做全电量结算，实时市场按出清价格做实时与日前的偏差电量结算。

至今，市场结算流程已经日臻完善。

以“混”促改焕发企业活力

新一轮电力体制改革的核心内容是在进一步完善政企分开、厂网分开、主辅分开的基础上，按照“管住中间、放开两头”的体制构架，在发电侧和售电侧开展有效竞争，实施“三放开、一推进、三强化”。其中，有序放开输配以外的竞争性环节电价，有序向社会资本放开配售电业务，有序放开公益性和调节性以外的发用电计划等一系列政策，需要售电侧改革和混合所有制等具体设施配套落地。

通过开展增量配电改革试点，探索社会资本投资配电业务的有效途径。地方政府、园区政府、各类国资和民营企业参与试点的积极性较高，部分试点项目已确定项目业主并组建混合所有制公司。

根据2020年发布的《中共中央　国务院关于新时代加快完善社会主义市场经济体制的意见》，放宽电力行业准入，稳妥推进电力企业混合所有制改革，支持鼓励民营资本进入发电、配电、售电等行业领域，不断促进电力投资建设主体多元化，这无疑给破除电力垄断提供了新思路。

开展特高压线路带电作业

对于敢为天下先，深具改革精神的浙江省而言，更是早早布局，落实上述《意见》。具体而言：推动三澳核电一期项目尽快核准建设，打造全国首个有民营资本参与的核电示范项目样板；启动白鹤滩输浙特高压直流项目股份多元化改革，吸引沿线各省地方政府所属投资平台、大型金融机构、产业基金等入股项目建设，开创合作共赢、利益共享的跨省区特高压项目建设投资新模式。这些举措卓然见效，无不体现出浙江电力混合所有制改革的坚定决心及灵活高效。

早在20世纪90年代初，浙江就逐步推进以混合所有制为主的国有企业改革，并试水了最初的电力市场。如今这场改革风暴，终于积聚了足够的力量，开始打破禁锢，发挥“鲶鱼效应”。

2015年5月，浙江出台了加快推进省属国有资产证券化工作的实施意见，鼓励国有企业改制上市，利用资本市场发展壮大混合所有制经济。党的十八大以来，浙江省级层面共出台改革配套文件55项，各地制定相关文件340余项，形成了全省深化国有企业改革“1＋N”政策体系。仅省属国有企业，就先后实施了140多个改革项目。2020年6月29日，浙江省发改委印发了《2020年浙江省深化电力体制改革工作要点》，明确强调要放宽电力行业准入：支持鼓励民营资本进入发电、配电、售电等行业领域，不断促进电力投资建设主体多元化。

已经成立的浙江电力交易中心，是国网浙江电力的全资子公司，正是按照国家文件精神进行的股份制改造。

通过市场之手，下一步将高举混合所有制改革的大旗。以浙江电力交易中心为例，其股份制改造的步伐一直在大步前进：积极落实《关于推进电力交易机构独立规范运行的实施意见》（发改体改〔2020〕234号）等文件精神，制订交易中心规范独立运行实施方案并上报国家审批，加快构建公开透明的电力交易平台。按照“多元制衡”原则，2020年上半年电网企业持股比例下降至70%，年底前下降至50%以下，并完成第一轮增资扩股。“多元制衡”原则，正是现代企业制度的基石之一，也是破解垄断顽疾的有效手段。

而这只是国网浙江电力投身改革、以改革倒逼机制变革的一个缩影。

国网浙江电力还在更高层面更大范围内实施混合所有制改革。

电工装备制造企业改革是国家电网公司落实国务院国资委关于推进国有企业混合所有制改革部署的重要举措，也是国网浙江电力改革攻坚的重点工作之一。国网浙江电力已于2020年9月16日完成浙江辉博电力设备制造有限公司、宁波新胜中压电器有限公司混合所有制改革进场交易摘牌；完成温州、金华、绍兴3户制造企业混改资产评估报告并在国家电网公司备案；开展杭州、嘉兴、舟山3户制造企业混改资产评估报告并在省内审核备案。统筹舟山海洋工程公司增资扩股相关工作，落实调整产权结构方案实施。持续深入开展“省管产业单位支撑营商环境优化再深化再提升”专项行动，推动省管产业单位落实支撑营商环境优化“四省”服务12条承诺和专项行动方案20条重点工作任务。

在绿色能源等新兴业务领域，国网浙江电力加大综合能源服务业务开放力度，推动浙江综合能源公司混改进程。国网浙江电力将其持有的浙江综合能源公司20%的股权在上海联合产权交易所公开挂牌转让，拟引入战略投资者。产权交易完成后，浙江综合能源公司将成为由国网浙江电力、国网综合能源服务集团和战略投资者共同持股的混合所有制有限责任公司，混改后由国网综合能源服务集团合并报表。

浙江综合能源公司将通过引入不同特长的单一战略投资者或由多个不同特长战略投资者组成的联合体，发挥各股东在设计运维、电源建设、能源销售、能源互联网技术研发等方面的综合优势，推动企业迅速做强做大，抢占综合能源服务发展的制高点。

变革体制机制是激发企业内生动力的重要手段。2020年以来，面临电价、电量“双降”的不利影响，加上新冠肺炎疫情影响，国网浙江电力面临前所未有的经营压力。为有效对冲疫情和降价影响，充分发挥大型国有企业责任担当，确保完成经营目标，国网浙江电力全面组织实施提质增效专项行动。

专项行动以完成经营目标为中心，坚持稳中求进工作总基调，牢牢抓住服务清洁能源示范省创建与优化营商环境两条主线，聚焦投资、建设、生产、运营各业务环节，促提质，稳发展，打出开源开放、节流节支、提质增效“组合拳”，向改革创新要效益，向资源经营要效益，向经营管理要效益，保障公司稳健经营、电网可持续发展。

此外，国网浙江电力加快推进国资国企改革。深入学习和贯彻中共中央、国务院《关于深化国有企业改革的指导意见》（中发〔2015〕22号）文件要求，落实《国企改革三年行动方案（2020—2022年）》，以建设中国特色现代国有企业制度、提升治理能力现代化水平为目标，以分类改革、分类发展为牵引，以混合所有制改革为重要突破口，以“放管服”改革为重要推动力，加快建立市场化激励约束机制，着力破除制约效率效益提升的体制机制障碍，显著增强了公司的发展活力、控制力、影响力和抗风险能力。国网浙江电力加快“放管服”改革，率先在国家电网公司系统开展该项工作，提前下发29条第三批事项清单，合理放权赋能，提升工作效率，有效激发了基层的积极性主动性，推进基层减负措施落地见效。深化三项制度改革，激发员工干事创业活力。加快建立与市场经济和现代企业制度要求相适应的劳动、人事、分配机制，推动职工技术成果转化为分红等激励方式，大大激发了创新动力。稳妥解决历史遗留问题，推动改革提质增效。

主动适应形势，不断自我变革，国网浙江电力还稳步推进退休人员社会化管理和省管产业单位改革，促进企业管理转型升级。

双百改革推动全面综合性改革进程

2019年8月1日，国资委“双百企业”综合改革试点企业新增48家，电力领域新增国家电网公司旗下公司10家，浙江省送变电工程有限公司入选。

国有企业改革“双百行动”，是指国务院国有企业改革领导小组选取百余家中央企业子企业和百余家地方国有骨干企业，通过深入推进体制机制改革，力争在健全法人治理结构、完善市场化经营机制、健全激励约束机制、推进股权多元化和混合所有制改革、解决历史遗留问题五个方面取得突破，全面加强党的领导和党的建设。

这些企业的历史任务是：全面落实国有企业改革“1+N”政策要求，深入推进综合性改革，力求在改革重点领域和关键环节率先取得突破，打造一批党的领导坚强有力、治理结构科学完善、经营机制灵活高效、创新能力和市场竞争力显著提升的国有企业改革尖兵，凝聚起全面深化国有企业改革的强大力量。本轮改革时间上较为紧迫，在2018—2020年之间必须完成。

“双百行动”有两个特点与以往国有企业改革模式不同：一是自上

而下推动且级别很高，“双百行动”由国务院国有企业改革领导小组组织领导开展，国务院副总理刘鹤任组长，时任国资委主任肖亚庆任领导小组办公室主任，其他成员来自国务院国资委、中央组织部、中央改革办、国家发改委、工信部、司法部、财政部、人社部、统计局、“一行两会”等部门。论级别，论阵容，这可以称得上是史无前例。

二是不再搞单项试点，而是推动全面综合性改革。不同于2014年的“四项改革试点”和2016年的“十项改革试点”，本次的“双百行动”在前期周密部署的基础上，推行全面综合性改革措施，虽然步子迈得很大，但很扎实。“双百行动”切实贯彻落实《关于深化国有企业改革的指导意见》提出的“到2020年，在国有企业改革重要领域和关键环节取得决定性成果”的目标要求，精确瞄准国有企业改革中的五大难题：混合所有制改革、法人治理结构、市场化经营机制、激励机制以及历史遗留问题。这5个问题并非完全独立，需要统筹协同推进，才能取得突破。

浙江省送变电工程有限公司成立于1958年，“双百行动”综合改革前一直是国网浙江电力全资子公司，长期从事电网建设、检修、抢修作业，曾建成世界最高输电铁塔、南美洲最高输电铁塔，并在全国参与特高压输电网架建设，是传统意义上的老牌国有企业。辉煌业绩的背后也存在着主营业务单一、经营压力较大、人员活力不足和薪酬激励效果不明显等问题，而“双百行动”综合改革就是破除困境的战略良机。作为国家电网公司系统唯一入选“双百行动”的省级送变电企业，浙江送变电工程有限公司按照“引资本，转机制，提效益”的三步走方式，以“一核两轴”（即以股权多元化改革为核心，以建立现代企业治理体系和完善市场化经营机制为两条轴线）为改革重心，实现市场份额提升、经营业绩提升、人员活力提升。

在释放30%股份后的投资人选择上，除了引入资本外，更注重结合企业今后发展方向，在市场拓展、管理提升、技术升级上获得帮助和支撑。围绕这一理念，该公司制订增资扩股实施方案，针对工程总承包市场、电网运维检修业务、市场化业务及机械化施工等重点领域，提前明确拟引入的投资人画像。在最终引入的参股单位中，杭州居住区集团是杭州市国资委下属企业，在建筑全产业链运营、土地开发等方面具有突出优势；国网通航公司为国家电网公司二级单位，是国内最大的航空电力作业公司，具备先进的航空电力作业技术和突出的保障优势；中能建浙江院作为国内知名的勘察设计企业，在电源、电网等众多设计领域走在全国前列。3家企业与浙江送变电工程有限公司在战略、市场、技术、管理等方面的需求十分契合，几家公司合作有助于进一步增强技术能力，拓展市场范围，能够为企业转型发展注入新的强大动力。

浙江送变电公司利用直升机配合高空作业人员进行塔段搭接

随着股权多元化改革落地，内部体制机制也迎来巨大改变。2020年12月1日，浙江送变电工程有限公司与投资方签订增资扩股协议，并于12月23日召开第一次股东会和第一届一次董事会、监事会，审议通过公司章程、股东会议事规则等议案，选举第一届董事会、监事会成员和董事长。按照国有企业改革要求，根据现代企业管理结构，浙江送变电工程有限公司依法规范党组织、股东会、董事会、监事会、经理层和职工代表大会的权责，厘清权责界线，强化权责对等，并围绕国有企业改革“两个一以贯之”要求将党委会审议作为重大事项决策的前置程序，完善各司其职、各负其责、运转协调、有效制衡的法人治理机制。

伴随着体制机制的重大变革，企业内部专业管理和外部业务拓展也迎来一股“春风”。“全员拓市场”“管理出效益”“向信息化要效益”“快进慢出、多进少出、先进后出”等一系列工作理念相继推出，加强管理层瘦身健体，逐步构建内部人力资源市场，规范招标、结算管理链条，加快推动子公司在专业领域实现市场立足、独立运营、自负盈亏。通过外拓市场、内强管理的开源节流、提质增效举措，浙江送变电工程有限公司2020年全年累计承揽项目270余个，中标、签约合同金额38亿元（同比增长53%），全年完成产值超30亿元（同比增长18%）、实现利润超6500万元（同比增长246%），创近10年历史新高。

“工资高了，工作更有动力。”电力消防公司职工赵树春感慨道。电力消防公司是浙江送变电工程有限公司新组建的基层单位，人员少，任务重，人均产值贡献率较高，通过绩效加成，员工薪酬水平得到了一定提升。打破以往“大锅饭”，浙江送变电工程有限公司实施以经营指标为主线、生产指标为基础的绩效考核模式，员工收入与部门单位绩效、个人岗位贡献关联更加紧密，合理拉开了月度绩效薪酬水平。此外，对生产指标完成好、产值利润贡献高的单位，进一步加大薪酬分配倾斜力度，员工收入向市场化单位看齐，实现“跨岗级”的薪酬分配，充分激发员工的积极性、主动性、创造性，员工的工作积极性大幅提升。

“双百行动”综合改革可谓是“牵一发而动全身”，通过引进各类投资者，实现股权多元化，在混合所有制改革方面力争率先取得突破，健全法人治理结构。重点是真正将董事会对企业中长期发展的决策权、经理层成员选聘权、经理层成员业绩考核和薪酬分配权、职工工资分配权等落实到位。浙江送变电工程有限公司正在改革的道路上探索前进，其之所以能够入选，自身较强的改革意愿和主动性是关键因素，并且站在这次国有企业改革的新起点，往真正的市场化运营、市场化机制靠拢。这一步，迟早要走，第一个“吃螃蟹”的人难免会遇到挫折，却能占据先发优势。机遇和风险，从来都是孪生兄弟，目前来看，浙江送变电工程有限公司已走好了第一步棋。

售电侧改革助推电力市场竞争格局实现

目前中国发电侧竞争格局已经形成，在此基础上重点推进售电侧放开，改革将形成多买（发电厂）—多卖（用户及售电公司）的电力市场竞争格局。本轮改革实施后，电力行业整个生态系统都会发生深刻变化。市场化售电业务和增量配电投资业务向社会资本放开，新增售电公司、配电公司等新的市场主体，电力行业结构更加多元化。

为了促进多元竞争市场格局的实现，放开发电侧和售电侧是必然之举。在发电侧竞争的基础上，进一步放开售电侧，培育独立的售电主体，多买多卖的市场格局才能形成。售电侧改革也意味着，电力体制改革进入了深水区。正是通过售电公司之手，以市场价格为信号，在电力消费和电力供给之间牵线搭桥。

单纯的售电侧改革，相当于绕过了现货市场先做简单的中长期交易，而绕过现货市场的售电侧改革其实是“无水之源”。在浙江方案中，对这个问题有清晰的认识，通过售电侧改革试点，逐步向社会资本开放售电业务，培育售电侧市场主体（售电公司及用户），建立购售电市场化交易机制。具体的市场架构，包括合约市场、现货市场、辅助服务市场以及零售市场4个市场。

国家电网浙江电力红船共产党员服务队对洋山光伏发电站的发电设备进行检查和维护

其中，零售市场主要面向零售用户与售电公司。零售用户自愿与售电公司建立交易关系，通过售电公司进行购电，并与电网企业（或拥有配网运营权的售电公司）签订三方合约。参与市场的成员包括：电网企业，主要指国网浙江电力；市场运营机构，包括省电力交易机构和省电力调度机构；发电企业，包括统调煤电、水电、气电、核电机组。原则上以机组为单位参与市场，并且符合环保超低排放相关的要求。市场初期，新能源机组不参与市场。电力用户，则包括批发用户和零售用户。市场初期，批发市场用户包括需要优先保障外的110千伏及以上电压等级用户，110千伏以下符合交易准入条件的大用户可参与直接交易。

还有一个角色，正是售电公司，即包括拥有配电网运营权的售电公司（承担保底供电服务）和独立的售电公司（不拥有配电网运营权，不承担保底供电服务）。售电侧主体的构成，在同一供电营业区内可以有多家售电公司，但只能有一家公司拥有该配电网经营权，并提供保底供电服务。同一售电公司可以在多个供电营业区内售电。同样称作售电公司，却同名不同命，而“不同命”的原因，在于它们拥有资源的多少，尤其是否拥有配电网资产和发电资产。按照这个标准，售电公司可以分为四类：独立售电、售配一体、发售一体和发配售一体公司。无疑，这四类公司的市场竞争力是逐一递增的。正所谓“手里有粮，心中不慌”。以发配售一体售电公司为例，它们的增量及存量配电网用户资源明显占据优势，发电侧也有低价电源的供给优势。资源掌握最少的是独立售电公司，它们的盈利模式只是赚取电力购销差价，其风险之大、利润之薄、前景之不明，自然会导致售电侧市场空前惨烈的搏杀。

售电公司是电力市场改革的新兴产物，许多公司涉水售电业务后，发现尽管产品不同——电力作为商品，有其现买现销、不可储存的特殊性，但就业务而言，争取更多用电客户是万变不离其宗的。在电力市场建设初期，各售电公司着力于吸引用户，培育种子用户，迅速打开市场份额，形成市场知名度和影响力，这与其他企业并无差别。然而吊诡的是，现在大部分售电公司其实并不具备从事售电业务的能力，风险管理能力极差，政府准入门槛低，而低门槛有时候也是高风险的代名词。

浙江方案实行批零分开，一旦售电业务开闸，售电公司能否经受住考验？过去几年，多个省份的独立售电公司已经出现了亏损，勇立潮头却被激流冲下，生存是一个难题。以广东为例，2017年《广东省售电侧改革试点实施方案》（粤发改能电〔2017〕48号）正式出台，逐步向社会资本开放售电业务，却在第二年就遭遇了尴尬困境。2018年2月起，广东省各独立售电公司的竞价交易成交价格不断收窄，发电企业让价幅度由3月份的0.18945元/千瓦时，下降到11月0.037元/千瓦时。当时售电公司承诺用户的折扣幅度已达0.08元/千瓦时，远高于发电侧的让利幅度。不过，不能因为市场试错就停止改革的脚步，任何一个新生市场和行业，必然是“沉舟侧畔千帆过，病树前头万木春”。

前车之鉴，后事之师。从务实谨慎的角度出发，在2019年前，浙江省并未放开售电公司参与市场，而是着力在售电市场端，持续推动市场成长。完善电力中长期交易规则，保持售电市场平稳健康发展，加强售电市场与电力现货市场的衔接。从国外已经成熟的电力市场格局来看，发售一体化的企业在电力市场中会更具有竞争力，换句话说，有电源保障对售电公司而言或许是实现长久经营最关键的环节之一。然而，电源属于重资本投资，门槛很高，售电公司要想参与进去，可以借由国企混合所有制改革的契机，参股发电资产。售电公司探索与发电集团的战略合作，难点在于售电公司如何平衡与发电集团的合作与竞争关系。此外，由于电力特殊的商品属性，决定了电力市场是一个特殊的商品市场，人才储备至关重要，这也在无形之中促进了混合所有制的发展。一些电力系统的精英人才或会纷纷出走，走向更为广阔的市场，去证明自己的价值。对售电公司而言，这样的人才既是不可或缺的助力，同时也是高昂的成本，如何合理挖掘使用电力系统人才，也是售电公司面临的挑战。

电力改革的售电侧改革，本质上是建立电力批发市场，目标则是现货市场的完善。售电侧改革的核心是在电网—电厂（及大批发商）—电力用户三者之间完成一次存量利益的调整。这也注定了以往电网公司盈利模式将发生彻底改变，把购售价差里除去输配电价的红利，全部让渡给售电产业链的上游和下游。

这种冲击必然是巨大的，固然会遇到巨大阻力。浙江方案选择了批零分开的市场设计，对推动售电侧改革来说，是扎实理性的一步。这是因为从目前情况来看，如果单有电力批发市场，能够享受到电网公司让渡出来的价差红利的，首先是电力用户——这也符合9号文件的政策精神；然后是大批发商，它们主要是有着国资和电厂背景的售电公司。对于数量众多的中小售电公司，其实只享受到了红利极少的一部分。在浙江模式中，电网企业相当于银行，只负责根据结算单进行收费，无须关注其他细节。相比之下，其他省市模式中，售电公司要将计算公式、单价等合约一并提交电网企业（交易中心），由电网企业（交易中心）为售电公司和用户算账，与二者分别确认，因为售电公司没有结算权。批零分开后，售电公司的盈利模式会彻底改变，它们会发现：考验技术的时候到了，“关系型市场”会逐渐转变为“技术型市场”，能否赢得用户青睐，是否善于控制成本，将成为决定售电公司生死的唯一标准，浑水摸鱼将不再可能。

总而言之，浙江方案批零分开的市场设计，对中小售电公司而言，既是福音，也是挑战。毕竟，如果售电公司仅有单一的售电业务，其收益来源和公司前景终将有限，价值也将迅速见顶。不过不必灰心，长远看来，随着电价信号进一步精细化，其他电力配套市场逐步完善，售电公司可以围绕综合能源服务、电力需求响应以及电力金融等业务建立商业模式，从中寻找盈利点，进而做大做强。以广东为例，售电公司经历了高收益到亏损的不同阶段，但成熟的商品市场，始终要回到围绕商品成本定价的阶段，竞争的充分最终会将利润锁定到合理的水平。浙江在深入推进输配电价改革时，密切跟踪国家发改委价格司最新输配电核价动态，积极配合第二个监管周期输配电价核定工作，全力争取适应高弹性电网发展的输配电价水平。积极推进增量配电改革，公司经营区域内市场化售电格局初步形成。这场能源体制革命，如同慢火熬制，考验的是细致真功夫。

电力体制改革发展至今，通过不断试错、调整，已经进入新的发展阶段。浙江省电力市场规模持续增大，交易机制趋于完善，价格信号更能反映供需情况，市场心态变得理性成熟，市场风险意识开始建立，售电公司在整个发展过程中不断调整优化经营策略。大浪淘沙，最终活下来的售电公司，将是战略布局更加长远、经营更加稳健、发展更加全面的企业。但市场仍处于初级阶段，机遇和风险将长时间并存，变化仍将是常态。而作为市场的参与者，不变的是需要不断完善优化经营策略，做好长期充分的准备，方能在电力体制改革中走得更远。

改革创新不止，服务初心不改

随着电力市场逐渐建立起来，国网浙江电力提供的优质供电服务有了新的变化。

其一，增强电力需求侧响应能力。实施“双百万行动”，广泛发动各类用户参与电力需求侧响应，建成577万千瓦需求响应资源池，率先具备最高负荷7%的日前需求响应能力，充分唤醒海量用户侧负荷资源。首创分钟级可调节负荷设备接入模式，通过复用工业用户自有生产控制系统、商业楼宇制冷系统，对接中国铁塔、中国电信、省电动汽车公司聚合平台等方式，安全、经济、高效接入工商业用户和聚合商可调节负荷，形成50万千瓦分钟级可调节负荷能力，有效提升用电负荷的“弹性”。这能带来更高质量、更强稳定性，也更加灵活性的电力供应。电源侧保障稳了，才能惠及终端用户侧。这个根本认识，国网浙江电力始终看得清楚、抓得牢固。

其二，在推进电力市场深化改革的同时，浙江省也在布局推进办电服务便利化，二者相辅相成。未来电力市场上用户追求的不再是“有电用”，而是“用好电”。依据《2020年浙江省深化“最多跑一次”改革推进“放管服”工作要点》和《国家发展改革委国家能源局关于全面提升“获得电力”服务水平　持续优化用电营商环境的意见》，国网浙江电力致力于提升企业主体和人民群众“获得电力”的获得感与满意度。

国网浙江电力在全国率先推出“房电水气”联动过户服务新模式，让群众办理电水气过户业务“最多跑一次”

其三，在优质服务的推动方面，涉及的范围极为广阔，且都与人民群众的实在利益息息相关。其中，既包括用电报装时间、环节、成本、供电可靠性等关键性指标的提升改进，也包括小微企业用电报装。居民用电业务“网上办”“掌上办”，配合水电气网协同报装。2020年底前，全省低压小微企业用户用电报装压减至2个环节、2份材料，小微企业电力接入平均总时长不超过15个工作日；10千伏高压供电企业办理用电业务压减至3个环节、2份材料，平均用时35个工作日以内。2020年6月底前，杭州市、宁波市160千瓦及以下、其他设区市100千瓦及以下低压用户用电报装率先实行“零上门、零审批、零投资”服务。高压用户用电报装推行“省力、省时、省钱”服务，不得以任何名义收取不合理费用。此外，供电公司在办理高压电力用户用电业务时，加快推动互联网、物联网、移动支付等先进技术在能源服务领域的应用，目前正在全面推行“一站式办理”和“互联网＋”服务机制。

回首过往，步入21世纪的头几年，城乡“两改一同价”的浩大工作还在开展，户户通电也是在21世纪头一个10年内得以完成。十几年前，每年用电高峰时期的有序用电，曾是多少企业主和人民群众的心中之痛。然而，21世纪刚刚进入第三个10年，扑面而来的新能源革命，已挟风雷之势，席卷我们社会生活的每一个角落。

国网浙江电力的服务，始终走在全国前列，依仗“最多跑一次”行政改革东风，彻底推动了能源管理模式创新。许多行政审批事项取消或者下放，服务于企业，为企业和经济发展提供充足优质的电力能源，电力服务在不断寻找方法进行改进完善。例如，对“电力业务许可证”和“承装（修、试）电力设施许可证”提出改革措施建议，加快用电报装“一件事”改革，以国际、国内“领跑者”为标杆，进一步优化用电报装流程。值得注意的是，所有这些项目，浙江已实现全省覆盖。

企业方便用电、用好电，再也不是梦。

此外，国网浙江电力还着力于创新客户服务新模式，先是完善新型电力基础设施布局。抢抓新基建机遇，加快建设多元融合高弹性电网，打造坚强灵活的电力骨干网架，构建大规模源网荷储友好互动系统，完成年度固定资产投资291.2亿元。同时优化充电基础设施布局，推动形成广泛覆盖、便捷智能的充电设施服务网络，实现高速公路充电设施全覆盖，城市公共充电平均服务半径从2015年的3千米缩小至1千米。完善充电设施智能服务平台同样重要，构建充电大数据共享中心，“服务在云上”，推动充电设施服务网络与未来社区、智慧城市、智慧交通融合发展。提供主动精确的“综合能效服务”而非“综合能源服务”，提升服务价值，体现国家电网公司开展基于大数据应用的综合能源服务的能力和信心。

“网上国网”已经悄然启航，姿态低调，却步伐有力。它集传统业务、能源电商、能源金融等跨领域业务为一体，相互联通、融合，构建出多元化产品生态，全面优化线上办电流程，实现线上业务“一证通办”。健全电网资源、需求等信息公开机制，深度开展“阳光业扩”服务。主动精准地向客户提供综合能效服务，提升客户的体验感和获得感。其中，发挥电动汽车动态储能特性，鼓励和引导电动汽车通过负荷聚合参与削峰填谷，更是创意十足。完善新能源汽车充电基础设施财政补贴支持政策，降低岸电设施用电价格。以上这些举措，对浙江省经济发展大局而言，都是实打实的助力。站得高、看得远、做得实，电力市场的兴起与挑战，更加展现出浙江人民、国网浙江电力人勇于改革，敢为天下先的探索与创新精神。

2021年，浙江用一场全省数字化改革大会开启牛年新局。数字化改革是“数字浙江”建设的新阶段，是政府数字化转型的一次拓展和升级，是浙江立足新发展阶段、贯彻新发展理念、构建新发展格局的重大战略举措。而国网浙江电力，已初尝深挖和释放电力大数据社会价值的滋味。2020年以来，面对新冠肺炎疫情和严峻复杂的内外部形势，国网浙江电力坚决贯彻国家电网公司和浙江省委、省政府决策部署，坚定“走在前、作示范，建设具有中国特色国际领先的能源互联网企业的示范窗口”战略目标定位，秉持首创精神，迎难而上、奋发有为，运用电力大数据为政府决策疫情防控和指导企业有序复工复产提供有力支撑，创新推出国内首个企业复工电力指数、发布全国首个“转供电费码”等，得到各级党委、政府的肯定和社会各界的认可。

国网浙江电力将电力大数据的触角向更深处延伸。2021年春节，出于疫情防控的需要，不少外地工作的人选择留在当地过年。如何精准掌握有多少人留在本地过年？本地工商业春节期间开张营业的变化趋势如何？大数据可以解决这些问题。2021农历年前，国网浙江电力在全国推出第一份《浙江省在“这”电力指数报告》，通过电力大数据，观察居民生活和工商业生产经营变化，反映公众春节期间留在浙江过年的情况，为政府出台惠民关爱举措提供决策参考。

市场的成长，让供电优质服务有了更广阔的展示平台。这是一场全新的挑战和机遇，不忘初心，方得始终，变的是宏观与微观环境、是做事方法、是思维方式，始终不变的则是“你用电・我用心”。

第五章

从电网转型升级到能源互联网建设

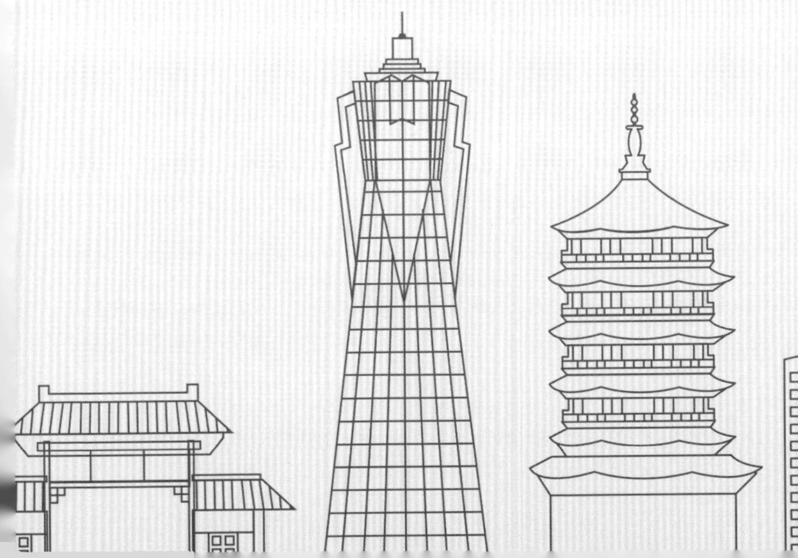

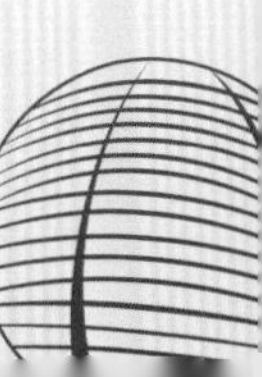

新时代的中国能源发展，贯彻“四个革命、一个合作”能源安全新战略。中国倡议探讨构建全球能源互联网，推动以清洁和绿色方式满足全球电力需求。能源互联网建设正当其时。能源互联网形态下多元融合高弹性电网建设，是能源互联网在浙江的领先实践。国网浙江电力充分发挥电网在连接电力供需、促进多能转换、构建现代能源体系中的枢纽作用，发挥其引领力、辐射力、带动力，打造能源互联新形态，构建能源互联网生态圈，打造能源互联网省域实践的浙江经验、浙江样本。

能源革命呼唤能源互联网

党的十九届五中全会提出，生态文明建设要实现新进步，并强调要加快推动绿色低碳发展，推进能源革命，使能源资源配置更加合理、利用效率大幅提高、生态环境持续改善。在第七十五届联合国大会上，国家主席习近平向国际社会作出了“二氧化碳排放力争2030年前达到峰值，努力争取2060年前实现碳中和”的中国承诺。这意味着，今后较长时期，我国清洁能源将快速发展，终端能源消费的电气化水平持续提高。

当前，世界能源发展正处于百年未有的大变革时代，以电为中心、以新能源大规模开发利用和电动汽车等新型用电设施广泛发展为标志的新一轮能源革命正蓬勃兴起。

作为全球能源生产和消费大国，当下中国正面临着能源消费总量大、化石能源占比高、能源利用效率偏低等问题。随着经济进入高质量发展阶段，我国对提高能源治理水平，以更加绿色、安全、高效的方式满足能源需求提出了新的更高要求。电力作为便捷、清洁和应用最为广泛的能源，在推动能源革命、构建“清洁低碳、安全高效”的现代能源体系中，承担着转型中心环节的重任。

实际上，时代的呼声在此前已经出现。2015年9月26日，国家主席习近平在纽约出席联合国发展峰会并发表题为《谋共同永续发展 做合作共赢伙伴》的重要讲话时提出，中国倡议探讨构建全球能源互联网，推动以清洁和绿色方式满足全球电力需求。

而后，国家电网公司顺应时代潮流，充分发挥央企“大国重器”和“顶梁柱”的作用，提出了建设具有中国特色国际领先的能源互联网企业的战略目标，全力推动能源安全新战略和能源互联网建设在电网企业落地实践。

然而，传统电网在向能源互联网演进中，面临源荷缺乏互动、安全依赖冗余、平衡能力缩水、提效手段匮乏等问题，迫切需要加快高承载、高互动、高自愈、高效能四大核心能力建设，即电网需要对大规模电力供应、大规模清洁能源具备足够的承载能力，具备源网荷储多元高互动能力，具备进一步强抗扰和自愈能力，具备高效运行能力。

以奋力打造“重要窗口”的浙江为例。

浙江一次能源匮乏，是能源净输入省份，拥有典型的省级受端电网，外来电占比超35%。随着经济进入高质量发展阶段，以及人民对美好生活的需求不断提高，浙江用电负荷和供电压力持续增大，特高压交直流混联运行，新能源大规模并网，新型用能设施大量接入，电网形态越来越复杂，伴随而来的是源荷缺乏互动、安全依赖冗余、平衡能力缩水、提效手段匮乏等多项发展矛盾。

2020年夏季，浙江全社会最高用电负荷达9628万千瓦，已超过英国、法国、德国等发达国家规模，即将进入亿千瓦时代。浙江省内拥有13类电源，新能源装机总量由2015年的371万千瓦增长至2020年底的

1943万千瓦，增长4倍多。但是，市场配置、需求侧联动手段匮乏，海量资源仍处于沉睡状态，浙江电网仍属于“源随荷动”的半刚性电网；且风电、光伏发电等清洁能源，外来电基本不参与省内调峰，造成系统调节能力下降并将持续下降。

海宁市尖山新区老海塘上，城市土地“边角料”被开发为光伏发电场，为城市发展提供绿色动力

同时，规划、设计、运行、用电等多个环节的安全裕度交叉重叠，逐渐形成了以冗余保障电网安全的现实状况，缺乏裕度释放的有效手段。2019年，浙江最大峰谷差达3436万千瓦，统调尖峰负荷95%以上累计时间为27小时。为了一年中的27小时尖峰用电，需要数台百万千瓦的发电机组和相关配套设施给予保障。可见，以建设和扩张满足负荷和

安全要求的传统电网发展模式，总是存在安全与效率的天然矛盾。而连续两年的工商业降电价和2020年阶段性降价，较大程度上影响了电网企业经营状况，依靠规模扩张来满足电力需求增长的模式不可持续。

总的来看，浙江在能源革命中仍需要迎接三大挑战。

一是持续保证安全可靠供电的挑战。对接党中央“加快构建以国内大循环为主体、国内国际双循环相互促进的新发展格局”的重大部署，需要协调浙江省内外电力供应，从根本上保障浙江省长期能源电力需求，这是能源企业的基本责任和重大挑战。

二是持续支撑清洁低碳发展的挑战。清洁能源产业持续快速发展，必然要求加大电网投入、优化电网布局，不断提升清洁能源输送消纳能力，促进清洁能源大规模开发利用和大范围优化配置，引导分布式能源健康发展，加快能源电力向清洁低碳转型。

三是持续提供质优价廉电力的挑战。在扩张式电网发展模式下，依靠提高冗余来保障安全，电网安全与效率难以同比提升。经济社会高质量发展和人民对美好生活的向往，要求提供省心电、省钱电、绿色电，这就迫切需要持续优化营商环境、降低用能成本、控制能源消费强度，提升全社会能效水平。

管中窥豹，随着中国经济进入高质量发展阶段，这些问题和挑战显然也不局限于浙江一域。

可以说，这些年能源电力发展就是在解决安全可靠、清洁低碳、质优价廉的矛盾中前进。传统模式注重解决其中的某一个矛盾、实现当期的目标，无法从全局、长远的高度来提供系统的、整体的、同步的解决方案。“四个革命、一个合作”的能源安全新战略，构建全球能源互联网的“中国倡议”，为我国探索具有中国特色的能源转型道路提供了根本遵循，为实现保障能源安全、推动低碳发展、降低用能成本“三重目标”指明了方向，加快构建能源互联网已成为全社会的广泛共识。

多种能源并存的生产和消费形态对能源互联网建设提出了客观要求。随着煤炭清洁高效利用和氢能、储能等新技术的发展，光伏发电、风电、核电、抽水蓄能等清洁能源的大规模开发利用，电动汽车、船舶岸电等电能替代方式的广泛应用，能源的生产和消费呈现清洁化和多元化的显著特征，亟须尽快提升多种形式能源系统互联互通、互惠共济的能力，有效支撑能源电力低碳转型、能源综合利用效率优化、各种能源设施“即插即用”灵活便捷接入，促使能源新业态、新模式发展，能源互联网建设应运而生、势在必行。

当代先进的电网和信息通信技术为能源互联网建设提供了契机和动能。特高压输电技术使大容量远距离输电变为现实，柔性交直流输电技术为实现潮流灵活调控、解决多供区动态互联等难题提供了路径。需求侧响应、精准负荷控制等技术为负荷参与电网友好互动提供了技术途径。低碳建筑、工业用能优化、冷热电三联供等高效用能及节能技术促进能源梯级利用，为降低全社会能耗水平提供了关键支撑。人工智能、云平台、5G等新一代信息技术发展，大幅提升了资源配置、安全保障和智能互动的能力。区块链技术有效解决了能源互联网建设中数据融通、信任保护和多主体协同等问题。能源大数据技术对深度挖掘电力数据价值、支撑宏观形势研判、提升社会治理能力、提高社会效益具有重要作用。

多元融合高弹性电网是能源互联网在浙江的领先实践

2020年3月，国网浙江电力初步提出了开展高弹性电网技术研究的构想。在随后召开的第二季度工作会议上，国网浙江电力进一步明确了建设多元融合高弹性电网为能源互联网在浙江落地实践的主阵地。

这是一个全新的探索和实践。

从浙江发展大环境看，浙江的经济条件、行政效率、社会治理、市场化程度和信息技术产业发展水平居国内领先地位，率先构建国际领先水平的区域能源互联网具有现实基础。

从浙江能源电力发展状况看，浙江省拥有种类最多的能源电力生产结构，新能源发展程度高、应用范围广。浙江电网率先建成了以“两交两直”特高压为核心，以“东西互供、南北贯通”的500千伏双环网为骨干的主网架。作为创建清洁能源示范省，浙江省清洁能源实现了全接入全消纳，电能占终端能源消费的比重已达38%。湖州“生态+电力”示范城市建设白皮书亮相联合国气候变化大会，京杭大运河全线公共水上服务区实现绿色岸电全覆盖。

浙江作为互联网产业发展最活跃的地区，正在深化“数字浙江”建设，“大云物移智链”等现代信息技术与能源电力技术的深度融合有着优渥的区位优势和先行先试的基础条件。新冠肺炎疫情期间，国网浙江电力创新推出的“企业复工电力指数”“电力消费指数”“转供电费码”等数字产品，有力地支持了政府科学决策和小微企业复工复产。

创造过无数个“无中生有”奇迹的浙江，对改革创新、开放包容矢志不渝，在1994年就启动浙江电网模拟电力市场试运行，早早地成了能源要素配置市场化改革的第一个“吃螃蟹”的省份。如今，浙江更是成为全国首个开展电力现货市场季度连续结算试运行的能源净输入省份，也是全国四个用能权改革试点省份之一。

基于这样的背景，针对浙江电网发展的痛点，国网浙江电力为省域层面实现能源高质量发展“三重目标”给出了系统的、整体的、同步的解决方案——建设能源互联网形态下多元融合高弹性电网，充分发挥电网在连接电力供需、促进多能转换、构建现代能源体系中的枢纽作用，发挥其引领力、辐射力、带动力，打造能源互联新形态，构建能源互联网生态圈。

国网浙江电力秉持务实原则，并不急于“大干快上”。构想提出后，国网浙江电力组织开展了长达近半年的理论体系研究，逐步完善高弹性电网的概念设计和框架体系等。

能源互联网形态下多元融合高弹性电网，是能源互联网浙江实践的核心载体，是传统电网向海量资源被唤醒、源网荷储全交互、安全效率双提升的电网升级，具有高承载、高互动、高自愈、高效能四项能力，能够解决电网源荷缺乏互动、安全依赖冗余、平衡能力缩水、提效手段匮乏等现实问题。国网浙江电力在思路上，提出以“三个理念”为引导；在路径上，通过“多元融合”赋能；在结构上，设计以“四梁八柱”为支撑，系统地完善了多元融合高弹性电网的构建方式。

浙江建立中国首个“源网荷储一体化示范区”

应对能源电力发展挑战，国网浙江电力提出了多元融合高弹性电网建设的三个理念：一是“节约的能源是最清洁的能源”，以提高能效水平促进清洁低碳发展；二是“节省的投资是最高效的投资”，以提升辅助服务能力促进精准高效投资；三是“唤醒的资源是最优质的资源”，以唤醒资源促进提质增效。

而“多元融合”赋能，则是方式策略选择，即多元驱动，要素融合，通过技术支撑、市场推动、政策引导、智能创造、组织创新的“五组赋能”激发驱动力，纵向融合源网荷储各环节要素，横向融合能源系统、物理信息、社会经济、自然环境各领域要素，发挥聚合效应，促使电网形态向高弹性转变。通过组织创新变革，构建与能源互联网相适应的组织架构、管理模式和体制机制，凝聚合力，激发活力，为高弹性电网建设提供组织和动力保障。

在体系结构方面，国网浙江电力设计以“四梁八柱”为支撑，推进多元融合具体落地。其中“四梁”指的是源、网、荷、储四个电力系统核心环节。“八柱”指的是在网架、融合、安全、效率、资源、互动、市场、数智八个方面开展电网功能的创新优化，具体包括：通过灵活规划网架建设，加强电网承载力，实现清洁能源占比及电力电子设备占比“双高”情境下的广域资源安全灵活配置；通过电网引导多能互联，推进源网荷储四侧“即插即用”全覆盖，实现多种能源优势互补；通过安全承载耐受抗扰，促进三道防线整体升级，加强自主防御和自愈恢复能力，实现安全效率双提升；通过设备挖潜运行高效，释放规划、设计、运行、用电环节的交叉裕度，推动系统从增冗余保安全转变为降冗余促安全；通过各侧资源唤醒集聚，以多层级负荷聚合调动资源优势，促进需求侧分布式资源双向互动；通过源网荷储弹性平衡，移峰填谷缩小峰谷差，推进电力平衡转变为电力电量平衡统筹兼顾；通过市场改革机制配套，形成规则保障，激发互动活力，促进价值实现；通过科创引领数智赋能，推动两化融合，依托科技进步为电网发展注入强大动能。

国网浙江电力按照创新驱动、示范引领、共建共享的路径开展多元融合高弹性电网建设。

通过创新驱动，催生发展新动能。倡导首创精神，以提高自主创新能力为中心，全力打造创新高地，在更高水平上实现新跨越；下好“先手棋”，加快向高弹性电网演进。能源供给侧，突破交直流混联大电网安全控制技术，推动特高压交流环网建设，保障浙江第三、第四直流安全接入；突破新能源大规模消纳关键技术，满足未来千万千瓦级海上风电及沿海核电发展的需要。能源消费侧，持续推进电动汽车、港口岸电等电能替代关键技术，助力节能减排；突破精准负荷控制及负荷聚合技术，提升互动能力；加快能源梯级利用、节能降损技术攻关，促进智慧社区、零碳建筑技术突破，降低社会能耗水平。能源传输侧，推进高端电气装备研制，培育直流电气设备产业链；推进电网人工智能调度及数字孪生技术，实现智能化演进；突破源网荷储四侧“即插即用”及多场景灵活储能技术，加强高品质互动资源布局。

通过示范引领，应用落地见实效。发挥区域优势，点线面多维度打造与浙江资源禀赋、用能结构相协调的试点示范，加快功能跃升。攻关核心技术点，因地制宜开展直流配用电、低频输电、多场景储能、分布式抽水蓄能、电动汽车聚合调控、多站合一、能源大数据中心等突破性研究，通过针对性发力取得“从0到1”的原创成果，争创国内第一、世界第一。带动多条专业线，调动规划、设备、运行、需求侧各类资源综合应用，提升系统抗扰能力，依托可调节、可中断负荷和动态极限防御，提升系统异常恢复和极端情况下的生存能力，形成弹性纵深，抵御外部挤压。以规划、设计、运行、资产效率释放优化内部效益；以减少业务环节、缩减办电时间、降低办电成本释放社会效益，形成效率效益共享链路。形成功能展示面，发挥集聚优势，将杭州萧山亚运高弹性电网智慧示范区、嘉兴海宁城市能源互联网深化应用示范区等作为综合示范区，集中体现高弹性电网功能元素的协调运作。挖掘技术优势，开展特色实践，打造未来能源互联形态实景。

通过共建共享，构筑能源生态圈。将分散的业态，通过能量流、信息流、价值流“三流合一”，形成多方互利共赢的良好生态。能量流成为安全高效的物理基础，发电企业高效清洁利用能源，共同承担安全调节功能，参与市场化互动；能源传输企业公开公平公正地优化配置资源，提供安全高效智慧的能源服务；能源用户通过多种形式参与互动，共同促进系统安全和能效提升。信息流成为互通感知的数据纽带，通过大数据、大平台推动能量的数字化和透明化，政府携手各个主体建设能源大数据中心，推进能源治理信息共享。价值流成为社会能效优化的引导罗盘，政府部门为可中断、可调节负荷、抽水蓄能电站、电化学储能、新能源配额、分时电价优化等领域出台政策机制，实现价值共创共享；推进辅助服务市场建设及区块链技术应用，保障价值分配，还原电力商品属性。社会各界形成价值共生，促成综合能效提升。

多元融合高弹性电网建设成为共识

潮起之江，奔腾不息。

2020年9月26日，由中国能源研究会主办、国网浙江电力协办，以“建设能源互联网 为美丽中国赋能”为主题的能源互联网形态下多元融合高弹性电网高端研讨会在杭州成功举办。

一场开幕式、一场主旨演讲、四位院士及专家学者主题演讲、一场圆桌论坛、四场不同主题分论坛……来自政府、能源电力行业、科研院校的众多领导、专家、学者汇聚在作为G20杭州峰会主会场的杭州国际博览中心，畅谈构建能源互联网的思想和建议，分享能源理论和科技发展的最新成果，为建设更加科学、更有成效、更具可操作性的多元融合高弹性电网提信心、讲实措，聚共识、绘蓝图，为能源互联网注入“浙江动力”。

这一日，之江岸畔见证了“能源互联网时间”，留下了“多元融合高弹性电网建设方案”不断走向科学和深化的坚实脚步，挥毫写下“秋日胜春朝”的旖旎篇章。

国网浙江电力董事长尹积军在会上发表题为《建设能源互联网 为

美丽中国赋能——以多元融合高弹性电网建设推动能源高质量发展》的主旨演讲，引发研讨会上各界专家的热烈讨论。

能源互联网形态下多元融合高弹性电网高端研讨会现场

主旨演讲指出，能源革命呼唤能源互联网，能源互联网建设正当其时。当务之急是要充分发挥电网在连接电力供需、促进多能转换、构建现代能源体系中的枢纽作用，将多元融合高弹性电网作为能源互联网建设的核心载体，发挥其引领力、辐射力、带动力，打造能源互联新形态，构建能源互联网生态圈，创造能源互联网省域实践的浙江经验、浙江样本。主旨演讲还提出国网浙江电力高弹性电网的概念设计、框架体系、建设路径以及未来愿景。

交流、互动、启示、启发。此次高端研讨会更加丰富了多元融合高弹性电网的理论体系和内涵，其体系和路径也得到了社会各界、业内人士，尤其是国家电网公司的认可。

时任浙江省人民政府常务副省长冯飞出席了高端研讨会并发表致辞。致辞中，冯飞肯定了国网浙江电力在多元融合高弹性电网建设上的初步探索，认为其明显提升了浙江电网的弹性、韧性、灵活性和安全性，并在疫情防控、复工复产、防汛防台等大战硬仗中经受住了考验，发挥了重要的作用。他期望国网浙江电力继续在多元融合高弹性电网建设上大胆探索、先行先试，努力为全国能源互联网发展提供浙江经验。

时任中国能源研究会常务副理事长史玉波在高端研讨会上致辞时说，随着现代通信技术、云计算、大数据、物联网、移动通信、人工智能、区块链等技术的发展，能源互联网建设进入了一个新的阶段。面对新的形势，国网浙江电力围绕国家电网建设具有中国特色国际领先的能源互联网企业的战略目标、浙江省清洁能源示范省建设的要求，提出建设能源互联网形态下多元融合高弹性电网，推动清洁能源安全高效利用，加快浙江能源转型及电网形态向能源互联网演进。多元融合高弹性电网紧扣电网这一能源互联网建设的核心，提出了融合、弹性等创新性理念，给出安全绿色、协同互动、智能友好的未来电网建设愿景，为构建以电为中心的能源互联网提出了新的思路和实践路径。

国家能源局总经济师郭智在致辞中指出，能源互联网建设是一项集信息网络技术、现代电力系统技术、新型能源相互转化技术、人工智能技术等为一体的庞大系统工程，既需要顶层设计和体制机制创新，也需要依托良好的市场环境，支撑智能电网建设关键技术装备的研发和推广应用，前景十分广阔。在浙江建设多元融合高弹性电网、助推经济社会高质量发展，契合浙江“七山一水两分田”的资源条件和“重要窗口”的定位。

时任国家电网公司副总经理、党组成员张智刚在致辞中说，当前能源电力正在经历深刻变革，在新发展领域和新技术推动下，能源清洁低碳转型持续深化与能源革命、数字革命融合发展，深刻影响着全球能源格局和经济社会面貌，我国能源消费理念和消费方式发生了深刻变化。电网是能源转化利用的重要枢纽，是能源优化配置的基础平台，加快建设以电为中心的能源互联网，是更好地服务人民美好生活、构建“以国内大循环为主体、国内国际双循环相互促进”的新发展格局与推动经济社会高质量发展的重要支撑和保障。建设多元融合高弹性电网是国家电网公司战略在浙江落地的创新构想和实践，需要各方面大力支持和共同推动。

这场高端研讨会取得了多项关于能源互联网、高弹性电网建设的共识。与会专家认为，建设多元融合高弹性电网的理念和实践符合国际上能源电力系统发展规律，对能源安全、绿色、经济发展有着重要推动作用。

与取得多项共识相比，收获一系列真知灼见，营造开放合作、共商共建的高弹性电网建设格局，是国网浙江电力通过这场高端研讨会获得的更大价值所在。卢强、江亿、邱爱慈等院士高度关注高弹性电网理论体系深化，发表能源转型下弹性电网现状及发展趋势、柔性低频交流输电构想、节能建筑助力能源低碳发展等精彩论述，为高弹性电网建设拓宽了视野、提供了建设性参考；南瑞、许继等产业集团，华为、阿里云等互联网企业也都纷纷表达了合作共建高弹性电网的强烈意愿。

中国科学院院士卢强认为，高弹性电网建设需要提升调度水平、自动化水平。在他看来，以前负荷是“被动”的，完全听调度。现在负荷侧也有电源，特别是末端的电源和负荷结合在一起，负荷也有了认知调节能力，并可实现分布协调趋优化控制，成为“弹性负荷”。在这样的情况下，弹性难度大为增强。高层调度可根据需要了解到最基层负荷的特性，以便制定下一时段调度优化策略，使调度更加机动和科学。他认为，国网浙江电力这次提出建设高弹性电网，有一个目标就是要最大限度地提高绿色能源利用率，即要实现最少弃风、弃光和弃水。要大幅度提高绿色能源利用率，就必须建设“集散式绿能库”，这就要推广零排放的储能系统。国网浙江电力提出的多元融合高弹性电网，实际上是为了引导机构能科学决策，电网能快速响应、快速控制和快速恢复，只有实现这些目标，才可以说这个电网是具备高弹性的。

中国工程院院士、西安交通大学电气工程学院荣誉院长邱爱慈表示，要加快弹性电力系统研究，确保电网安全稳定运行，推动构建清洁低碳安全高效的能源体系，保障国家能源安全。邱爱慈表示，要保障国家能源安全，保障电力系统安全首当其冲。而弹性电力系统的建设，是保障电力系统安全的重要探索。在当前能源转型的背景下，世界主要国家和国内多所高等院校都在开展相关研究，进一步丰富了弹性电力系统的内涵。她认为，更需要在体制机制、技术等方面加强研究和开展探索性实践。为此，要准确识别我国电力系统应对极端事件面临的最大风险和薄弱环节，从关键节点加固、应急响应和快速恢复等方面开展弹性电力系统的提升策略研究，从规划层面实现面向能源转型与弹性提升的电源结构与布局优化，将弹性电力系统理论与数据挖掘、机器学习、人工智能等新兴技术结合，在信息物理深度融合背景下，大幅提升弹性电力系统防御网络攻击的能力，推进多能源形式、多基础设施之间的优化协调，以及与电力能源市场的结合，提升整体弹性。作为浙江能源的核心供应商，国网浙江电力正在开展能源互联网形态下多元融合高弹性电网建设，既强调海量资源被唤醒、源网荷储全交互、安全效率双提升，又强调要具备面对重大灾变的恢复能力，与弹性电力系统促进能源转型、保障电力安全的本质高度一致。希望多元融合高弹性电网建设能够取得突破，形成示范效应，为国家的能源安全战略作出积极贡献。

中国工程院院士、清华大学建筑节能研究中心主任江亿对多元融合高弹性电网建设给予高度评价，认为这是一场深入且深刻的革命。电网公司应当积极引导直流电用户参与到多元融合高弹性电网建设中。直流输电技术将对高弹性电网建设起到推动作用。以建筑供电为例，采用直流输电技术后，光伏发电、风电等低碳能源就能通过直流变压器与建筑负荷相连，减少中间变换环节，降低损耗。同时通过调节直流电压幅值，调控建筑瞬时用电功率，充分利用电动汽车电池的充放电潜能，将建筑用电从以前的刚性负荷变为可根据要求调控的弹性负荷，从而实现“需求侧响应”方式的弹性负荷。江亿认为，能源革命是一场深入的革命，电力系统首当其冲，要从电源结构、电网形式、供需关系及价格政策等整个系统进行大的改变，国网浙江电力提出的建设多元融合高弹性电网是能源变革过程中一个率先尝试，为全国电力系统起到了一个很好的带头作用。

清华大学能源互联网智库中心主任夏清在谈到当前能源现状时表示，当前我国正处于能源转型期，为适应中央提出的能源高质量发展新要求，我们既要保障能源安全，又要推进能源的绿色发展，要以最经济的方式来支持能源的转型。在这个背景下，能源互联网的提出给我们指明了方向。能源互联网最终的目的是要激活所有沉睡的资源，这些沉睡的资源被激活了，电网的弹性就应运而生。国网浙江电力提出建设多元融合高弹性电网，抓住了整个行业发展最关键的要点。高弹性电网未来将会怎样？夏清描绘了这样的场景：市场机制激活资源要素弹性，数字技术使要素功能智能化，多能融合产生各要素之间的竞争性弹性，互联网平台实现各要素之间的高效互动，电网迎来多元驱动、要素融合的高弹性时代。弹性十足的电网将有力支撑能源转型与高质量发展。

梳理专家观点和建议，国网浙江电力收获了三个方面的启示。一是理念创新。卢强院士等专家提出要将能源互联网建设与能源电力的转型发展共同放在社会经济的大背景下具体看待，要考虑制定高弹性电网标准，量化高弹性电网建设成效。因此，从顶层设计、机制创新、评价指标、信息支撑、市场环境、前沿技术等多个方面对高弹性电网提供全面支撑。二是模式创新。夏清教授等专家提出高弹性电网建设不仅需要技术突破，还需要体制机制和市场变革，创造能源生态圈模式，让所有参与者价值共生、共赢共存。因此，需要继续推动出台需求响应、储能配额制、可中断负荷电价、尖峰电价等配套政策，完善市场机制，促进源网荷储各侧资源唤醒集聚，激发全社会共同参与高弹性电网建设的积极性。三是技术创新。陈维江、江亿、邱爱慈等院士提出了柔性低频交流输电、“光储直柔”建筑配电、极端灾害下电网快速恢复等一批与高弹性电网紧密结合的创新技术，为高弹性电网建设开拓了思路。因此，可考虑选择典型应用场景，加快推进柔性低频交流输电等新技术的研究和落地应用，争创首台首套，展示示范特色。

美丽中国的“浙江能源动力”

在建设能源互联网形态下多元融合高弹性电网的共识与合作背后，我们不仅看到逐步成熟的理论体系，更看到了探索实践的初步成效。

每个用能者都可成为“供能者”

为了满足少数尖峰时刻用电，在传统的粗犷发展模式下，电源侧、电网侧不得不“追随”最高负荷，以刚性投入提高最大供电能力，实现用能保障。

浙江用电就存在这样的特点——峰谷差大，且尖峰时间短。2019年，浙江最大峰谷差达3436万千瓦。而统调尖峰负荷95%以上累计时间为27小时。

为了一年中的27小时尖峰用电，就需要数台百万千瓦的发电机组和相关配套设施给予保障，但这些设施的利用率均不足。如果能把负荷侧资源唤醒，把尖峰时刻的用电需求“腾挪”到低谷时段，拉平负荷曲线，降负荷而不少用电，电网的利用效率将大大提高。

2020年，国网浙江电力充分利用“互联网＋”、智能客户端、储能等先进技术手段，组织实施了电网企业建平台、政府给资金补贴的“双百万行动”，广泛发动工业企业、商业楼宇、大数据中心和居民用户等，在用电高峰“让电”、低谷“用电”，探索转变传统的电力供需平衡“源随荷动”模式为“源荷互动”模式。

在萧山，中国电信杭州分公司数据中心完成了全省首家数据中心的电力需求响应，1小时“让”出的10500千瓦负荷，可以供应5000户居民的生活用电，而数据中心也因此获得补贴65600元。根据“十四五”规划，杭州各大数据中心配套电力容量将达到杭州市新增供电能力的1/4，可以预见这其中蕴含着一个巨大的“负荷资源富矿”。

通过杭州“未来社区综合服务平台”可以远程操控小区的智能用电设备，并及时发现、处置异常情况，以此来保障小区安全

国网浙江电力还将需求响应用户参与范围由“315千伏安及以上大

工业用户”扩大至“所有高压用户和满足计量采集要求的低压用户”。

2020年9月下旬，杭州余杭和睦村附近企业用电增加，一连数日，附近变压器接近供电能力上限。9月24日，当地供电公司果断向用户发出“让电”邀约。周围12个小区的920户居民通过“网上国网”App等方式响应了这次邀约，关闭热水器、洗衣机和电水壶等用电设施，共让出1500千瓦负荷空间，避免了一次潜在的电网运行风险。

除了浙江省内的高压专变客户和低压首批体验客户，2020年参与需求响应的还有负荷聚合商。由于中小型负荷分布具有离散性，为有效挖掘这些分散的需求侧资源的调控潜力，负荷聚合商应运而生。

值得注意的是，各种灵活性资源如何通过市场实现资源优化配置，给电力市场建设带来了新挑战，而聚合商是解决上述问题的有效方法之一。

聚合商与其代理的负荷之间通过协商确定代理模式，通过聚集代理各类互动负荷资源，打包后参与电网互动。从电网侧看，聚合商等同于普通用户，因此参与方式也基本相同。

在全国首个聚合省级铁塔公司海量5G基站，零投资接入系统1.1万座配备储能装置的基站，唤醒柔性中断负荷资源10.6万千瓦；接入浙江电信多个数据中心，实现UPS备用电源与市电按需切换；接入电动汽车公司上千个充电桩，实现有序充电；接入家电云平台，实现家庭智慧用能。

在2020年夏天实施的35次需求响应中，国网浙江电力累计调控负荷144.69万千瓦，有效响应电量达173.51万千瓦时。2020年全年，国网浙江电力汇聚577万千瓦削峰负荷、322万千瓦填谷负荷的可调节“负荷资源池”，折算成经济价值，相当于建一座500万千瓦级的大型电站费用，为国家节省投资数百亿元。

打造高弹性电网

当前，电网发生运行故障的风险不断攀升。一是特高压交直流混联运行的电网形态越来越复杂，电力电子化加剧，频率稳定、电压稳定和调峰问题突出。二是自然灾害、网络攻击等极端事件的发生对电网运行造成一定的威胁。

就浙江电网来说，台风是首要考虑的“常态风险”。1949年以来，共有43个台风登陆浙江，登陆时强度在台风及以上的占比超过六成，其中3个是超强台风。

如何在台风中抵御住狂风暴雨的袭击，是浙江电网一直以来面临的重大考验。多元融合高弹性电网建设，将进一步加强电网的抗扰与自愈能力，实现全网自愈恢复，具备应对重大冲击破坏能力，“不惧”台风。

在应对2020年正面登陆温州的台风“黑格比”中，相关初步探索成果得到了检验。

设立在国网浙江电科院的国家电网台风预警中心，是全球首个专业电网台风监测预警机构。

2020年8月1日，台风“黑格比”尚未成形，预警中心就发出了第一期预警报告。当晚，这波“扰动”增强为台风，预警中心精准预测到温州乐清翁垟街道、洞头区大门镇等地存在大风危害，台州电网红峰支线18号塔等存在风偏和异物外破风险。根据预警，国网温州供电公司、国网台州供电公司作出了有效的抗台决策和充足的抗台物资准备，为后续减少损失及快速完成抢修奠定了重要基础。

目前，该预警中心完成了包括浙江所有特高压通道在内的4600余个基杆塔三维力学分析数据库建设，预警可精确至主材级别；建成七省一市输电线路抗风能力数据库，具备对108万基110千伏及以上输电线路杆塔进行台风灾害预警的能力。

2020年7月，国网浙江电力还针对台风、洪涝等自然灾害，开发了全新数据产品——“灾害数据指南针”。“灾害数据指南针”以每小时更新一次的频率，直观展现受灾区域居民大客户、企业、台区及变电站的停电数、累计停电数、累计复电数、累计停电比例、累计复电比例等指标的实时数据及趋势变化情况。该数据产品还通过浙江省政企服务平台及政务专线送至政务网，向政府第一时间报告受灾地区电力中断及恢复情况，助力政府尽早作出抗灾救灾决策。

以抗击台风“黑格比”为例。2020年8月4日7时，温州地区停电户数曲线在48.96万户后出现下行拐点，表明台风对温州电网的实时影响已达峰值。依据这一信息，国网温州供电公司迅速估计出需要投入的队伍、物资总体规模。随着后续抢修工作的开展，累计复电户数曲线逐渐靠近累计停电户数曲线，两条曲线上行趋缓，反映出抢修工作取得了明显成效。

“灾害数据指南针”的延伸数据产品——“灾害恢复指数”也在温州落地。“灾害恢复指数”侧重于采集市、县、镇三级受灾数据，具有更精细的数据展示场景和更直接的抢修调度指导意义。该数据产品除了实时滚动显示温州全市客户、企业和台区的电力受损情况外，还能通过多种统计图形展示数据变化态势，辅助提升抢修指挥效能。

“灾害恢复指数”采用无色、黄色、红色3种不同颜色清晰标注出温州各区县的复电比例，形成一张实时更新的停电区域热力图。2020年8月4日21时的热力图上，温州鹿城区等区域黄色陆续褪去，停电比例降至5%以下，而乐清市、洞头区两地保持红色，停电比例维持在30%以上。国网温州供电公司统筹安排抢修力量，协调人员及物资从受灾较轻地区向乐清、洞头支援，整体抢修进度加快。8月6日0时40分，台风登陆后不到45小时，温州受灾地区10千伏主干线路全面恢复送电。

“灾害数据指南针”和“灾害恢复指数”能够实现受灾区域停电数据的贯通与展示，提高了数据的传递效率，提高了抗灾救灾的指挥效率，为政府决策提供有力的参考，是电力数据跨专业应用的典型案例。

“灾害数据指南针”“灾害恢复指数”的应用并不仅限于抢险救灾，更可为今后抗击台风提供历史经验和改进依据。

用电负荷柔性可调节，源网荷储高效互动……一个个高承载、高互动、高自愈、高效能的高弹性电网建设应用场景不断涌现。

以高弹性电网开启能源互联建设的新征程

能源转型发展到今天，电网企业需要解决的主要矛盾已从电力供需平稳问题，转变为“既要保障能源安全，又要推动低碳发展，还要降低用能成本”的高质量发展矛盾。而这也是浙江高质量实现碳达峰、碳中和必须要破解的难题。

高弹性电网建设解困“碳达峰”

在2020年12月16—18日举行的中央经济工作会议上，做好碳达峰、碳中和工作被列为2021年的重点任务之一。在“2060年前实现碳中和”愿景下，以2030年前碳排放达到峰值为第一目标，中国能源转型发展已按下“加速键”。国网浙江电力积极投身助力碳达峰、碳中和行动，一系列创新实践已经展开，尤其多元融合高弹性电网建设正助力浙江高质量提前实现碳达峰。

“碳达峰”是指在某一个时点，二氧化碳的排放不再增长达到峰值，之后逐步回落。近年来，我国大力开展能源转型和清洁能源利用，成效清晰可见。

以浙江为例，在电源侧，浙江坚持清洁低碳导向，电源结构持续优化，风电、太阳能、核电等清洁能源快速发展。2020年，国网浙江电力服务2万多个分布式光伏项目并入国家电网。2020年3月22日12时23分，浙江电网全社会光伏发电出力突破1000万千瓦，达到1004.88万千瓦，创历史新高，并实现全额消纳。光伏发电已成为浙江第二大出力电源，仅次于火力发电。早在2020年底，浙江全省并网运行的分布式光伏已超23万个，总容量突破1000万千瓦。

在消费侧，电能替代也正被广泛应用。2020年，国网浙江电力完成电能替代项目8731个，替代电量94亿千瓦时，同比增长19.39%，越来越多的工厂企业和老百姓在能源消费时选择电能。研究表明，电气化水平每提升1个百分点，能源对外依存度有望降低0.5—1个百分点；电能占终端能源消费的比重每提高1个百分点，能源强度可下降3.7%。

但承诺的碳达峰、碳中和依然面临着挑战。建设多元融合高弹性电网助力“碳达峰”，是浙江领先全国的路径探索。

国网浙江电力调度控制中心

国网浙江电力遵循“节约的能源是最清洁的能源、节省的投资是最高效的投资、唤醒的资源是最优质的资源”理念，给出了解困的基本思路——建设能源互联网形态下的多元融合高弹性电网。通过海量资源被唤醒、源网荷储全交互、安全效率双提升，实现内外资源极大调动、调节模式极大优化，更好地适应各类能源互联、互通、互济，提高能源资源广域优化配置能力和社会综合能效，实现保障能源安全、推动低碳发展、降低用能成本的“三重目标”，从而有效支撑浙江高质量提前实现“碳达峰”。

高弹性电网助力安全效率双提升

2020年10月30日，国网杭州供电公司220千伏大陆变分布式潮流控制器示范工程完成启动投产，这标志着该公司在探索能源互联网形态下多元融合高弹性电网落地实践上又迈出了坚实一步。

这是目前国内可调总容量和调节能效比均为最大的分布式潮流控制器，届时总容量2.59万千瓦的设备将撬动提升输电断面15万—20万千瓦的供电能力，撬动负荷可拖动一艘辽宁舰行驶，装置效能达7.7，为全国最高。按照目前杭州GDP度电产值20元计算，预计加装分布式潮流控制器后所释放的电能年均可促进GDP提高至8.4亿元。

DPFC可以通过动态调节线路的阻抗，进而控制电力潮流分布，相当于给电力潮流加装一个“路由器”，按照各地的负荷需求快速动态调节线路的通流水平，在不追加投资的前提下，确保未来几年区域内电网容量充足。

随着浙江经济持续增长，用电负荷不断增大，导致用电高峰期间，多个供区存在变电站及输电线路过载现象，局部地区还不时出现供电不足情况。在传统扩张式电网发展模式下，主要依靠电网投资，以冗余确保电网安全，客观上存在为提高安全裕度不计成本、不讲效率的问题，造成电网安全与电网效率难以同比提升，电网投入边际效益递减。

充分挖掘现有电网设备载流能力，实现动态增容，提高电网承载能力，是解决输送瓶颈、唤醒沉睡资源的最佳方案，也正是多元融合高弹性电网建设需要着力提高的能力。2020年夏天，浙江全社会用电负荷七创新高，没有出现影响电网安全稳定供电的断面和设备超限问题，动态增容功不可没。

实施电网动态增容是通过在输电线路、变压器等设备上安装智慧导线精灵、微气象等前端感知设备，在线动态监测微气象、导线温度、导线弧垂、环境风速、瓦斯气体等信息，在线计算供电水平，实现电网输送限额动态调整，使设备利用得更充分。

2020年4月，宁波鄞州投运浙江首条动态增容电力线路，实现电网输送限额动态调整，输送能力提升20%，在500千伏钱湖变基建施工期间有效解决了15万千瓦供电缺口。2020年，国网浙江电力已在全省累计完成40条瓶颈线路动态增容改造，提升输送能力350万千瓦，有效缓解了局部供电能力不足的问题。

用动态变化替代刚性限额，改变传统“一刀切”做法，在保安全的同时最大限度提高了供电能力，推动电网调度运行由“高冗余促安全”向“低冗余保安全”转变。从长远效益看，实施动态增容更重要的是助力安全、效率双提升，延缓电网基建投资，保障维持电网的健康可持续发展。

根据规划，“十四五”期间浙江电网基建投资约1800亿元，技改投资需求同样面临大幅增长。但相对的是，2018年、2019年连续两年一般工商业降价及2020年的阶段性降价，较大程度上影响了电网企业经营状况，依靠规模扩张来满足电力需求增长的模式不可持续。

国网浙江经研院相关负责人表示，2025年，浙江电网220千伏的容载比按1.9控制，如果能降到1.85，可以少安排220千伏变电容量576万千瓦，相当于少建12座220千伏变电站。而投资的减少需要多供区互联、设备断面输送能力提升、短路电流柔性抑制提升等多方面保障。

在推进多元融合高弹性电网建设中，国网浙江电力将积极应用“大云物移智链”等技术手段赋能电网，从根本上改变电网运行机制，提高电网辅助服务能力，挖掘电网设备潜能，推动设备高效运行，并协同基建与技改规划，实现建设与改造合理有序。

高弹性电网建设促成最优电力市场

多元融合高弹性电网建设的“多元融合”，可以理解为多元驱动、要素融合。其中，市场推动、政策引导等要素是发挥聚合效应的关键环节。

2020年9月22日，浙江省能源局正式发文函复宁波市能源局、浙江电力交易中心，同意设立宁波泛梅山多元融合高弹性电网省级建设示范区，这是国网浙江电力迄今获批设立的首个多元融合高弹性电网省级建设示范区。

示范区位于宁波市东部，其核心区域梅山岛面积达38.3平方千米，区域内源网荷储资源丰富、种类繁多。根据地方政府规划，这里将建成金融小镇、滨海特色生态型工业区、宁波国际海洋生态科技城门户片区、保税港区。由于当地生态型经济社会发展及企业进出口贸易的需要，清洁用能的需求保持了持续旺盛的态势。

示范区将实施整体规划、分步实施、集约开发、融合发展，重点抓好一项机制、一个系统、一套政策“三个一”建设，即围绕源网荷储协调互动市场机制建立、源网荷储互动交易子系统建设和配套支持体系研究，积极探索多类型市场化交易品种，引入负荷集成商、虚拟电厂、抽水蓄能电站、储能电站等新兴市场主体参与电力市场交易，努力形成具有可复制、可推广的模式和经验。

示范区建成后，将率先开展多元融合高弹性电网配套市场机制的试点示范，先行先试一批创新型、实验性、突破性的新型电力市场机制，着力将该示范区打造成为浙江省深化电力体制改革的“重要窗口”。

结合浙江电力市场建设进程，浙江电力交易中心梳理了电源侧、负荷侧、储能侧19种资源类型，设计了容量市场、中长期电能量市场、现货电能量市场、辅助服务市场等13种市场机制，涵盖了绿电交易、分布式发电交易、日前削峰交易、调峰辅助服务交易等28项应用场景，进一步拓展电力交易空间，推动形成多元融合高弹性电网建设的最优市场机制。

在电源侧，电力市场交易品种持续得到丰富。2020年8月25日18时，随着浙江电力交易中心组织开展的跨省新能源替代交易电量2000万千瓦时全量成交，该电力交易种类在浙江完成首笔交易，浙江跨省新能源替代交易至此实现零的突破。这场发生在大唐托克逊风电开发公司、新疆鄂能风力发电有限责任公司等15家发电厂与国网浙江电力之间的交易，折合实现节约标准煤0.65万吨，减少二氧化碳排放2.38万吨。

负荷侧资源参与电力交易率先展开。2020年7月20日19时，基于电力现货市场的多元融合高弹性电网市场机制试点示范专项交易在浙江电力交易平台成功出清。3家负荷聚合商登录电力交易平台积极申报，并成功中标50兆瓦削峰电力和10兆瓦填谷电力。通过浙江电力现货市场价格这一机制，引导负荷聚合商等新兴市场主体主动参与削峰填谷，形成规模化运作后，将极大程度上唤醒负荷侧资源，提高运行效率。

储能侧电力市场交易“演练”也在积极推进中。浙江电力交易中心组织宁波抽蓄电站参与现货市场模拟报价，分析测算溪口抽蓄电站以不同方式参与现货市场的获利空间，探索抽蓄电站的市场化运行机制，提出了基于抽蓄电站成本疏导的市场化交易方案，以及三步走市场化运行建议。此外，还相继开展了浙江储能电站市场化交易机制研究，专项分析光伏—储能联合运行、核电—储能联合运营模式在浙江市场中的可行性，以及各类模式对储能电站投资收益的影响。

牵住创新“牛鼻子”，打通市场“任督脉”，牵动政策“风向标”，架好数字“高速路”，绘制组织“结构图”，以多元融合高弹性电网建设为构建能源互联网的核心载体，国网浙江电力开启了向能源互联网演进的新征程，并初步描绘了一个省级能源互联网的未来形态愿景：通过清洁供给提供宜居生态，通过高效用能满足美好生活，通过合作共赢实现美丽蓝图，全力服务浙江经济社会发展，助推浙江清洁能源示范省创建，打造与“重要窗口”相适应的能源互联网浙江样板。

建设“能源互联网形态下多元融合高弹性电网”是一项全局性、长期性的创新工作。为具象化体现发展状态，设置阶段目标“高清”场景，确保建设进程直观可测，发展短板快速定位，国网浙江电力制定了高弹性电网发展指标体系。该指标体系由弹性指数、效能指数、互联指数三个维度构成，用来评价高弹性电网发展。其中，弹性指数表征在高比例外来电和大规模新能源挤压下电网静态承载和动态恢复的响应能力。效能指数表征电网全环节综合效率、电网释放的社会效益和全社会综合能耗水平。互联指数表征电网向能源互联网的演进水平，体现能源供给侧清洁化水平，消费侧电气化水平，电网侧能量流、信息流、价值流“三流”融合程度。

2023年，依托高弹性电网初步建成能源互联网“示范窗口”，弹性指数实现国际领先，能效指数及互联指数达到国际先进水平。支撑4000万千瓦外来电受入，确保4700万千瓦非化石能源全消纳。用户年平均停电时间小于3.6小时。移峰填谷能力达到千万千瓦级别，推动浙江电能终端能源消费占比达到40%。源网荷储“即插即用”、能量路由等关键技术实现突破，现货市场、辅助服务市场机制实现全覆盖。

2030年，高质量建成多元融合的高弹性电网，率先在浙江建成中国特色国际领先的能源互联网，三项指数全面达到国际领先水平。清洁能源、分布式抽水蓄能、电化学储能等全市场主体要素实现成本价格全疏导，综合能源实现业务融通、数据贯通、市场联通，支撑浙江非化石能源发电量占比达到50%，电能占终端用能比例率先超过45%，单位GDP能耗达到国际领先水平。电力大数据全面支撑能源互联转型和社会精准治理，市场机制健全，电力法律法规完善。

繁星点点，终可成浩瀚星海。美丽中国，未来可期。

第六章

引领发展

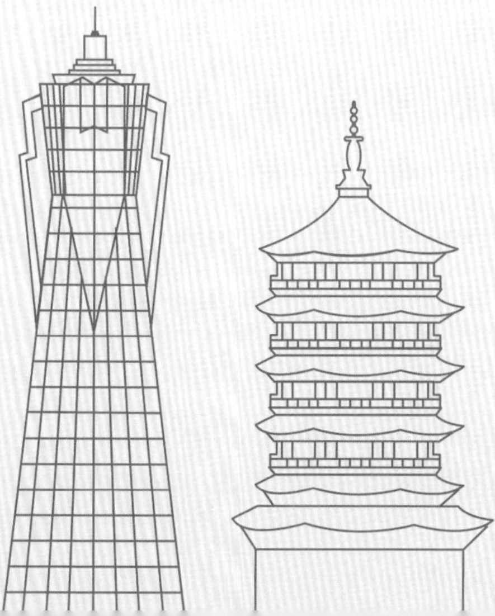

“宁肯电等发展，不要发展等电。”可靠的电力供应是生产生活的基础保障，优质的供电服务是经济发展的必要条件。“两交两直”特高压骨干网络为经济发展注入强劲的清洁动力，“获得电力”指数的显著提升让营商环境进一步得到改善。遵循习近平总书记对能源电力发展的重要嘱托和能源安全新战略指引的方向，国网浙江电力持续砥砺奋进，努力争当国家电网排头兵、服务浙江先行官和能源革命引领者。

十八年如一日践行嘱托

2003年底，面对全省电力严重紧缺的状况，时任浙江省委书记习近平同志到当时的杭州市电力局调研时强调，电力是经济建设的先行官，是人民生活的必需品，也是国民经济的重要支柱产业。国网浙江电力牢记总书记的殷殷嘱托，十八年如一日在助力经济发展、创新赋能和满足人民群众幸福生活等方面孜孜以求，取得了一系列令人瞩目的成就。

华灯初上，钱塘江畔的灯光秀绚丽多彩，宝石山的流霞倒映西湖。再向西望，阿里巴巴、中国移动研究院、中国电信创新园、中电海康等上百家高新企业汇聚成灯火通明的“城西科创大走廊”，之江大地的“不夜城”正拔地而起……

从电网跟着城市发展跑，到电力促进经济社会发展，曾经为缺电发愁的杭州，如今正走在践行国家电网公司建设具有中国特色国际领先的能源互联网企业战略前排，万家灯火正是人民美好生活的缩影。

杭州钱江新城夜景

牢记嘱托，电网发展助推经济发展进入快车道

2020年8月14日，杭州全社会最高用电负荷达到1718万千瓦，创下历史新高，成为国家电网系统内第一个电网负荷超过1700万千瓦的省会城市。

2003年，尽管面临“非典”疫情的挑战，中国GDP依然在当年创下了10%增长率的骄人成绩，经济的突飞猛进和电网的陈旧薄弱之间形成了巨大的剪刀差。入冬后，杭州电网负荷缺口急剧增大，201家企业必须实现错峰用电。而在7、8月，杭州市累计拉电更是超过13000次，限电2655万千瓦时。企业和民生，二者的取舍矛盾令人揪心。

“宁肯电等发展，不要发展等电。”如今，杭州电网总变电容量达到6230万千伏安，线路长度11031千米，经济发展彻底摆脱了看电吃饭的局面，电网建设适度超前，引领经济发展已逐渐成为新常态。

18年来，杭州城市供电可靠性从99.76%上升到99.99%，客户年平均停电时间从超过16个小时下降到30分钟。一升一降中，“台风高温，煤油点灯”成为过去时。

整个“十三五”期间，国网杭州供电公司投产变电容量2869.6万千伏安，线路1935.43千米，35千伏及以上电压等级变电站82座，电网发展继续高歌猛进。未来，随着国家重点工程白鹤滩—浙江±800千伏特高压直流工程落地，宛如接入一条源源不断为经济社会高质量发展“输血”的能源大动脉。

眼下，国网浙江电力在杭州核心城区已经通过不停电作业技术，全面取消10千伏和20千伏计划停电。不仅如此，以数据资产管理为核心的配网智能生态体系正在建设中，钱江世纪城高可靠性成果示范区的供电可靠性已经达到99.99%，超过巴黎等世界名城的供电可靠性水平。

18年来，一针一线织密坚强电网，一步一脚印带动经济发展，国家电网以“中国特色”为根本的战略定力，让国网浙江电力成为发展的“优等生”。

创新赋能，电力成“数字第一城”新发展引擎

2020年3月31日，习近平总书记来到杭州云栖小镇考察。

居民流动风险分析、企业复工电力指数、电力信用指数、宏观经济趋势、城市能源生态、关爱独居老人……习近平总书记面前的电力驾驶舱条块分明、数据清晰。电力消费弹性指数变化了多少，企业用电量增加了多少，老人家中有没有用电异常、需不需要帮助……这些大数据“明星产品”，紧贴着百姓生活的方方面面，赋能“数字第一城”的治理水平。

截至目前，已经有经济、生态、民生、信用四类24种电力大数据指数集成到电力驾驶舱，成为城市治理决策的重要依据。而它们的来源，则是最原始、最易被忽视的电量、电流和电压基础数据。这些年来，国网杭

州供电公司专注盘活数据资产，唤醒数据价值，在创新中赢得发展先机。

在自然资源匮乏的杭州，要找到先发优势，不能单纯依靠大投入谋求大产出。借互联网东风开展数字化创新，成为杭州电力在发展中寻求突破的主动抉择。全球首个城际互联电动汽车智能充换电服务网络、国内首个配网数字管控平台，无数个“无中生有”的能源数字化奇迹被书写。

2020年2月14日，习近平总书记主持召开中央全面深化改革委员会第十二次会议并发表重要讲话指出，要鼓励运用大数据、人工智能、云计算等数字技术，在疫情监测分析、病毒溯源、防控救治、资源调配等方面更好发挥支撑作用。新冠肺炎疫情发生后，习近平总书记把大数据作为疫情防控救治体系中的关键一环。

关键时刻，央企就要发挥“顶梁柱”作用，能源类央企更是义不容辞。

在杭州，运用营销系统、用电信息采集系统数据监测全市430万户低压用户、4.4万户高压用户用电数据，按照居民外出户数、外出未归户数、当日归家户数等六类数据分析疫情扩散风险，从区域、行业、规模和重点关注四个视角研判企业复工情况。这些电力数据上传到电力数字驾驶舱，成为当地政府统筹疫情防控和复工复产的参考依据。

从云端到指端，国网浙江电力在打通数据通道上下功夫，让大数据跑上集散交互的快车道。

2020年2月17日深夜11时，一个1.5兆的电力数据包从国网杭州供电公司信通机房送出，发往位于余杭区的杭州城市大脑服务器。这一举措，标志着杭州电力大数据与城市大脑之间的互联网通道正式打通。很快，这个小小的数据包搭载的全市企业复工复产进度信息，同步分发到杭州各级党委、政府部门人员的手机上。

创新永不眠。作为全国数字经济第一城的杭州，正依靠电力大数据开展金融征信，依靠电力大数据发放“亲清在线”政府补贴，依靠电力大数据摸排产业链上游堵点断点……疫情影响下，电力大数据如一把尖刀，斩断堵住企业发展和经济复苏最坚硬的“结”，引领更多金融信贷流向企业，成为带动企业、城市和经济社会发展不可或缺的力量。

智慧电网，展现“生活品质之城”新魅力

能源互联网的物理连接，为长三角一体化国家战略落地提供了强劲的电力保障。俯瞰绿色的之江大地，新能源汽车充电“新基建”体系建设推动“路路相连”，成为带动一体化进程的又一有力举措。

两年前，投资主体逡巡不前，潜在电动车主举棋不定。充电桩与电动车，谁在前？二者陷入了“先有鸡先有蛋”的无穷博弈。国网杭州供电公司以“大国重器”之担当，立足浙江清洁能源示范省建设高度，率先科学推进新能源充电站布点。从广阔的市民中心停车场到玉皇山下的林荫大道旁，404座新能源汽车充电站星罗棋布，3793个规格统一的国家电网充电桩整齐排列。在杭州，城区900米充电圈业已建成，全省高速服务区快充站全部覆盖。以新基建带动绿色低碳发展，国网杭州供电公司一年带动全社会减排二氧化碳184.4万吨，交出了一份漂亮的成绩单。

细雨中，背包客童丹开着爱车离开杭州，在桐庐天空之城民宿住下。他说，一辆绿色电动汽车，足以让他跨出杭州、行遍浙江，游历到亚运场馆，驰骋在长三角的一城一村间。

泼墨城市未来发展的美好实景，少不了鲜亮的底色。在西湖畔、钱

杭州石塘公交充电站，可满足400余辆电动公交车充电需求

江旁，“手拉手”的双环网配网能自动感知细微的故障，在瞬间完成“自我隔离”，让城市生产生活感受不到故障的存在。在杭州市936平方千米的世界一流配电网区域，电网供电可靠性超过99.99%，意味着每10年停电时间不到1小时。草地上的灯照亮西溪湿地的水，长明的街串起璀璨的不夜城，“不停电”的杭州，正展现“生活品质之城”的无穷魅力。

真实的电网在发展，它的“数字孪生”也在同步生长。这一年，国网杭州供电公司把握能源革命和数字革命深度融合的浪潮，在云端建成一张“网上电网”，完成了560亿条真实电网数据的实时接入。城市电网的钢与铁，第一次变为手机里的图与数。

可靠的真实电网让停电更少，智慧的“网上电网”让服务更好。在二者加持下，国网杭州供电公司以“国内最优”为追求，在杭州加速营造“环节最少、办电最快、成本最低、政策最优、服务最好”的“五最”电力营商环境。从“最多跑一次”到“一次都不跑”，从“我跑你不跑”到“数字替人跑”，打开“网上国网”手机客户端，办电业务都可以在指间操作，“获得电力”服务水平持续提升。

每一次电力的创新与变革，都带动城市生产生活方式的悄然改变。从创新活力之城到生活品质之城，从用上电到用好电，国网杭州供电公司践行嘱托依然还在进行时。

创新供电服务机制，助力长三角一体化

2020年8月20日，习近平总书记在推进长三角一体化发展座谈会上指出，实施长三角一体化发展战略要紧扣一体化和高质量两个关键词，以一体化的思路和举措打破行政壁垒、提高政策协同，让要素在更大范围畅通流动，有利于发挥各地区比较优势，实现更合理分工，凝聚更强大的合力，促进高质量发展。国网浙江电力积极探索跨省电网“互济互保、互联互通、互供互备”工作模式，在创新区域合作运作机制、拓展深化合作平台、共建一流营商环境等方面取得积极成果。

2020年8月21日上午，国网嘉善县供电公司员工与国网苏州市吴江区供电公司员工在两省交界处共同巡检10千伏配网联络线装置，实时监控嘉善10千伏胜丰线与吴江10千伏俊为线两条电力线路的负荷变化，保障联络线装置安全运行及两地居民的用电。

近年来，长三角一体化协同进程再次成为社会关注的焦点，三省一市一体化发展步入快车道。为服务长三角一体化发展战略，国网浙江电力积极融入一体化建设进程，抢抓机遇，深度探索能源互联先行。

浙江、上海两地基层供电公司在嘉善县惠民镇大通村联合开展10千伏旁路带电作业，这是长三角一体化示范区首个跨省联合不停电作业工程

引领能源互联发展

2019年5月，国家明确提出要在江苏省苏州市吴江区、浙江省嘉善县、上海市青浦区内高水平建设长三角生态绿色一体化发展示范区。在此背景下，国网江苏、浙江、上海电力贯彻长三角一体化电力先行理念，共同打造长三角一体化能源生态圈，推进长三角一体化区域供电服务率先实现“跨省一网通办”。

2019年9月10日，一条从浙江嘉善县跨至上海青浦区的10千伏电力联络线正式投运。这是全国首条跨省配网联络线。

2020年6月5日，2020年度长三角地区主要领导座谈会在浙江湖州召开，同日沪苏湖铁路正式开工。地处长三角区域中心的湖州，以全新姿态拥抱长三角，推动湖州从长三角地理中心向发展高地转变。国网湖州供电公司立足长三角一体化发展总体部署，大力推动长三角一体化能源互联先行示范区建设，率先构建湖锡宣能源生态圈；出台《融入长三角一体化能源互联协同发展行动方案》，明确地方电力发展深度融入长三角一体化发展战略的“任务书”和“路线图”，推动长三角城市间电网智能互联、服务标准互认、流程融合互通。

同时，安徽广德及宁国、江苏宜兴、浙江长兴及安吉5个县级供电公司，共同研究制定《长三角一体化能源互联先行示范区高弹性电网规划》。这份高弹性电网规划覆盖常住用电人口320万人，初期规划35千伏及以下联络线路32回，跨省交换电力负荷8万千瓦，将极大地提升浙苏皖三省交界区域供电能力及供电可靠性。远景规划220千伏、110千伏输电网互联互供，进一步提升三省电网功率交换容量，以及区域电网整体可靠性、灵活性、运行弹性，从而提升电力安全保障水平，大幅提高综合能效水平，为区域一体化发展奠定坚实的基础。

办电用电大“串联”

习近平总书记指出，长三角一体化发展不是一日之功，我们既要有历史耐心，又要有只争朝夕的紧迫感，既谋划长远，又干在当下。要着力强化高效协同，完善一体化体制机制，加强生态环境共保联治，促进基本公共服务便利共享。[①]

能源跨省联，办电云上走。串联线上线下的渠道和资源，让长三角

①《推进长三角一体化发展，习近平强调了两个关键词》，《人民日报》2020年8月22日。

供电服务一体化，是国网浙江电力的又一先行探索。

2020年4月28日，安徽江云工业炉有限公司广德市厂区要办理客户改类业务。该公司负责人章国良家住浙江长兴县泗安镇，就近在泗安营业厅递交了业务申请。国网长兴县供电公司受理后，将信息线上传递至国网广德市供电公司，并由其完成系统录入。4月29日，流程办结。“在长兴可以办理广德的电力业务，太方便了！”章国良说。

深化跨省“最多跑一次”改革，以“数据跑”代替“线下跑”。目前，湖州的供电营业厅已实现长三角地区跨省业务“一站咨询”“一窗通办”，办理时间平均压缩37%，办事效率平均提升30%以上。

浙江嘉善县丁栅镇俞汇村村民用上上海送来的电，这正是享受到了长三角供电服务一体化带来的福利。在浙江长兴办理安徽广德的用电业务，也是两地串联线下资源、共享无差别服务的一个缩影。

2020年4月2日、3日，嘉善俞汇线19-67号杆新增三遥开关，按常规模式，线路末端在作业期间为停电状态。国网嘉善县供电公司携手国网上海市青浦区供电公司启动省际电力联络协议，将线路负荷转接到青浦区，保障线路上的电力客户正常用电。

长三角地区共同推广掌上办电，实现客户办电服务线上化和办电资料电子化。多地供电企业融合各类在线平台和相关业务系统，依托“网上国网”App，采用“互联网开放智联＋内网专线互通”形式，实现企业用电新装增容等业务标准化异地申请办理、异地电子化收件、网络证照交互、办件结果即时反馈等。企业凭借手机号码进行“身份”认证后，可在多地实现用电业务“扫码办”“掌上办”。

共建一体化用能生态圈

长三角实现更高质量发展、美好生活实现升级，离不开共建一体化生态圈，让“省心电”“省钱电”“绿色电”互联互通。

浙江龙虎锻造有限公司总部位于浙江德清县莫干山工业园。其位于安徽宣城的分公司因生产规模扩大，急需增容变压器。2020年4月，德清县供电公司受理该公司宣城分公司的办电业务。由于涉及新装、过户等多项业务，国网德清县供电公司及时与国网宣城供电公司对接协调，推动高压办电业务实现跨区域专业协同。两家供电企业综合考虑客户投资收益、办电时间及成本等实际情况，制订最优方案，最终将原本40个工作日的业扩流程缩短到25个工作日。

长三角区域探索跨省共同推行“阳光业扩”服务，优化业扩工程审批程序，缩短项目审批立项时间，减少客户办电成本，让客户省心、省钱。

国网浙江电力还积极推动能源消费革命，推进传统乡村电气化和客户侧用能数智化，打造可复制、可推广的乡村电气化全景式“安吉样板”，助力乡村从“用上电”到“用好电”，让“绿色电”跑进千家万户、赋能百行千业。

围绕信息共享、平台共建、标准统一的运作机制，三省一市供电企业加强新能源发展和电能替代经验交流，合力打造一批电气化惠农富民项目助力乡村振兴，成立生态能源联合研究中心，推进电动汽车充电设施建设标准统一，完善电动汽车车联网和长江流域绿色岸电云网建设；深化综合能源服务合作，探索能耗碳足迹云监测，推动建立区域用能权交易市场，建设一体化能源生态圈……以生态为底色，“绿色电”将在长三角能源互联高质量发展中扮演关键角色。

电力珠峰，律动江南

2008年6月22日，习近平在沙特吉达举行的国际能源会议上指出，中国将大力推进能源领域的科技进步和创新，增强自主创新能力，突破能源发展技术瓶颈，开创能源开发利用新途径，增强发展后劲。特高压输变电技术被誉为“电力珠峰”，而我国在这一领域已然居于世界领先地位。浙江通过特高压输变电技术引入省外清洁能源，这成为扭转长期缺电困局的关键一笔。

东南形胜，三吴都会，钱塘自古繁华。运河涟漪，诗画江南，小桥流水人家。浙江位于长江三角洲，东临东海，西接山脉，自古就有“七山一水两分田”之说，是誉满天下的“鱼米之乡”。

浙江是中国革命红船起航地，也是“绿水青山就是金山银山”理念发祥地。2006年，时任浙江省委书记习近平同志发表《与时俱进的浙江精神》文章，将与时俱进的浙江精神概括为“求真务实、诚信和谐、开放图强”。在其感召下，浙江人干在实处、走在前列、勇立潮头，以全国1.1%的地域面积创造出6.35%的GDP。

能源是发展的基础。浙江既是能源消费大省，也是能源资源小省，一次能源自给率长期低于5%，煤炭、石油、天然气等能源资源供应严重依赖外部调入，能源储备和社会经济发展极不匹配，“资源小省、消耗大省”的标签一直是全体浙江人心中的痛点。

10年缺电，遭遇“成长中的烦恼”

2014年，可以用“久旱逢甘霖”来形容浙江电网。来自国网浙江电力的数据显示，浙江电网当年夏季统调最高用电负荷5773万千瓦，超过上年310万千瓦，但是全网最高可供电力已经达到6000万千瓦以上。浙江省经济和信息化委员会在对2014年夏季浙江用电形势的分析中，用了“全省电力供需整体平衡”的语句来概括。国网浙江电力提供给当地媒体的新闻通稿中则出现了“今年夏天的供电形势将较为宽松”的语句。

对于浙江而言，“用电宽松”这样的字句实属久违。2003年，全国大部分区域都遭遇了缺电窘境，浙江的情况尤为严重。统计数据显示，在缺电最为严重的2003—2005年间，浙江3年累计少用电90多亿千瓦时，最大电力缺口一度达600万千瓦。据浙江省统计局当年的一次统计调研，缺电等能源缺乏对浙江2003年的GDP造成了0.6个百分点的影响，是当年“非典”影响的2倍。

面对缺电，从政府到民间的主流的声音都称其为“成长中的烦恼”，滞后的电力建设跟不上经济飞速发展的脚步。加快电力建设成为解决“烦恼”的首选，浙江也迎来了电力建设的高峰期。到2013年末，浙江省的统调装机容量为4325万千瓦，是2003年末的3.98倍。

但是，省内大规模的电力建设并没有成为“灵药”，缺电就如挥之不去的阴影，10年间与浙江相伴不离。每年一到夏季，充斥媒体版面的都是由“区域性”“季节性”“时段性”等不同词语修饰下的缺电报道。除2012年外，10年来浙江每年用电高峰期都会因供电不足而实施错避峰方案，“有序用电”成为每年夏季企业和百姓耳熟能详的词语。国网浙江电力称，2003—2013年，浙江电网因为电力供应紧张累计损失电量接近160亿千瓦时。

杭州正大纺织有限公司董事长俞正福回忆起当年受制于缺电，一周只能“停三开四”甚至“停四开三”时仍然不胜唏嘘：“生产计划没法安排，有订单也不敢接。”他的许多企业家朋友，有的选择外迁企业，有的干脆关门歇业。

浙江这样持续多年的缺电困局，根源在于浙江一次能源的极度匮乏。经济大省，能源小省，支撑浙江经济快速发展所消耗的大量煤炭、石油、天然气等一次能源大多靠省外调入，电力也是如此。外购电一直以来都是浙江用电的重要来源，2003—2013年，浙江每年的外来电占统调用电量的比例平均为23.63%。

建设特高压，破解缺电困局

要解决浙江的缺电困局，在加大自身电力建设力度之余，进一步利用好外来电力是重中之重。

国家电网公司一直高度关注浙江持续多年受困于缺电的情况。经过深入研究和分析后提出：发挥大电网资源配置优势，建设特高压电网，推动西南水电和西北火电入浙，破解缺电困局。

浙江省委、省政府高度认同这一构想，明确提出：特高压电网建设是我国能源工作的重要战略举措，通过特高压电网把西部的水电、北部的能源送到东部，对于浙江来说是件利在千秋的好事，对浙江的环境保护、缓和铁路运输压力都有很大的帮助。

浙江省制定的《2011—2012年电力保障行动计划》中提出，要加快推进皖电东送、溪浙等特高压工程的申报核准建设工作。而2012年浙江省政府工作报告中也明确提出，围绕健全能源保障网，抓好皖电东送特高压等项目实施。当时分管浙江工业和电力工作的浙江省副省长毛光烈在《人民日报》上撰文指出，随着经济社会的发展、用电需求的增长，以及在发展过程中环境承载力的制约，外来电力在浙江电力供应中扮演的角色会越来越重要。

特高压与浙江紧密联系在了一起。2011年10月，皖电东送特高压工程开工；2012年7月，溪浙特高压直流工程开工；2014年6月，浙福特高压开工；2014年9月，灵绍特高压工程开工。特高压建设项目不负众望，对改变浙江用电局面的效果立竿见影，成为浙江一举扭转10年缺电

±800千伏直流特高压金华换流站

困局的关键“胜负手”。

截至2016年底，皖电东送淮南—上海1000千伏特高压交流输电示范工程、浙北—福州1000千伏特高压交流输变电工程、溪洛渡左岸—浙江金华±800千伏特高压直流输电工程、灵州—绍兴±800千伏特高压直流输电工程相继建成投运，浙江在全国率先建成“南北互通、东西互供、交直流互补、水火电互济”的“两交两直”特高压骨干网架，受电能力可累计增加2000万—3000万千瓦，基本满足了“十三五”时期浙江的电力需求。

“我相信特高压会让浙江的用电环境越来越宽松。”作为国网杭州市萧山区供电公司聘请多年的行风监督员，俞正福对进入特高压时代后的浙江用电情况持乐观态度。

清洁能源，支撑绿色经济高质量发展

特高压入浙，浙江10年缺电困局得解。而今的浙江电网发生了翻天覆地的变化，浙江电力多项指标位居全国乃至世界之首。这其中，特高压建设功不可没。

在浙北，灵州—绍兴±800千伏特高压直流和1000千伏皖电东送特高压交流输电工程，将宁夏草原上的风能、两淮流域的“乌金”，转化成枕水人家的每度电能；在浙中，溪洛渡左岸—浙江金华±800千伏特高压直流输电工程，把金沙江的激流变成电流，与浙江电网相融与共，源源不断把电送进千家万户；在浙南，浙北—福州1000千伏特高压交流输电工程，让福建沿海的清洁核能点亮之江大地、钱塘江畔的“数字之城”。

截至2020年12月31日，浙江省内“两交两直”特高压骨干网架累计远距离输送清洁能源超4000亿千瓦时，相当于减少二氧化碳排放39880万余吨。目前的浙江外来电占比超30%，有近30%的电源于清洁能源。放眼整个国家电网，清洁电消纳电量达5862.5亿千瓦时，年利用率提升至97.1%，西北地区尽最大能力组织外送电量达3127亿千瓦时，全国区域水、风、光利用率均高于95%，全面实现了国家清洁能源消纳三年行动（2018—2020年）计划目标。

特高压在有效解决缺电困局、推动清洁能源消纳的同时，从长远看，对于地方经济社会发展效益同样显著。一方面，从上下游产业链来看，特高压产业链包括电源、电工装备、用能设备、原材料等，产业链长且环环相扣，带动力极强，有力地推动了国内高端装备的制造与发展。另一方面，依托特高压技术应用，国产装备水平和国际竞争力显著提升，带动了我国电工装备产品的出口。

根据相关规划，国家电网公司2020年特高压建设项目投资规模1811亿元，可带动社会投资3600亿元，整体规模为5411亿元，这对于扩大就业规模、推动产业转型升级、稳定社会发展预期等具有重要的作用，为经济发展提供了新的动能。

习近平总书记提出以“四个革命、一个合作”为主要框架的能源安全新战略，国家发改委、国家能源局发布《能源技术革命创新行动计划（2016—2030年）》，提出要解决资源保障、结构调整、污染排放、利用效率、应急调峰能力等重大问题。特高压输电技术可实现远距离电能低损耗输送，由此实现的“西电东送、南电北供”能妥善解决我国能源分布不均衡、清洁能源开发利用率不高等难题，以电能为媒介可以为国家实施能源安全新战略提供输送网架支撑。

能源战略的重大创举，在特高压建设中磨砺前行，在特高压运维开拓中进步，在特高压发展探索中圆梦。如今，新的白鹤滩—浙江±800千伏特高压直流工程正在有序推进，国网浙江电力建设特高压环网的梦想一步步变为现实，为浙江干在实处、走在前列、勇立潮头，忠实践行“八八战略”，奋力打造“重要窗口”注入新的强劲动能。

“最多跑一次”跑出办电新速度

“最多跑一次”已经成为浙江全面深化改革的代名词和金字招牌。“最多跑一次”改革是习近平总书记以人民为中心发展思想的生动实践。2019年10月24日，习近平总书记在主持中共中央政治局第十八次集体学习时讲话指出，要深化“最多跑一次”改革，为人民群众带来更好的政务服务体验。在深入推进“最多跑一次”改革中，国网浙江电力始终践行“人民电业为人民”宗旨，想群众之所想，急客户之所急，不断提升办电效率，优化服务体验，赢得了百姓点赞和企业的一片叫好。

7时50分到岗，8时20分正式上班，整个上午，共接待10位前来办理业务的顾客。这样的情形要是搁在几年前，国网衢州供电公司供电营业厅窗口服务工作人员方贞是难以想象的。

“自2012年入职以来，我在供电营业厅窗口服务已经近10年了，此前夏天的业务量一天有60单左右，每天都在繁忙的业务办理中连轴转，喝水、上厕所的时间也很难挤出来。”在方贞的印象中，夏天的到来不仅代表着高温的来临，也意味着业务高峰的到来。而这一现象在2017年的夏天发生了改变。

“最多跑一次”改革开展以来，浙江省将“互联网＋政务服务”作为深化“放管服”改革的关键抓手，不断地撬动各领域改革，加快推进政府数字化转型，促进治理体系和治理能力现代化。国网浙江电力积极响应，在公共服务领域先行先试，推进深化“最多跑一次”电力实践，通过办电做减法、服务做加法，着力解决老百姓身边的“关键小事”，将“便民惠民”的理念深度融入寻常百姓的常态生活。

从“简化”到“优化”，从“进一扇门”到“一网通办”“一次办好”，改革一直在路上。

受益于国家长三角示范区一体化发展的惠民战略落地，客户体验到跨省办理电力业务的便捷

联动治跑　电水气过户“最多跑一次”

办事事项是“最多跑一次”改革的“最小单元”。

2017年3月，在国网浙江电力的推动下，“一窗受理、集成服务”公共行业集成服务平台在衢州正式试点运行，通过实行不动产管理部门与电水气等单位联合过户模式，成为衢州率先探索“最多跑一次”的便民服务类窗口。群众和企业只需要在不动产登记窗口提供房产和身份证明，即可完成电水气等公共服务信息同步变更。改革后，居民单次可减少携带证件12份，减少跑腿6次，窗口平均每天可减少群众跑腿近400次，开启了国网浙江电力“联动治跑”新模式。

衢州市民王爱民从事小商品批发工作，平时业务忙碌，时间对他来说就是看得见的效益。5年前购买首套房办理过户，复杂的手续让王爱民没少折腾，“先到房管处递交房屋过户申请资料，10多天后再去领房产证，接下来跑电力营业厅、自来水公司和燃气公司一一办理单项过户，提交身份证明、房产证明等12份材料，前前后后不下5趟，回回都得复印资料、排队叫号，一大摞材料拿来拿去，别提有多浪费时间了”。

不久前，王爱民又在衢州市区购置了一套二手学区房，有了头回的经历，这回“学聪明”的他早早为办理过户做好了打“持久战”的准备。令王爱民没有想到的是，办理完房产过户登记，拿到盖过“水电气过户专用章”的《不动产登记申请受理通知书》后，他只填了张水电气联动过户申请表，就完成了水电气过户。

“现在办完房产过户申请，只要提交《浙江省居民电水气联动过户业务申请表》，不用等不动产权证办下来，不用重复递交材料，一口气就能把电水气过户给办了！”

2017年，在浙江，已有1.8万位像王爱民这样的普通居民享受到了“联动过户”跑一次的便捷服务，体验到浙江“最多跑一次”改革带来的各行业打破专业壁垒、信息互联互通的高效和便利。

在联动过户的基础上，2018年4月，国网浙江电力牢牢抓住衢州作为全国首批应用“居民身份证网上功能凭证”试点城市的契机，借助浙江省大数据中心和国网浙江电力之间的数据贯通，将“网证”应用情景延伸至电力服务，成了全国首个可以“零证办电”的供电公司，实现了低压居民新装、居民峰谷电办理等14项用电业务的“零证”办理，开启了办电服务的“刷脸”时代。

深化改革　争当最佳营商环境“领跑者”

好风凭借力。通过强化部门联动，落实任务攻坚，国网浙江电力进一步加速推进供电服务转型，将电力“最多跑一次”改革的“减法”“除法”转化为市场活力的“加法”“乘法”。

2018年8月底，由国家发改委组织的全国首个营商环境试评价结果出炉，衢州在试评价城市中仅次于北京、厦门、上海，位居第四，成绩与一线城市比肩。作为营商环境评价的重要指标，“获得电力”贡献显著。

“获得电力”主要是对企业办理接入电网所需的程序、时间、费用等进行评估。办电简不简便、时限能否接受、成本够不够低、供电是否优质……这些都是当下电力用户最关心的问题，事关其满意度和获得感。电力接入到底快不快，营商环境到底好不好，企业最有话语权。

2018年将工厂从省内别地新迁入衢州的浙江久越管业有限公司总经理卢军就深有感触：“有两件事，我是没想到的：一个是这里的营商环境这么好，另一个就是这里的用电服务响应这么快！”据卢军介绍，新址办厂，首先想到的就是把电给供应上，那天他下午4时才到达供电营业厅申请高压用户新装。办好申请后，没想到车子开出营业厅没多久，就接到了客户经理的来电，预约上门服务时间。“这样的服务速度，真是我始料未及的。”他感慨道。

2018年通过在线审批、联合审批等流程改造，国网浙江电力在衢州率先实现办电环节、用时大幅度缩减，如高压客户办电环节由9个压缩为4个，平均接电时间从110个工作日压缩至70个工作日，达到国内先进水平。国网浙江电力不断提升服务企业的能力和水平，通过数据共享、流程优化，简化收资、压减环节，为用户提供一站式服务。

理念向前延伸、服务向后拓展，是衢州贴近用户的又一本“服务经”。自2016年底开始施行“备单服务”以来，将电力服务提前介入到市政府招商引资环节，为企业用电做好预判和评估。同时，还将精细化服务延展至为中小企业提供“智慧电务”代运营服务，为企业提供24小时云监测、设备代运维、节能降耗、能源托管等一系列组合式服务，实现企业降本增效。

从提升“获得电力”指数发力，提高客户满意度，助推营商环境改善，是国网浙江电力服务浙江经济社会高质量发展的重要举措。通过完成系列“减法”，助力企业降本增效，提升客户“获得电力”便利化水平，并深化“最多跑一次”改革，不断满足人民对美好生活的需求。

互联网＋电力　线上办电“一次都不跑”

利民之事，丝发必兴。在“减少群众跑腿”上，国网浙江电力不遗余力。

浙江根根陶瓷有限公司是衢州市柯城区航埠园区重要的大工业用户之一，这两年公司的陶瓷生意越做越红火，该公司准备再加装两条生产线。可是，厂区变压器扩容升级让根根陶瓷负责人张素雪眉头紧锁："高压增容业务好几年前办过一次，得带着资料去电力营业厅办手续，证件带不齐的话还得来回折腾好几趟。我这厂区位置偏，真是不方便。"

到了供电营业厅，方贞教张素雪在手机上安装了"网上国网"App，逐项认真演示App上供电报装业务办理流程。张素雪一项一项填写好基本信息，上传相关资料，提交办电申请。

30天后，厂区的新设备就接上了电，比传统渠道办电时长缩短了15个工作日。

为满足线上服务的即时响应需求，国网浙江电力对所有业务进行流程再造，不断优化后台处理流程，压缩业务链条；对原有服务组织架构和现场作业模式进行优化，推广使用现场移动作业终端，一证受理、预约服务、现场收集资料等一系列服务新举措也应声落地，形成"小前端、大后台"的供电服务新格局。通过这些变革，群众办电所需申请的资料精简了30%，业务流程压缩了59.9%，全省高压用户、低压居民用户、低压非居民用户办电平均时限分别下降21.8%、35.7%和30.4%。

改善公共服务、简化办事流程，正在不断地赋予老百姓实实在在的获得感。"人民群众什么方面感觉不幸福、不快乐、不满意，我们就在哪方面下功夫，千方百计为群众排忧解难"[①]，习近平总书记在2018年全国"两会"期间参加代表团审议时，再次为深化改革指明方向。

① 羽生：《人民网评：在不幸福不快乐不满意的方面下功夫》，人民网2018年3月8日。

改革未有穷期，奋斗不能止步。依托“互联网＋”、智能电表等技术手段，国网浙江电力推出了“国网浙江省电力公司”微信公众号、“网上国网”App、“电e宝”App、95598网站等多种电子渠道，可在线上实现办电业务“一次都不跑”。如今，越来越多的客户习惯线上办电，也就是说，在浙江只需要“动动手指”，就可以“足不出户”尽享电力服务。

主动上门　延伸服务“我跑您甭跑”

改革创新没有终点，只有连续不断的新起点。

供电营业厅虽然不再热闹如前了，方贞的小姐妹——客户经理李霜却比以前更忙碌。

“咦？你们怎么知道我有用电需求？”这是天硕氟硅有限公司姜鹤琦先生的疑惑。“我们是通过政府平台获知您项目的相关备案信息，提前介入了解您的用电需求。”李霜解释道。

“我跑您甭跑”，成为国网浙江电力推行“互联网＋供电服务”的自身写照。根据国网浙江电力部署，各地市供电公司推广供电服务“快响”作业模式，建设集预约派单、跟踪督办、智能互动为一体的快速响应和服务质量管控平台，构建“线上全天候受理，线下一站式办电”的智能互动服务新体系，确保客户的需求真正得到快速响应。

咨询完客户的用电需求后，李霜第二天就来到了用电现场，出具了初步供电方案。因用电容量大，李霜多方协调，提前为客户争取业扩配套相关资源，并将该流程纳入储备流程库中，通过行政审批平台实时跟进流程进度，仅仅50天的时间，新厂房便实现了合闸送电。

这样的速度，离不开衢州供电公司内外联动提升“获得电力”的持续努力。对内，持续优化业扩配套电网项目管理，变革业扩配套电网项目的计划、投资、权限、物资供应、流程管理，快速响应和满足客户用电需求，保证客户及时、稳定接入电网。对外，积极推动政府部门行政联合审批改革，创新开发全国首个电力接入项目行政审批平台，将行政许可时间由两个月缩减至9个工作日，实现了客户办电时间减而又减。

民生无小事，枝叶总关情。改革，已经成为惠企利民的不竭动力。2020年4月，习近平总书记在浙江考察时强调，要深入推进重要领域和关键环节改革，加大改革力度，完善改革举措，加快取得更多实质性、突破性、系统性成果，为全国改革探索路子、贡献经验。[①]

“最多跑一次”的辐射效应也在不断延伸，长三角一体化供电服务实现了“跨省一网通办”，在嘉善、青浦、吴江三地先行试行非居民相关用电业务，“一网受理、只跑一次、一次办成”。

良好的营商环境让浙江成为创新发展的沃土，国网浙江电力将牢牢把握作为浙江“最多跑一次”改革先行地的独特优势，聚焦浙江“重要窗口”建设、人民对美好生活的向往，打造“互联网＋智慧能源”新服务体系，更深、更广、更有效地推动“最多跑一次”提质增效。

①《习近平在浙江考察时强调　统筹推进疫情防控和经济社会发展工作　奋力实现今年经济社会发展目标任务》，新华网2020年4月1日。

铸就鱼山“绿色生命线” 构筑电力“高速路”

从“把浙江建设成为海洋经济强省”到“推进海洋强国建设”，发展海洋经济是习近平总书记长期关注的重大课题。习近平总书记指出，推进海洋强国建设，必须提高海洋资源开发能力，保护海洋生态环境，发展海洋科学技术，维护国家海洋权益。向海图强，国网浙江电力不断创造发展新机遇，谋求发展新动力，探索构建海上能源互联网，助力重点工程落地实施。

难以想象，在这座几年前鲜有外人光顾的小岛上，一座国际绿色石化城正在崛起。

群岛锦绣，东海潮鸣，演绎出刚劲有力的电力和弦；蛟龙入海，银线迢迢，奔流着城市发展的动力血脉。从党的十八大提出“海洋强国”战略，到“一带一路”布局，发展海洋输电，实现海上能源互联互通，中国为解决世界难题提出中国方案。

以项目建设新突破为经济社会发展注入新动力。40余平方千米的舟山市岱山县的鱼山岛，正在推进一项载入史册的浩大工程。在各方努力下，在4年多时间里，舟山绿色石化基地完成了本需要10年才能完成的一期工程建设，2020年创产值748亿元，已成为舟山市经济快速发展的重要增长极。

220千伏鱼山输变电工程为鱼山岛注入强大的绿色动力

以更高质量、更快速度建设舟山绿色石化基地能源大动脉。2020年12月，鱼山岛滩涂之上，300余名电力建设者昼夜轮转，又一座变电站拔地而起。

舟山绿色石化基地项目是目前世界上投资最大的单体石化产业项目，也是国内迄今为止民营企业投资规模最大的项目。难以想象，在这座几年前鲜有外人光顾的小岛上，一座国际绿色石化城正在加速崛起。

孤岛通上大陆电

鱼山岛位于岱山本岛西部，为火山列岛主岛，全岛呈南北走向，因形状狭长像鱼而得名。到2010年底，岛上常住居民约有900人，主要从事渔业和养殖业。

岛上的柴油机组发电时长有限，电力问题成了岛上居民的一块心病。“老人睡眠时间较短，半夜起床难免会磕磕碰碰，让在外的子女很不放心。”鱼山社区书记汤满如说。

习近平总书记曾对海岛基础设施建设提出殷切期望。加快发展海洋经济，实施海洋大开发，必须高度重视海岛建设，充分发挥海岛的优势。但总体上看，海岛的交通、通信、电力、水利等基础设施建设，与大陆相比还有很大的差距。基础设施是加快发展的重要条件，尤其是一些事关全局的重大基础设施项目，对区域经济的发展具有战略意义。[①]

为了能让鱼山的百姓用上舒心电，一条连接鱼山与岱山本岛的10千伏海底电缆开工敷设。

国网浙江电力人攻克了工期紧、标准高等诸多挑战。“鱼山地处偏远海岛，地形条件恶劣，给施工带来了相当大的困难，尤其是所在海域风高浪急，给海底电缆敷设增添了不少难度。我们在敷设海底电缆期间一整个月吃住都在船上，以此全力保障工程的顺利完成。”鱼山项目负责人说道。

2012年1月5日，鱼山与岱山第一次联网“触电”，悬水孤岛实现了24小时通电。鱼山岛的老百姓挥别柴油机，拥抱大陆电。梦想，从历史长河中走来，灯火的长明托举起希望的曙光。小到一根光纤、一张电网的铺设，大到民生工程所及之处，“点亮”了一方百姓生活。

---

① 习近平：《干在实处　走在前列——推进浙江新发展的思考与实践》，中共中央党校出版社2013年版，第219—220页。

鱼山装上强心脏

时隔3年，悬水小岛上又传来好消息。根据国家发改委批准和舟山群岛新区规划，鱼山建设被纳入舟山江海联运服务中心发展的核心项目、岛上引进绿色石化基地项目将作为支撑新区“十三五”加速发展的重大项目。

3年，破茧而出。3年，蛹化成蝶。

2015年3月，鱼山岛正式开发建设。身居“闺中”人不识的鱼山，寂静的滩涂正在变成希望的沃土，荒僻的海岛已经是开放开发的前沿之地。

2016年8月，正值酷暑，鱼山岛上的气温直逼40摄氏度。一个个满怀创业梦想的人聚集在这里，一条条道路向四方延伸，一座座厂房拔地而起……

在一个个建设鱼山的队伍里，有一支队伍显得尤为特殊。他们时常需要整夜忙碌，有时甚至要连续两三个夜晚不眠。他们是来自国网浙江电力的浙石化专线建设者。

徐省负责浙石化专线的前期勘探工作，“当时鱼山还处于开山爆破的阶段，我们架线的位置没有路。因为要避开平整区域，线路只能从旁边的荒山上走，7千米的山路，全靠两条腿走”。白天在岛上冒着高温进行勘察，晚上回到驻地加班加点画图设计，只用了一周时间，徐省团队就设计出图形，确保了后续工作的快速推进。

如火如荼的建设，节节攀升的用电负荷，先期投运的10千伏海底电缆已无法满足鱼山建设的需要。于是，国网浙江电力着手落实35千伏鱼山输变电工程建设工作。

“这项工程关乎鱼山建设的用电保障，一刻也不能耽误。”国网浙江电力要求全员抢抓工程进度，跑出电力人的“鱼山速度”。

国网浙江电力加紧协调配合，属地化取证，联系政府、消防等各部门，全力配合工程建设工作，争分夺秒推进工程进度。

2016年2月10日，正值大年初三，岱山县街头洋溢着春节的气氛。而在35千伏鱼山输变电工程架空线路施工段现场，国网浙江电力在舟山的发展部人员戴平忠正在工程现场协调土地政策处理工作，与他一起在现场工作的还有20多名电力员工，他们放弃与家人团圆的机会，奋战在一线……

功夫不负有心人，大功毕成。2016年6月21日，35千伏大西变投运，为鱼山绿色石化基地建设提供了坚强、充沛的电能保障。绿色的能量使石化基地的底色更绿，电机马达轰鸣。鱼山跳跃的“心脏”里，奔流的是源源不竭的电能。

万人齐发大会战

大西变建设只是开始，另一场电力建设大会战已经蓄势待发。

随着万亿级绿色石化基地工程建设不断深入，用电需求、电网负荷压力与日俱增。2017年，220千伏鱼山输变电工程建设加快推进，鱼山第三回路海底电缆敷设也提上日程。2020年5月4日，220千伏鱼山第三回路最后一根海底电缆在鱼山岛东部海堤成功登陆。同年12月27日，220千伏鱼东输变电工程顺利启动，石化之城又增添了一个超强动力引擎。

鱼东变电站桩基工程施工现场灯火通明，一台台桩机重锤打入地下，划破宁静的夜空。“桩机打孔深度基本在60米以上，最深的孔打到了86米。从事变电站建设30年了，我还没碰到过建设难度如此高、桩基密度这么大的变电站工程。”谈起2020年3月以来的每个夜晚，220千伏鱼东变电站业主项目经理俞铁勇感慨万千。

作为华东地区建设规模最大、建设难度最高的220千伏变电站之一，鱼东变电站位于海塘滩涂回填区，区域淤泥流动性大，巨石渣土遍布。

“我们通过改进桩机重锤，并埋设专用钢护筒以保留成孔性，克服复杂地质环境带来的不利影响。”俞铁勇说，针对鱼山围海造地的特殊条件，工程施工采用最高标准让220千伏鱼东变电站牢牢“站稳脚跟”，这种举措成为舟山绿色石化项目安全可靠的电力引擎。目前，鱼山渴求的大发展、大跨越，已经有了钢筋铁骨，已经有了千钧之力！

每个人心里都有一团火，但路过的人只看到烟。大多数电力人在这座孤岛上已经连续奋战了一年了，一个月都回不了一趟家。回想起那段艰苦岁月，他们只是淡淡一笑，流露出看到曙光的振奋之情，就像彻夜在海上和风暴拼搏的水手看到岸边的灯塔，希望就在前方。

以担当致敬担当，以奋斗接力奋斗。2021年3月27日，全长16.35千米的舟岱大桥随桥电缆工程正式开工，通过随桥电缆相连，220千伏高压电最终将输往鱼山岛。之前，连通鱼山岛的输电线路，大多用的是海底电缆。此次，电缆通过以高速公路标准设计的跨海大桥直抵鱼山，既提高了鱼山区域的供电能力和可靠性，也大大节省了海洋资源及海上廊道资源。

习近平总书记在党的十九大报告中明确要求坚持陆海统筹，加快建设海洋强国。海洋强国离不开海洋产业的发展。世界级大型、综合、现代的鱼山石化产业基地，坚持绿色发展是不变的路径。迈向碳中和，更“绿色”的施工方式就是一种路径。

龙港：新型县级市电力改革探路

习近平总书记多次强调，要深化国有企业改革，支持民营企业发展。浙江是民营经济最活跃的省份之一，国网浙江电力以国网龙港市供电公司为试点，探索深化电力体制改革，为民营经济的发展注入不竭的能源动力。

2019年9月25日，龙港市挂牌成立，创造了两个“全国第一”，即党的十八大以来第一个镇改市、第一个不设乡镇和街道的新型县级市。这标志着龙港市成为我国新型行政管理体制改革和基层治理现代化探索的先行者。与之相伴，龙港电力体制机制改革也已拉开序幕。

从浙江温州的小渔村到“农民城”，到新型特大镇，再到龙港市，龙港应改革而生，因改革而兴。1984年，刚刚成立的龙港镇大胆改革户籍制度，吸引附近村民集资建立了“中国第一座农民城”，大力发展个体经济、小微经济。借着改革开放的东风，龙港经过20年的持续快速发展，成了“中国印刷城”“中国礼品城”“中国印刷材料交易中心”“中国台挂历集散中心”，年产值超过百亿元。为了解决“小马拉大车”的问题，2014年底，龙港成为全国首批两个镇级国家新型城镇化综合改革试点之一，开始了新型城镇化改革探索历程。

截至2020年12月31日，作为龙港市未来发展重点的龙港新城，2020年用电量达到6.9亿千瓦时，同比增长22.12%。虽然新冠肺炎疫情对用电量增长有影响，但是随着城市建设加快推进和企业经济活动加速恢复与扩张，龙港新城新增公用变压器165台、专用变压器190余台，新增小微工业园区5个。预计未来几年，龙港市用电量将持续保持高速增长态势。

用电量的增长，充分展示了龙港市“蛟龙出港”的澎湃动能。这背后，蕴藏着一场与“大部制、扁平化、低成本、高效率”相配套的电力体制机制改革。

“农民城”的电力开荒

温州龙港是一座地地道道的农民城。1984年建镇之初，龙港在全国率先推行土地有偿使用、户籍管理制度和发展民营经济三大制度改革，成功地走出了一条农村城镇化的路子，成为中国农民自费建城的样板。2018年9月21日，习近平总书记在十九届中共中央政治局第八次集体学习时发表重要讲话指出，改革开放以来，我们依靠农村劳动力、土地、资金等要素，快速推进工业化、城镇化，城镇面貌发生了翻天覆地的变化。我国广大农民为推进工业化、城镇化作出了巨大贡献。

回顾龙港的发展，龙港电力一直伴随着这座农民城在空白的纸上“拓荒”。最初，龙港电力连办公楼都没有，只能借用龙港对岸的平阳县鳌江镇供电所两间房子作为临时过渡场所。这一过渡，长达3年。直到1987年龙港电力新的办公大楼盖起来，电力员工才结束了每天在平阳与苍南来来回回渡船的历史。就是在这样的条件下，大家憋着一股子劲，不分昼夜地干起来。忙起来的时候，干部员工无一例外住工棚、打地铺。

“在草创之初、拓荒年代，电力事业每往前推进一小步都要付出数倍的艰辛。”余礼洪感慨道。随后，35千伏龙江变电站建起来了，1万千伏安的主变拉过来了……农民城3年构建出自己的雏形，与此同时，龙港电力也逐渐站稳了脚跟。

民营经济是社会主义市场经济的重要组成部分，借着改革开放的东风，龙港也迎来了它的黄金时期。2002年以来，龙港镇在全国一枝独秀，拥有4张国字号金名片——“中国印刷城”“中国礼品城”“中国台挂历集散中心”“中国印刷材料交易中心”。这在高度重视国家级特色产业基地申报建设的温州全市来讲也是首屈一指的。

“没有电力的支撑，就没有农民城的发展期和转型期。同时，经济的发展，也反过来促进了温州电力的建设发展。”原龙港镇党委书记汤宝林道出了二者之间的辩证关系。

在龙港的第二次转型中，这种经济发展对电力的推动作用表现得更猛烈。车行龙金大道两侧，每隔几千米就有一个变电所，每隔几百米就有一台变压器。“当时电力发展的速度预料不到经济发展速度会如此迅猛。”国网温州供电公司的工作人员解释了电力设施的这种布局。

龙港的经济发展同时带动了周边乡镇经济的快速发展。“2020年上半年，龙港经济增长了4.5%，而恰恰因为龙港这4.5%的经济增长拉动了苍南县1%的经济增长。”汤宝林说。这种带动作用，使整个苍南县的电网铺设架构速度加快、逐步立体。苍南电网以平均每年建成投运一个输变电工程的速度迅速完善着，在2005年之后的短短3年时间中，相当于再造了一个苍南电网。

从一个小渔村变成全县经济中心，龙港的发展是一个传奇，电力是一股不可忽视的力量。有人甚至说，没有电力发展，就没有农民城崛起。从艰难起步到经济崛起再到产业转型，电力和龙港经济一直是互相促进、同步发展的“孪生兄弟”，它们一起脉动，互为彼此发展的印证。

电力员工上门为当地企业介绍综合能源服务项目

2019年9月25日，经国务院批准，中国共产党龙港市委员会、龙港市人民政府揭牌成立，龙港成为党的十八大以来全国第一个镇改市。撤镇设市，让龙港站在第三次跨越大发展的新起点，而龙港电力也迎来了新的机遇和挑战。

改革试验田开出电改创新花

国有企业改革是市场经济体制改革的关键组成部分，与民营企业的改革相得益彰。在龙港这块民营经济的土壤上，蕴含着国家电网公司对深化国有企业改革的探索尝试。2020年9月22日，在龙港市成立一周年前夕，国网龙港市供电公司正式揭牌成立。

这个诞生在蕴含改革基因土地上的供电企业，注定与众不同。

国网龙港市供电公司的改革彻底打破了传统供电企业机构设置，首创“大部制”管理模式，打造低成本、高效率的新型能源互联网企业。“与传统县级供电企业相比，我们的职能部门和业务支撑机构人员总体减少了约2/3，做到了机构新设、制度重塑和流程再造，大幅精简了机构和人员，打破了业务边界，缩短了工作流程，减少了协调部门，实现了集约、高效、低成本的预期目标。”该公司负责人说。

新生事物总有一个孕育发展的过程。龙港市供电公司设立工作在龙港市成立之初就提上了国网浙江电力以及国网温州供电公司的议事日程，并于2020年4月获得国家电网公司批复后加快推进。结合龙港市改革发展实际，经过一年多的酝酿、考察、研究和筹备，在国网浙江电力的指导下，最终确定了国网龙港市供电公司“机构多元融合、业务弹性集约”的建设方案，创新构建了“3个职能部门＋1个业务支撑机构＋3个供电所”机构体系，缩减了管理层级和行政部室，形成全新的“后台管总、中台支撑、前台高效”的组织和业务模式。

综合管理部、资产业务部、安全监察部3个职能部门构成了国网龙港市供电公司运营管理的“大后台”。其中，资产业务部是创新亮点，融合了传统供电企业发展部、财务部、建设部、设备部、营销部、物资部等部门的工作职能，从电网投资、建设、运维3个环节切分业务界面，推动了资产业务工作从专业条线管理向综合系统管理转变。采用这种管理模式，国网龙港市供电公司资产管理实现资金流、物资流“全融汇”，业务管理实现业扩管控、电网规划、项目前期、工程建设等一套流程“管到底”，电网侧及用户侧管理职能“全覆盖”。

作为业务支撑机构，服务管控中心整合了业扩联合报装、供电服务指挥、电力调度、安全云管控、应急响应等多个平台功能，是提升运转效率的“宽中台”。统一了入口和出口的服务管控中心，实现了数据信息在一个系统中流转，全专业融合、全过程管控、全天候在线，形成了一条清晰完整的管理链，堪称“神经中枢”。

供电所是供电服务的“强前台”。国网龙港市供电公司根据龙港市发展实际，按照地域划分供区，实行一口对外、网格管理，全力打造全能型供电所。供电所与服务管控中心紧密对接，可以为客户提供更加优质高效的供电服务。

在与上级单位对接方面，国网龙港供电公司的资产业务部主任贺春茂感受到了更大的责任和压力。资产业务部13个人需要向国网温州供电公司6个部门沟通汇报工作，人少事多。如何把“一对多”劣势转变为“多合一”的优势，是该公司当前面临的主要挑战。

“我们一方面选派精兵强将确保每个人多岗多能，另一方面靠数字化、信息化技术和流程优化提升效率，建立完善与‘大部制’管理模式相适应的业绩考核与薪酬激励机制，激发大家的潜能。”国网龙港市供电公司党委书记朱轩冕说。

当好新型县级市建设先行官

电力是经济发展的先行官，对于刚从镇升级为新型县级市的龙港来说，更是如此。

“在撤镇设市之前，作为镇域电网，龙港电网基础算是不错的。镇域电网升级为县域电网，对供电质量和可靠性等要求更高，主网和配网都需要进一步优化和补强，才能满足龙港快速发展的需要。”国网温州供电公司建设部专责王寅说。

电网提档升级有个过程，不可能一蹴而就，但龙港的发展不等人。2020年夏天，龙港用电负荷上升很快，供电形势紧张，电力缺口达到6万千瓦。

国网温州供电公司未雨绸缪，从2020年4月开始，组织施工单位、监理单位一起，平均每天投入300余人，克服重重困难、争分夺秒开展220千伏白沙—钱金线路工程施工建设。这项“龙港电力生命线工程”提前2个月竣工，并于7月31日顺利投运，标志着龙港从500千伏单电源供电变为500千伏双电源供电，供电能力和供电可靠性大幅增强，有效缓解了龙港供电紧张的局面。同时，110千伏龙港6变、110千伏望洲变、220千伏龙港变扩容等重点输变电工程也在抓紧建设，竣工投运后将进一步优化龙港电网内部结构。“十四五”期间，龙港市还规划建设6座220千伏、110千伏变电站，形成500千伏双电源、220千伏环网、110千伏链式接线的坚强网架结构。

为了确保迎峰度夏高峰期间用电无虞，国网温州供电公司还组建了龙港片区保供电指挥部与临时保电工作组，平均每日安排20余人全天候巡查，24小时驻守重要隐患点，加强负荷监测，出台专项预案，增强重要线路的短时负荷超载能力。城中供电所副所长李孝南介绍道：龙港2020年配电网建设投入较2019年增加了80%，新开工建设配电网项目总投资近8000万元，而2021年配电网建设、改造投资预算更是达到了2亿元。

龙港电力改革后，着力提升内部管理效能，对此城中供电所所长陈阳东深有体会。瓯南大桥文卫路由镇级道路改为市级主干路的拆迁改造工程是龙港市的重点工程，涉及道路沿线架空供电线路入地施工。陈阳东说，像这种重要工作，过去一般得在专业部门之间反复沟通协调，费时费力。在2020年11月初召开的安全生产工作例会上，资产业务部、安全监察部与城中供电所直接对接，仅用半个小时就确定了架空线入地工作方案。

作为多元融合高弹性电网创新试点，龙港市是国网浙江电力需求侧响应的两个试点城市之一。电力需求侧响应是指在用电高峰期或低谷期，供电企业发出需求，电力客户以市场竞价方式积极响应减少或增加用电负荷，参与客户可根据浙江省能源局文件享受政府补贴，从而实现电力负荷削峰填谷、缓解供电紧张局面和电力客户降低用能成本等多赢目标的一种电力交易方式。

参与电力需求侧响应交易，既履行了社会责任，又增加了经济效益，得到企业的普遍认可。2020年以来，国网龙港市供电公司促成龙港市政府出台电力需求侧响应支持性政策，并圆满完成龙港市电力需求侧响应模拟演练及多次削峰任务，累计响应负荷5万千瓦。

在2020年7月28日龙港市电力需求侧响应中，温州市康尔微晶器皿有限公司通过参与竞价，将企业园区用电负荷降低1000千瓦，以2元/千瓦时的出清价格竞价成功，并获得政府发放的需求响应补贴。“我们算过账，收到的补贴除了可以支付电费和工人的错时加班费，还有剩余。这是额外收益。”该公司副总经理陈德行说。

开弓没有回头箭，改革没有休止符。习近平主政浙江期间提出，希望温州把这部创新史继续写下去，温州要为全省带好头，也要为全国做示范。在深化改革创新的道路上，国网龙港市供电公司做了一个好的示范。

新时代龙港改革开放再出发具有深远的政治意义。作为龙港电力体制机制改革的推进者，国网浙江电力将用改革的办法解决发展中的问题，全力为国家电网公司战略更好落地创造更多示范性、标杆性成果，为浙江经济高质量发展打下坚实的基础。

世界“小商品之都”发展路上的电力引擎

习近平总书记曾多次到义乌调研，感慨义乌的发展是“莫名其妙”“无中生有”“点石成金”。经济发展，电力先行。国家电网人与义乌这座商城的跨越式发展“同频共振”，让城市电网坚强可靠更具“智慧度”，不断迈向更安全、更高效、更优质、更绿色的高质量发展之路。

一座城市，都有属于自己的印记，义乌也不例外。迎着不同的建设发展时期，面临着不同的时代机遇，形成了“日日新又日新”的义乌新印象。这背后，国网浙江电力始终保持干字当头、拼搏争先的拼劲闯劲，积极推进能源供给侧改革。电网优化配置资源能力持续增强，不负新时代，砥砺前行。

从“穷乡僻壤”到“国际义乌”

2015年12月4日，国家主席习近平在南非约翰内斯堡举行的中非企业家大会上发表重要讲话时指出：“在我曾经工作过的浙江省，有个小城叫义乌，号称世界‘小商品之都’。”[1]义乌，是一个神奇的地方。曾经的义乌，交通不便，资源匮乏，建县2000多年一直是一个传统农业小县。改革开放使这片古老的土地焕发出勃勃生机。1982年，义乌开始“兴商建市”，一批手摇拨浪鼓的小商贩把货郎担挑进了义乌城。拨浪鼓叩开了义乌发展的大门，曾经的小县城很快一跃成为富甲一方的都市。与区域经济的超常规发展“同频”，义乌电量负荷的增长同样以超常规的速度进行。

不能因为电网“卡脖子”而阻碍城市发展，建设、改造一个满足义乌发展需求的新电网迫在眉睫。国网浙江电力结合城市总体规划，编制了《义乌市电力发展规划》，并提出将电力发展规划纳入城市总体规划方案的专业分项里，与城市的各项发展规划相互结合，同步实施。如今稠州路上，义乌国际商贸城傲然矗立，商城大楼相互连接，整个国际商贸城的营业面积超过400万平方米，比560个标准足球场还大。

从“鸡毛换糖”、“拨浪鼓”到“马路市场”再到“世界超市”，它不断深化“兴商建市”发展战略，发展以小商品流通为主的商贸业，凭借着“八八战略”这把“金钥匙”，进一步发挥浙江的体制机制优势，迅速发展成为一座商机无限的商贸城市、融入全球的开放城市、充满活力的创业城市、锐意进取的创新城市和独具魅力的和谐城市。

夜晚，义乌的街道灯火通明。科学的规划，一流的设计，现代化的建筑，电商融合“互联网＋”，让商人无须“走出去”，就能将商品远销全世界。如今“鸡毛换糖”已经成为“鸡毛飞上天”。在这个商业化高

① 习近平：《携手共进，谱写中非合作新篇章——在中非企业家大会上的讲话》，人民网2015年12月5日。

度发达的城市，每一秒都在汲取和输送着大量的资源，交织着各国的文化，有约1.5万名外国友人在这里生活和工作。来自瑞典的安德森就是其中一位。

2009年，安德森跟随朋友第一次来到义乌旅游，就被义乌的大小市场、成千上万的产品和特有的经商文化所深深吸引。他立马租了一间办公室，办起了自己的商贸公司。还没等他静下心来，他就遇到了一件麻烦事——办公室没有电。语言不通，地方不熟悉，他该怎么办？他想起来刚搬进办公室物业公司给了一张名片，上面有国家电网工作人员的电话，安德森马上拨通了电话。没多久，当地电力人员就来到了安德森的办公室。在仔细地检查完线路，确认没有问题后，工作人员用英语告诉安德森："你放心，线路没有问题，你查看一下你的电力缴费账户，可能是你的账户欠费了。"在工作人员的细心指导下，安德森完成了在中国的第一次电力缴费，兴奋地说道："在我的国家瑞典，电力工作人员最起码

电力员工为外籍商户介绍网上国网App

要第二天才会到。你们的工作效率让我刮目相看，我要为你们点赞!”

多年来，国家电网公司一直用实际行动践行着“你用电·我用心”。当地供电公司结合义乌地方特色，在营业窗口开设“外宾专窗”便利外商咨询办理用电业务，在班组开展外语培训消除故障抢修中出现的语言障碍，并深入社区、企业开展多语种电力宣传，为外商和市民提供多样化、人性化的贴心服务。

从“艰难丝路”到“一带一路”

唐高宗永徽年间，骆宾王（生于义乌）曾经从军西域，久戍边疆，这是一条艰辛的“丝路”。如今的义乌人开通“义新欧”中欧班列，把世界纳入商业版图，成了新丝路的起点。

“义新欧”中欧班列沿着“丝绸之路”直奔新疆阿拉山口边境口岸，转关后开往哈萨克斯坦等中亚5国，最后开往欧洲终点站西班牙马德里，全程1.3万多千米，逐渐成了义乌“走出去”的纽带与“引进来”的通道。

2018年11月27日，在对西班牙王国进行国事访问之际，国家主席习近平在西班牙《阿贝赛报》上发表题为《阔步迈进新时代，携手共创新辉煌》的署名文章。文章指出：连接义乌和马德里的中欧班列为两国货物运输提供更多选择，成为共建“一带一路”的早期收获。双方在能源、电信、金融、环保以及科技创新等领域合作也不断推陈出新，为两国务实合作提供后续动力。

这也对义乌配电网的安全性、经济性、适应性提出了更高的要求。国网浙江电力从管理策略、技术手段、组织保障等方面建设开放、共享的现代一流配电网；从网架结构、设备水平、配电自动化、可靠性管理、客户服务等多维度进行实践，提高铁路口岸、保税区、物流园区、丝路新区、电商小镇等重要区域的用电服务水平。

“到现在为止，我仍然认为，还没有一个比中国更令我向往的国家！对于义乌这座城市，不仅仅是‘异国他乡’，更是有了家的感觉。在我创业初期遇到用电困难的时候，是国家电网给予了我最及时的帮助。”安德森回忆起创业初期时感慨道。一站式的电力便民服务、贴心的电力志愿服务以及对电商企业的供电保障，让他深深爱上了这里。如今，他已经在义乌娶妻安家十余载，而他的贸易生意搭载“义新欧”班列遍及35个国家和地区。

随着国家“一带一路”伟大倡议的提出和中欧班列的陆续开通，义乌迎来了面向世界的新发展窗口。安德森的国际贸易生意也越做越大，他要与朋友联合办厂，抢占发展机遇。他走进中国的供电营业厅，工作人员告诉他：“现在办厂，可以优惠安装变压器，还能帮助改造工厂电路。”安德森看到在大厅里有很多和他一样的创业者，每个人脸上都洋溢着幸福的笑容。工作人员还告诉他：“以后你可以用我们的网上国网App，扫描二维码就可以下载，这上面有很多特别好的政策和最新的信息，以后你在线上就可以办理用电业务，非常方便。”

安德森很高兴，因为只要“跑一次”，就能办成事，以后甚至连一次都不用跑。他惊喜于互联网对于创业者信息获取和办事效率的赋能，兴奋地向身边的友人介绍这款App，不曾想大家都已经用得很熟练了，只有他“出局”了！

电商电商，有“电”才有“商”

随着电子商务的进一步发展，互联网、大数据、人工智能和实体经济深度融合发展，电商发展成为义乌商贸的新生力量。电商产业园、淘宝村在义乌遍地开花。

为保证电商企业的正常运行，国网浙江电力在义乌建立电商企业用电需求档案，优化义乌市电子商务发展环境；对接服务，深入义乌“全球网货中心”“电子商务创业园区”等20多个产业集群园区，及时掌握商户的个性化用电需求，促进电商园区集聚效应和辐射效应的有效发挥。面对电子商务集聚区激增的供电需求，实施供电“精品台区”建设，部分园区实行电缆入地化改造。对电商集聚区线路电缆及变压器定期巡视，走访园区企业了解需求，为电商及时开通增容扩容“一站式”服务通道。在“双十一”“双十二”等网购高峰期开展特巡，力保商家全力以赴应对网购高峰，以“互联网＋电网”服务“大众创业、万众创新”，为快速发展的电子商务企业提供良好的用电环境。

2020年突如其来的新冠肺炎疫情让安德森陷入了困境，但他并没有放弃。直播电商的兴起，让安德森尝试了直播卖货新体验，让产品有了销售新渠道。国家电网公司积极响应落实国家惠民利企政策，开辟“绿色通道”，如延长暂时停电时间、线上申请办理业务、实行电费优惠减免等举措，帮助企业渡过难关。安德森兴奋地通过视频电话告诉远在瑞典的父母：“爸爸妈妈，中国的抗疫工作做得非常好，现在我们已经稳定生产，有很好的销路，你们不要担心。我想过段时间把你们也接来中国一起生活！”

2014年6月5日，在中阿合作论坛第六届部长级会议开幕式上，国家主席习近平讲述了一个在义乌市创业生活并把根扎在义乌的阿拉伯青年穆罕奈德的故事：“一个普通阿拉伯青年人，把自己的人生梦想融入中国百姓追求幸福的中国梦中，执着奋斗，演绎了出彩人生，也诠释了中国梦和阿拉伯梦的完美结合。”

这座无数人惊叹的全球最大的小商品集散地，每天都繁忙而有序高效地运转着，不断上演着梦想成真的故事。不论是外商还是中国人，在义乌这片热土上，在智慧和汗水的浇灌下，都能用双手开创出属于自己的幸福生活。而国网浙江电力始终坚持建设开放、共享的现代一流配电网，不断提高义乌用电服务水平，致力于为每一位生活在这个城市的人提供最方便、最贴心的服务，为满足人民美好生活向往增光添彩，为助力城市高质量发展增添动力。

第七章

绿水青山

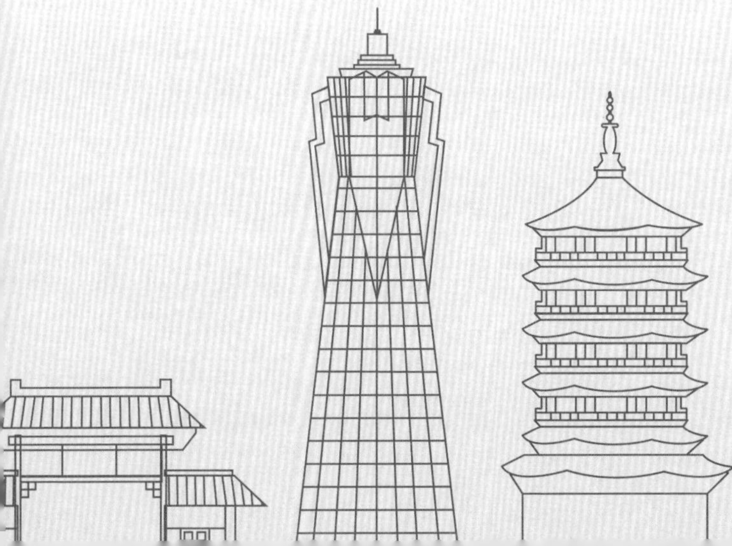

绿水青山就是金山银山。国网浙江电力始终坚持以电为笔，用心描摹山水江南的新时代画卷。绿电流淌，润物无声，余村的炒青机旁茶香依然，龙泉的电窑炉里瓷青如故，不知不觉间，天蓝水清已成了之江新卷的亮丽底色。

生态电力赋能美丽中国的湖州样本

湖州，满目是绿。2005年8月15日，时任浙江省委书记习近平同志到浙江安吉县余村考察，创造性提出“绿水青山就是金山银山”的科学理念。16年来，“绿水青山就是金山银山”理念从南到北、从东到西叙说着一个又一个的生动实践。在能源领域，国网浙江电力用“生态电力”率先破题，聚焦能源结构优化、聚力产业结构调整，走出了一条高水平电网服务高质量发展的“绿色”道路，交出了一份践行绿色低碳发展的高分答卷。

湖州自古就有令人赞叹不已的生态禀赋。元初文学家戴表元曾作诗“山从天目成群出，水傍太湖分港流。行遍江南清丽地，人生只合住湖州”来称赞湖州的清雅宜居。

今日的湖州，处处可见美丽富饶，但山清水秀的这方土地，也走过曲折的发展之路。当年的安吉余村大炮一响、黄金万两，靠炸矿山、卖矿石致富的经济模式让绿水青山蒙上厚厚的一层灰尘。

2005年，习近平同志在《浙江日报》“之江新语”专栏发表评论，指出“生态环境优势转化为生态农业、生态工业、生态旅游等生态经济的优势，那么绿水青山也就变成了金山银山”[①]。这句话让湖州人坚定了生态立市的决心。

作为国民经济保障者、能源革命践行者、美好生活服务者，国家电网在浙江以奋力当好践行“绿水青山就是金山银山”理念样板地、模范生为己任，立足湖州生态优势，坚定不移举生态旗、打生态牌、走生态路，积极响应“生态＋”产业发展，以“生态＋电力”为路径，将电力工业发展与城市生态文明建设深度融合，加速构建清洁低碳、安全高效的能源体系，积极推进能源生产和消费革命，全方位赋能绿色生产生活，深度打造赋能美丽中国的湖州样本。截至2020年底，湖州全市新能源人均装机超过600瓦；电能替代电量累计20.94亿千瓦时，相当于减少煤炭使用量84.6万吨，减少二氧化碳排放208.77万吨。

健全机制　做大“生态＋”发展格局

经济发展，电力先行。要全面推动生态文明建设，作为全社会重要的能源之一，电力也要在生态文明建设中先行作为。一直以来，湖州积极践行“绿水青山就是金山银山”理念，探索在产业发展、港口建设、全域旅游、绿色出行等能源应用领域推行清洁电能替代，并取得了一定成效。

作为全国首个地级市生态文明先行示范区，湖州市从立法、标准、机制“三位一体”的角度，着力创新制度保障体系、探索创新绿色制度，《湖州市生态文明先行示范区建设条例》颁布实施，使湖州成为全

① 习近平：《之江新语》，浙江人民出版社2007年版，第153页。

引导船工使用岸电设施

国首个就示范区建设专门立法的地区。

2017年11月7日，国网浙江电力推动湖州市人民政府正式印发《湖州市构建“生态+电力”助推生态文明建设实施方案的通知》，成立了以湖州市分管副市长为组长，22个市政府直属单位和部门为成员的“生态+电力”工作领导小组，形成了政府主导、电力主推的责任体系，为全领域推进生产清洁用能、社会绿色消费奠定了坚实基础和制度保障。

在良好的政企协同机制作用下，湖州完善工业电价差别化政策，充分发挥市场机制作用，提高资源要素产出效率，降低污染排放，银行、电力设备制造厂家、商铺、民宿、公交公司、街区、学校等社会各界纷纷参与到“生态+电力”项目中，“生态+电力”的朋友圈不断扩大。2019年9月，湖州启动全国首个“生态+电力”示范城市建设，在能源供给、电网发展、能源消费、生产生活等方面进一步实现低碳环保、智能高效，并形成一批可推广复制的“生态＋电力”湖州模式。

全领域的能源生态化快速延展离不开体系机制的不断完善。湖州市委、市政府累计支持“生态＋电力”示范城市建设的文件有14个，湖州“生态＋电力”示范城市战略、建设实施方案均已通过国家发改委能源所组织的专家评审验收，湖州践行“绿水青山就是金山银山”理念的先进做法正在向全国推广。

智能电网　保障绿色发展

绿水逶迤去，青山相向开。地处浙北的安吉县，三面环山。一路驾车往北，满目绿意。崇山峻岭间，1000千伏特高压安吉变电站深藏其中，整齐划一的电力线路、精致的配电台区与美丽乡村相映成景。

近年来，湖州全面实施乡村电气化提升工程，在安吉试点开展“两山”示范区高弹性电网规划，将生态农网“一村一规划”全面纳入美丽乡村发展规划，“线杆融景、变台为景”，推动电网与“绿水青山”协调发展和深度融合。

可靠的绿色能源保障背后是强有力的坚强智能电网。多年来，湖州准确把握经济社会发展态势和生态优势，以科学的电网发展规划为指导，按照适度超前的原则优化电网布局，加大电网投资，加快电网建设步伐，推进高压骨干网架建设，在全省率先步入特高压时代。

湖州是全国少有的各电压等级齐全、电网分布密集的电力输送核心，在其中宽度不超过600米的空间内，形成了特高压输电通道“湖州廊道”。“湖州廊道”额定输送容量2980万千瓦，是西电东送、三峡电力外送及皖电东送的主要走廊和华东电网东西连接的主要汇集点。

为保障“湖州廊道”安全稳定运行，浙苏皖三省联合组建长三角特高压输电红色联盟，积极探索人工网络、监测装置、直升机/无人机“三位一体”立体协同巡检模式，融合了智能识别算法的在线监测装置，能24小时动态感知通道微气象、导线温度、杆塔倾斜等细小变化，全天候守护“湖州廊道”安全。如今，湖州率先在特高压密集输电通道布局建设5G网络工程，实现了无人机巡检高清图像即时回传，“湖州廊道”智能运检水平再次提档升级。

电从远方来，来的是清洁电。湖州加大绿色能源供应，大力推进白鹤滩—浙江±800千伏特高压直流工程和长龙山抽水蓄能500千伏配套工程，有效提高清洁能源比例。长龙山抽水蓄能电站位于安吉县天荒坪镇和山川乡上，装机容量6×350兆瓦，其电力送出预计每年节约系统煤耗28万吨，减少二氧化碳排放超56万吨。长龙山抽水蓄能电站500千伏送出工程是保障其电力送出的重大工程，工程线路穿越湖州市安吉县、德清县、长兴县、吴兴区三县一区，山地比例高达97%。为了守护“绿水青山”，在送出工程建设中，全过程融入绿色理念，通过绿色设计、绿色建设、绿色管理和绿色施工，有效降低了电网建设对环境的影响。工程自2017年开始策划，2018年1月开始设计，2019年5月正式施工，成功绕过凤凰水库保护区及西塞山旅游度假区，使212.36平方千米的水源、1000多种动物和6000余亩植被得到了保护，维护了陆地生物的多样性及区域生态系统的平衡。

此外，湖州创新建立新能源集中管控平台，推进“光伏云网”试点，实现新能源“可视、可监、可管”。按照“最短停电时间、最有利作业方式、最优质供电服务”的要求，加强太阳能、风能等新能源发电项目的配套电网送出工程建设，满足新能源全接入、全消纳。

绿色生产　升级“产业生态圈”

时装看巴黎，童装看织里。从“遍闻机杼声”，到如今的民营经济十分发达，织里经历了农民创业、产业创新、“产城人融合”城镇化发展后，实现了从“特大镇”向“小城市”的蜕变。如今太湖南岸闪亮的“产业新城”，对当年“一条街满目黑”带来的阵痛，仍有着无限的感慨。

“过去，熨衣服要用燃煤蒸汽锅炉，一天100斤煤，不停地烧，烧了十几年。环境恶劣，工作效率还低。”土生土长的织里人周建华说道。他经营的晨苗制衣有限公司是织里典型的“前店后厂”，也是生产、生活和经营“三合一”的家庭小作坊。他回忆，以前成堆的蜂窝煤就放在门口、堆在街上，进出扬起一阵灰，火灾和锅炉爆炸事故时有发生。

从2012年起，湖州着手推进电能替代工程。织里镇“煤改电”改造历时3年，共完成7600余台小锅炉改造项目，累计完成替代电量10286.13万千瓦时，节约标准煤5.5万吨，减少排放烟尘0.2万吨、二氧化碳22.1万吨、二氧化硫0.1万吨。节能减排化为织里童装产业转型升级的助推器。

燃煤蒸汽锅炉改造成电锅炉后，没有了烟熏火燎，没有了夏季里的大汗淋漓，也没有了煤渣困扰。车间里，用电熨烫衣服，只需要控制好开关，锅炉便温度恒定、水量恒定，安全便捷自动运行，熨烫衣服以每5秒一件的速度进行着。电能的“注入”，使得童装生产品质和效率大幅提升，品牌效应越发凸显，产业集群逆势发力。

电能替代是环境治理倒逼、产业转型升级的绿色重振模式。以电代煤、以电代油，让尝到了甜头的各行各业，纷纷投入到绿色大军中，推动产业用能低碳化和清洁化。

在湖州长兴县小浦镇，一条延绵22千米的全电动输送带穿越群山，将水泥熟料运送至水运岸电码头。这条全国首个“全电运输、全电仓储、全电装卸、全电泊船”的“全电物流”，年运输量可达1050万吨，全年可节约燃油2026吨，减少尾气排放14278吨，有效减轻了扬尘、噪音、尾气污染。2020年，该项目成功入选浙江省首批治气典型案例。

经济发展不能以破坏生态为代价，生态本身就是一种经济。不论是安吉余村壮士断腕般实现“石头经济”到“绿色生态经济”的华丽转身，还是长兴仙山湖以电能驱动打造“全电景区”，抑或是湖州南浔千年桑基鱼塘与现代光伏的完美融合，湖州在生态能源领域大力推进经济生态化、生态经济化。生态的坚守，成为湖州发展的核心。

绿色是生态实践的底色，而在大数据背景下，能源互联是优化产业结构和布局、培育城市发展新动能的新引擎。湖州积极打造绿色用能产业生态圈，推动能源数据共享，建立监测平台，汇集煤、油、气、电等能源数据，开展企业能耗和能效监测分析，推动产业升级与能源变革。德清莫干山上星星点点的民宿群落基于“绿聚能”产业联盟，以智慧用能采集监测系统实施精准能效管理服务、加速推进能源综合利用正是能源互联在民宿产业的落地应用，“产业生态圈”进一步升级。

低碳生活　照亮“小康新图景”

从水上到陆地，低碳的生活方式在湖州已成风尚。2017年，湖州成为全国首个明确新建住宅小区充电桩100%配套标准的城市。2018年，湖州城市、城乡所有公交车辆实现零排放，成为全国首个实现本级城市和农村公交100%电动化的地级市。从新能源汽车充电桩到电动公交充电场站建设，再到湖州境内高速公路电动汽车充电服务网络建设，湖州依托智慧车联网，努力推进“新基建”充电桩建设，打造充电服务生态圈，推动城乡绿色发展，为美好生活“充电”。截至目前，湖州累计建成27座公交充电站，年充电电量2000万千瓦时，年减少标准煤消耗约8080吨，减少二氧化碳排放约19940吨。

追求绿色时尚，拥抱美好生活。在湖州小西街，这里正在打造低碳节能文化商业街区，“全电厨房”“全电商铺”，促进智能科技元素与传统文化融合。在湖州鲁能公馆小区，智慧未来社区的雏形在这里得以实现，物业、安防、用能、家居、汽车充电融入以电为中心的新型能源体系，引领未来智慧绿色生活。在湖州吴兴区潞村，从世界丝绸之源——钱山漾遗址出发，探索潞村用电设施的智能互联和家庭智慧用能，推动古村落焕发新活力。

“两山”再出发，一张“绿图”绘到底。今日的湖州，“绿水青山就是金山银山”理念的生动实践徜徉在如画山水间、奔腾在绿色产业里、流动在百姓笑脸上，全面小康以绿色的方式照进现实，共同富裕的愿景正徐徐展开，省心电、省钱电、绿色电成为梦想实现的“助推器”。

绿水青山的变现之路

走进丽水，绿水青山盈目。作为浙江“生态大花园”、华东生态屏障和国家生态示范区，丽水的森林覆盖率为80.79%，居全国第二。对这片占浙江陆域面积1/6的绿水青山，时任浙江省委书记习近平尤为关切。主政浙江期间，他八到丽水，称赞这里“秀山丽水，天生丽质”。习近平谆谆嘱托：“绿水青山就是金山银山，对丽水来说尤为如此。”[①]这个嘱托让丽水的发展有了方向，也开启了丽水绿色生态发展的新篇章。

作为千年古城，丽水不乏历史悠久的古村落。如今还完整保留着中国传统村落257个，占浙江省总数的40.4%；省级传统村落198个，占全省的31.2%。其中松阳县被称为留存完整的“古典中国”县域样板、“最后的江南秘境”。

这些各具特色的传统小镇、村落被改造成了兼具旅游度假、休闲娱

① 石羚：《靠山吃山，做足绿色大文章》，《人民日报》2018年8月20日。

乐的全域旅游新景点，成了村民的“聚宝盆”。

云和县长汀村就是其中的佼佼者。

“我们村有928人，但2006年那会儿，常住的人口不到一半，还基本上是老人和小孩，年轻人都出去打工了，也只有过春节才会回来。”长汀村村委书记蓝克明介绍，“那时候我们守着绿水青山却过着穷苦日子。”

2015年，长汀村被云和县政府划入“十里云河”美丽乡村风景线，村里开通了公路。蓝克明不甘心看到村民守着好资源过清贫的日子，与返乡过春节的王秀华计划着将村里的山水资源“变现”。

2016年，长汀村开始建设以“云里看海，山里玩沙”为创意卖点的淡水沙滩项目。仅用3个月就建成了长约1千米的淡水沙滩。“五一”期间正式对外开放，游客络绎不绝，3天时间收入就达到了18万元，这一举措将这个封闭的小山村塑造成了“丽水小三亚”网红村。

为了让整个村容村貌有一个大的改观，国网浙江电力先后投入200多万元，完成长汀村新农村电气化建设和多轮电网改造升级，新增变压器容量600千伏安，更换表箱200余个，实现了全村电线杆下地，为长汀村旅游发展送上了稳定、优质的电能。

有了充足的电力供应，长汀村不再为用电发愁。在振兴乡村经济上，可以放手一搏。沙雕节、瓯江渔家风情展示、水上音乐喷泉表演等各项活动在长汀村相继开展，将村子的人气推向了高峰。

随着丽水“养生福地长寿之乡”旅游品牌的打响，到丽水旅游、度假、暂居的人越来越多。丽水农家乐、民宿的影响力也越来越大。

2019年4月，“丽水山居”民宿区域公用品牌集体商标注册成功，该品牌成为全国首个地级市注册成功的民宿区域公用品牌。

以生态为卖点的“丽水山居”，主打“全电民宿”。在民宿改造过程中，当地供电公司科学规划电力配套方案，从高压线路、配电房等主要电气装置设计标准安装施工，到电缆管道起止走向、进户开关箱设置，都精心设计，使其宜景宜情。

家乡有了工作岗位，在外打工的年轻人也纷纷回到了村里。他们开餐馆，办民宿，卖农产品，把家乡建设得红红火火。

除了“丽水山居”，丽水还拥有“丽水山耕”“丽水香茶”等区域公用品牌。

在实际的运用中，无论是生产环节的温控、湿控与照明，还是加工环节的冷链物流、电除菌、电脱水等技术都需要稳定可靠的电力作保障。

为此，当地供电公司根据不同特征区块配电网的目标网架，制订差异化升级改造方案，打造符合丽水特色的山区生态型坚强智能配电网。

国网浙江电力所做的工作远不止此。

为了更好地服务地方主导产业，供电公司主动与企业联合研发相关技术，并在青瓷、铅笔、茶叶、菌菇等特色产业领域取得了显著效果。

龙泉青瓷是“丽水三宝”之一，历史悠久。据史料记载，在宋元时代，就已经是“瓯江两岸，瓷窑林立，烟火相望，江中运瓷船只往来如织”。

一件青瓷器的生产制造非常不简单。在经过粉碎、研磨、淘洗、炼制等一道道工序后，坯、釉原料才算完成加工。接着开始拉坯，制成具有一定形状和尺寸的坯件，再经过晾坯、修坯……前期就需要投入大量的时间和精力。

烧窑更是关键一环，柴窑的成品率非常低。20世纪初，龙泉大大小小的青瓷作坊、企业普遍改用了煤窑、气窑批量烧制。但不论是煤窑还是气窑，依然存在能耗高、产能落后、成品率较低等问题。

金宏瓷业有限公司副总经理叶建仁为此整天愁眉不展。他的企业主要生产中高档酒类容器、日用陶瓷和装饰艺术瓷器等产品。因原有烧制工艺存在浪费热能、增加燃料成本等弊端，负担日趋沉重。

2013年，当地供电公司协助金宏瓷业实施电窑炉替代燃气窑炉的电能替代项目。

“电窑炉采用计算机智能控温，温度分布均匀，比传统烧制更加安全稳定，成品率更高，成本也更低。”叶建仁表示，金宏瓷业如今已顺利完成两代电窑炉改造，目前正在与国网龙泉市供电公司联合研发第三代升级版全过程烧制的电窑炉。

与叶建仁有同样感受的还有浙江联兴文教用品有限公司的负责人周晓龙。

联兴笔业是庆元规模最大的一家铅笔芯生产企业，它一个月生产的笔芯首尾相连可绕地球一圈。

2018年5月，正在为环评烦恼的周晓龙在当地报纸上看到了电能替代提高庆元香菇烘干效能的报道后，主动联系当地供电公司员工吴继亮（热泵式食用菌烘干机发明人），希望能将热泵烘干技术应用到铅笔烘干流程中。

经过改造，联兴笔业建起了铅笔烘房，成为庆元第一批应用热泵烘干技术的铅笔笔芯制造企业。

“有了这几台烘干机器，厂里每天烘干的笔芯从原来的1.4吨扩展到现在的18吨，我们不仅给国内铅笔厂家供货，产品还远销到了国外。”周晓龙笑着说，“最重要的是没有污染，环评检查组再也不找我‘麻烦’了。”

在丽水，“电能替代”日益深入人心，电炒茶、电烘干、电窑炉等技术在推动产业能源升级的同时，也在推动着社会各界共同构建更安全、更高效、更清洁、更低碳的能源消费体系。

将绿水青山“变现”的，还有丽水的小水电。据水利部门测算，全市常规水电可开发装机容量达327.8万千瓦，约占浙江省可开发装机容量的40%，境内已建成水电站814座，总装机274.2万千瓦，享有“华东水电基地”“中国小水电之乡”称号。

大大小小的水电站将大山里的流水变成为群众生活带来便捷的清洁电能，也在绿水青山中留住了人。

“我们均垟水电站是在2007年建成发电的，装机容量2400千瓦，2019年全年发电700万千瓦时。”夏木林是电站负责人，同时也是景宁畲族自治县大均乡泉坑村村民。据他介绍，电站的员工中，有一半以上是泉坑本村人，自电站运行以来就一直在这里工作，成为像城里人一样的“上班族”。

不仅水能“变现”，山资源更为丰富的丽水，在发展风电项目、光伏项目和抽水蓄能项目上更是具有得天独厚的优势。

截至2020年底，丽水累计投产新能源98万千瓦。丽水境内并网电站共有881座，分布式光伏电站12956座，总装机33.77万千瓦，占全省可再生能源的20%。

面对发展迅猛的新能源，当地供电公司以建设多元融合高弹性生态电网为目标，在加快推进电网建设的同时，充分调动和协调“源—网—荷—储”四端资源，探索建立“源”“网”“荷”弹性资源池。开发“源—荷”互动平台，推动政府出台《基于弹性策略的有序用电方案》。优化调整小水电上网峰谷时段，从而增加新能源装机消纳能力，有效拓宽了新能源送出通道，为未来发展提供了充足的电力保障。

开展线路架设工作，为光伏电站打开送出通道

新能源的大力发展，还让曾经的困难村村民过上了滋润的生活。

缙云县笕川村自2015年开始实施“光伏助困”工程，63户年收入4600元以下的困难家庭年底都能领到“额外的收入”。

景宁县的东源村风景秀丽，但也是一个集体经济薄弱村。“我们村日照足，最适合搞太阳能发电，一口气装了78千瓦，村集体年收益预计超10万元。”东源村党支部书记任慧明算起账来头头是道。

绿水含金，青山有价。

在我国提出“力争2030年实现碳达峰，2060年前实现碳中和”目标后，丽水坚持绿色发展的决心更为坚定，绿水青山所蕴含的生态产品价值正源源不断地转化为造福百姓、富民强市的金山银山。

丽水多年来的绿色发展工作也获得了习近平总书记的充分肯定。2018年4月26日，习近平总书记在深入推动长江经济带发展座谈会上发表重要讲话时指出，浙江丽水市多年来坚持走绿色发展道路，坚定不移保护绿水青山这个“金饭碗”，努力把绿水青山蕴含的生态产品价值转化为金山银山，生态环境质量、发展进程指数、农民收入增幅多年位居全省第一，实现了生态文明建设、脱贫攻坚、乡村振兴协同推进。

未来丽水，“绿水青山就是金山银山”的故事将会继续精彩演绎。

碳达峰、碳中和的“杭州路径”

2020年12月12日，国家主席习近平在联合国气候雄心峰会上宣布，中国将提高国家自主贡献力度，采取更加有力的政策和措施，力争2030年前二氧化碳排放达到峰值，努力争取2060年前实现碳中和。“30·60”目标的庄严承诺，为我国加快绿色低碳发展明确了时间表，也为国网浙江电力推进碳达峰、碳中和提供了根本遵循。

2019年9月26日5时，在第九届联合国全球契约领导人峰会周“可持续发展先锋论坛”上，国网杭州供电公司员工徐川子分享了一张新颖的互联网节能产品——电子“碳单”，得到众多参会者的点赞。

依托于自主开发的“智慧绿色民宿”系统，这款产品将接入杭州近500家星级民宿用电数据，经过运算后，推出能耗排名榜单，并向每个客房推出电子“碳单”，倡导全社会绿色用能。“碳单”推出近半年来，为接入民宿降低平均能耗近7.3%。

“这样的举措非常具有启发性，国家电网公司是一家卓越的企业，希望将更多的中国可持续发展方案、议程带向全世界。”联合国全球契

徐川子获评“2019联合国全球契约中国网络可持续发展先锋人物”

约组织总干事 Lise Kingo 表示。

能源生产清洁化，“绿电”消纳占一半

2020年2月8日，全球规模最大、技术最先进的电力基建工程之一——白鹤滩—浙江±800千伏特高压直流工程勘察工作结束，为年后“四通一平”开工工作做好了准备。

在浙江杭州，灵州的光沿着特高压网架点亮西湖的灯，天荒坪的水流经亚洲最大抽水蓄能电站照亮钱江两岸，浙江电网的清洁能源消纳正快步提速，从源头上减少碳排放。

对于受端城市杭州而言，这项工程不仅将填补未来10年杭州电力供需缺口，更将直接带来接近全市负荷40%的绿电比例，实现能源清洁化

率超过50%。换句话说，届时杭州市民每用10千瓦时电，就有一半以上来自清洁的光能、水能或风能。

市场化的“绿电交易”就像一双看不见的手，将清洁能源发电企业和用电客户连在一起。“我们将把杭州2022年亚运会所有场馆的用电需求打包，通过电力交易中心，匹配到合适的清洁能源发电企业，开展一体化‘绿电交易’。”国网杭州供电公司营销部负责人张伟峰介绍道。

此举意味着，杭州亚运会全部58家场馆都将用上绿色电能，开创亚运史上用电“零碳排放”历史。这样的尝试探索，助推杭州亚运会电力供应和保障可持续性管理体系通过第三方认证，国家电网公司成为首家获可持续性发展管理体系认证的央企。

能源消费电气化，每年将新建充电桩9万个

西溪湿地，春有微波如皱，夏有一池芙蓉，秋有芦雪纷飞，冬有曲水寻梅。然而，这片湿地，却曾因过度开发导致环境恶化，一度与美绝缘。

为了让西溪湿地这个“城市之肺”更加清洁，6台全新配变在西溪湿地先后投运，新增容量达4560千伏安，全电化景区正在如火如荼地建设中。与之相应的，湿地燃气游览车全部退出历史舞台，取而代之的是37辆电瓶游览车和101艘电瓶船。

“你看，这些船和老底子的客船一模一样，但开起来就不同啦，声响小、没尾气；浪儿小、不颠簸。”在湿地土生土长的景区车船总监沈炜彬指向充电码头边七八艘油绿的木船说道。绿色电能帮他更新了儿时“黑烟伴着日头在芦苇荡升起，鹭鸟不再纷飞”的记忆。

电动游船也穿行在西湖、大运河，全电景区擦亮了富阳黄公望、萧

山湘湖等旅游名胜，全电制茶成为杭州龙井新招牌……“绿水青山就是金山银山”的电力实践，让杭州望得见山、看得见水、记得住乡愁。

能源消费方式的绿色嬗变，让人们的生产生活“含电率”一路看涨。

在古寺、竹海、溪流、峡谷如画的杭州余杭径山景区，2月6日，民宿老板俞昌美驾着新能源汽车，驶入山脚下的小古城村村委充电站，打算充满电后便进城采买年货。“村口就有充电站，村里的新能源汽车越来越多。”

能源消费电气化为百姓生活带来的福祉，映射在杭州大街小巷随处可见的一块块“绿牌牌”里。如今，杭州共有汽车充电设施6.1万户，较“十三五”初增长近百倍；充换电服务业月度充电量达3600万千瓦时，“十三五”期间增速远高于全社会用电量增长。

在杭州，绿色出行蔚然成风，全球首家充电站微综合体、首座电气油综合供能站先后建成，404座新能源电动汽车充电站坐落于杭城各个角落。绿色出行新时尚将进一步走进杭州乡镇，建起县、乡、村三级全覆盖充换电网络，半径10千米的“充电服务圈”将在美丽乡村星罗棋布。

未来5年，杭州新能源车保有量预计将达到50万—60万辆，每年将新建新能源汽车充电桩9万个。

能源利用高效化，杭州度电产值突破20元

2021年2月7日，从国网杭州供电公司获悉，2020年杭州度电产值达到21.27元/千瓦时，超过加拿大与韩国。

度电产值，是指一度电所贡献的GDP数额，能够客观反映经济活动

对电能的利用程度，反映经济结构和能源利用效率的变化。2018年，杭州一度电贡献的GDP不到18元，而如今“三级连跳”达到21.27元，折射了杭州市产业结构持续优化、企业能效管理水平持续跃升。

让每一个“碳元子”被最高效利用，是碳达峰、碳中和目标的必经之路。

多元融合高弹性电网建设给出了最佳落地路径。通过海量资源被唤醒、源网荷储全交互、安全效率双提升，杭州能源资源广域优化配置能力和社会综合能效大幅提高。

2021年2月5日，110千伏江虹变10千伏储能电站在杭州市滨江区投运，这是目前浙江容量最大的电网侧磷酸铁锂电池储能电站，标志着杭州在多元融合高弹性电网建设上迈出了新的一步。“储能站低谷充电储能，高峰放电填补缺口，辅助电网削峰填谷，提高电力保障水平。同时还能充当应急电源的角色，在电网故障实现毫秒级替补供能。”国网杭州供电公司运检部副主任钱少峰介绍道。

更多的数据赋能创新探索，正在为碳达峰、碳中和积蓄绿色力量。

开建水冷式绿色数据中心，以低碳绿色IDC综合能源供应解决高耗能问题，年节约用电20万千瓦时；筹备杭州绿色能源产业研究基金，深入研究节能减排和城市综合能效提升相关举措方案；依托自主开发的“低碳入住计划”系统，向酒店每个客房推出绿色电子“碳单”……

如今，国家经济转型路径已基本清晰——2020年以后，中国将走出一条更为“陡峭”的碳排放曲线。而一场能源低碳转型在杭州“水清、山绿、天蓝、人和”美丽画卷中徐徐展开，推动杭州率先在碳达峰、碳中和中展现“头雁”风采。

风卷潮涌　赋能海上花园城市建设

2021年1月25日，国家主席习近平在世界经济论坛上指出，中国将继续促进可持续发展。中国将加强生态文明建设，加快调整优化产业结构、能源结构，倡导绿色低碳的生产生活方式。在2020能源转型国际论坛上，国家电网公司提出，为有效应对严峻挑战，国际社会需要牢固树立能源转型、绿色发展的理念，助力生态文明建设和可持续发展。

中国是海洋大国，拥有漫长的海岸线，其广袤的管辖海域蕴藏着丰富的海洋清洁能源。2020年，全国海上风电新增装机306万千瓦，比上年增长54.5%，LHD海洋潮流能发电站实现连续并网发电46个月，向国家电网输送电量超200万千瓦时。可再生能源的开发利用，在民生保障方面发挥了积极作用。

而坐落于东海之滨的舟山群岛，有着2000多千米的大陆海岸线，分布海域面积超过2万平方千米。在这里，海上风电、滩涂光伏、潮流能等新能源正逐渐成为重要电源。

如今，在碳达峰、碳中和的目标指引下，绿色、低碳已成为中国能源的发展方向。国网浙江电力顺应绿色发展趋势，通过推进多元融合高弹性电网建设，加快清洁能源开发利用、并网储能建设，铺就一条清洁低碳、安全高效的绿色能源发展之路。

阳光存折　释放绿色红利

“加快形成绿色生产方式和生活方式，着力解决突出环境问题，使我们的国家天更蓝、山更绿、水更清、环境更优美，让绿水青山就是金山银山的理念在祖国大地上更加充分地展示出来。”[①]习近平总书记在十三届全国人大一次会议上再一次强调要推进生态文明建设。

近年来，中国正在寻求更具可持续性、包容性和韧性的途径，助力实现碳达峰、碳中和目标。建立清洁、低碳、高效、安全的现代化能源生产和消费体系至关重要。

为破解新能源发展困局，国网浙江电力全方位、多角度提升新能源应用水平。全球太阳能光伏发电能力正在以平均每年12%的速度增长。中国对世界承诺的碳中和目标，为光伏发电的发展注入了强劲动力。

舟山群岛太阳能资源丰富，太阳能年利用时间达1300多小时，是浙江日照条件最好的地区之一。光伏发电在舟山大有可为，这里分布着众多的船舶修造、水产加工等企业，房屋多为平顶，非常适合安装光伏发电设备。

在舟山金塘的浙江华业塑料机械光伏基地，6万平方米的土地上有20944块光伏板正不断释放出电能。据了解，该光伏基地每年可发电603万千瓦时，可以向电网提供清洁电能83.58万千瓦时，与燃煤电厂相

① 刘毅、寇江泽等：《书写绿水青山新画卷》，《人民日报》2018年5月10日。

比，以供电标准煤耗315克/千瓦时计算，每年可节约标准煤300吨。其中，减少二氧化硫排放量约25.07吨、氮氧化物12.54吨，还可减少一氧化碳、二氧化碳、灰渣等排放量，节能和环保效果显著。

除了传统的光伏发电，舟山还利用“农光互补”、大棚光伏、“渔光互补”等不同形式为乡村“造血”，让小岛和村庄重新焕发生机。

在嵊泗县大洋山“渔光互补”生态高效养殖暨屋顶分布式光伏示范建设项目现场，呈现着一片热火朝天的景象。这是当前全国单体最大工厂化“渔光互补”的分布式光伏电站，其示范意义不言而喻。国网浙江电力提前介入、主动服务，从电站规划、接入方案设计、电站设备的安装调试等多方面给予技术支持，提供一站式零距离服务。

不负绿水青山，发展道路更宽。2020年6月底，“渔光互补”部分光伏项目成功并网发电。在不久的将来，这里将形成上可发电、下可养殖的新型养殖发电模式，实现渔业养殖和光伏发电互融互补，每年平均发电量可达582.5万千瓦时，碳排放可减少5075吨。

用心当好“电力先行官”，用情搭建“连心桥”，全力推进渔业养殖现代化发展、休闲渔业旅游等产业融合发展，为实现碳达峰、碳中和目标担当作为，更青的山、更绿的水、更蓝的天已然说明一切。

潮起潮落　奏响能源之歌

2019年10月15日，习近平总书记在致2019中国海洋经济博览会的贺信中指出，海洋对人类社会生存和发展具有重要意义，海洋孕育了生命、联通了世界、促进了发展。海洋是高质量发展战略要地。要加快海洋科技创新步伐，提高海洋资源开发能力，培育壮大海洋战略性新兴产业。

舟山这座依海而建、向海而生、因海而兴的海滨城市，一如既往怀抱海洋这个巨大优势，发挥潮流能的无限潜力。海洋潮流能是一种储量大、可再生的清洁能源，它的能量密度大约是风能的800倍，是21世纪最具发展潜力的绿色能源之一。相比水力发电，潮流能发电既不受洪水的威胁，又不受枯水季节的影响，非常可靠稳定。舟山海域潮流能资源丰富，开发环境和条件适合，具有良好的开发价值。

在岱山县秀山岛南部海域的水道之上，横卧着一把特殊的“小提琴”——海洋潮流能发电站。据了解，整个总成平台高28米、重2500吨，立起来相当于一栋9层楼高的房子，但它的大部分都隐藏在水下。截至2021年3月，这个平台已经全天候并网发电46个月，共发电236万千瓦时，共减少二氧化碳排放2058吨。

正因为看中舟山潮流能发电的巨大前景，2020年6月，国家“十三五”规划中唯一具备公共测试和示范功能的公益性开放型潮流能试验场——舟山潮流能示范工程正式投入运行。它不仅为全国发电企业、科研院所提供了科研平台，还为我国发展规模化潮流能发电提供了数据支撑和技术支持。

“海洋潮流能是我国的全新能种。该项目主要有两个世界级技术难题要克服，第一个我们已经做到了，即能够持续并网发电，这是海洋潮流能发电技术的一个突破。第二个，是我们要提升发电能力，降低发电成本。”潮流能发电先驱林东介绍，“海洋潮流能作为岱山的‘土特产’，取之不尽，对可持续发展、绿色发展、创新发展都具有典型意义。”

如今，舟山电厂1号、2号常规燃煤机组已于2020年底退役，这也意味着利用传统化石能源发电的方式正在逐步发生转变。未来，建设大规模的潮流能发电系统将成为必然趋势，国网浙江电力将继续做好对电网潮流的优化控制，利用潮流能发电弥补用电高峰期的电力缺额并为周边的区域供电，实现电网效益最大化。

同时，丰富的风能资源也赋予了舟山海上风电的发展潜力，使这里成为当之无愧的风电王国。截至2020年底，舟山拥有普陀风电场、岱山风电场2座海上风电场以及长白风电场、岑港风电场、金塘风电场、衢山岛风电场和东绿华风电场5座地调集中式风电场。2020年，风力发电量为3.45亿千瓦时，相当于节约了12万吨标准煤，减少二氧化碳排放30万吨，创造了极大的生态环境效益。

海风徐徐送电来，国网浙江电力为全额消纳清洁新能源提供了坚强的智能电网，向碳达峰、碳中和目标不断迈进。

柔直电网　打造中国技术名片

2020年11月，国家主席习近平在二十国集团领导人利雅得峰会“守护地球”主题边会上提出，要深入推进清洁能源转型。根据“十四五”规划和2035年远景目标建议，中国将推动能源清洁低碳安全高效利用，加快新能源、绿色环保等产业发展，促进经济社会发展全面绿色转型。

舟山群岛的新能源种类丰富，风能利用初具规模且增势迅猛，潮流能首站并网并持续扩容，光伏装机持续增长，传统小火电机组加快淘汰，新能源正逐渐成为舟山地区的主力电源。

然而，这些新能源就像草原上的野马，虽潜力无限，但性情不定，难以驯服。如何驯服新能源这匹野马，让绿色能源大显身手，舟山五端柔直工程给出了答案。

2014年7月4日，当时世界上电压等级最高、端数最多、单端容量最大的多端柔性直流输电工程——浙江舟山±200千伏五端柔性直流输

舟山多端柔性直流输电示范工程泗礁换流站

电科技示范工程正式投运。该工程推动了能源技术革命，带动了产业升级，证明了我国在世界柔性直流输电技术领域走在前列，也为我国首个以海洋经济为主题的国家级新区——舟山群岛新区的快速发展提供了坚强的电能保障。

柔性直流输电技术是新一代高压直流输电技术，在提高电力系统稳定性、增加系统动态无功储备、改善电能质量等方面都具有较强的技术优势，适合服务于新能源的大规模开发利用。舟山五端柔直工程在舟山岛际间架起了一个直流互联电网，它能将风电、光伏、潮汐等绿色能源全额接收，确保用能安全低碳，为支撑浙江实现碳达峰发挥积极作用。

在碳达峰、碳中和的全新图景之下，安全高效的清洁能源正在逐渐成为国家电网能源的重要组成部分。国网浙江电力不断挖掘新能源潜力，充分发挥直流灵活可控的优势，推动新能源的高效接入和“源网荷储”的互动调控，持续做好因地制宜的多样性新能源并网服务和消纳，为加快能源结构转型、打造海洋模式“绿水青山”、创建社会主义现代化海上花园城市添彩助力！

“世界第一大港”的绿电密码

宁波，因港而兴。2003年5月16日，时任浙江省委书记习近平在加快海洋经济发展座谈会上提出，港口是一个地区经济社会发展的重要战略资源。国网浙江电力遵循习近平总书记的指引，以宁波为试点，在宁波“泛梅山”实施多元融合高弹性电网建设，加快推进电能替代，建设宁波舟山港港口岸电等示范工程，助力浙江实现能源转型。

宁波舟山港面朝繁忙的太平洋主航道，背靠中国大陆最具活力的长三角经济圈，坐拥“服务世界”的全球视角，260条集装箱航线连接着190多个国家和地区的600多个港口，勾画着港通天下的航运贸易网。2020年，宁波舟山港完成货物吞吐量11.72亿吨，连续12年居全球港口首位；完成集装箱吞吐量2872.2万标箱，蝉联全球第三。

万吨巨轮停靠港口，从“烧油”变“吃电”

“加强合作”“绿色发展”“调整组织形式”，习近平总书记的指示切中要害，对全国港口的发展有很强的针对性，推动我国港口行业走上集约发展之路。[①]

早在2010年，国网浙江电力就与宁波舟山港集团一起，对港口龙门吊、进出船舶采取“以电代油”的策略，大力推进低压船舶岸电建设，用岸上的电力来提供船舶靠岸期间的能源。

2015年，是国网浙江电力在宁波实施港口高压岸电取得突破性进展的一年。这一年年底，由国家电网公司投资建设的首套高压变频岸电项目——浙江宁波港口船舶岸电电能替代示范项目顺利投运。该项目在宁波舟山港集团远东国际集装箱码头和中宅散货码头各建设1套高压变频船舶岸电电源系统，容量分别为3兆瓦和2兆瓦。

2016年4月27日，宁波舟山港穿山港区首次迎来1万标准箱集装箱船舶接驳岸电。长约350米的白色中远非洲轮缓缓地停靠在9号泊位，在呼呼的海风中，码头前沿的岸电接电箱旁有10多人正翘首以盼。

这次岸电接驳，标志着宁波舟山港的岸电由“低压”向“高压”晋级。为了做好这次岸电接驳，国网浙江电力联合宁波舟山港集团编制了详细的远东码头3兆瓦岸电对接流程步骤说明，丝毫不敢掉以轻心。来自国网宁波供电公司的胡学忠，是船舶接用岸电工作的总指挥，在他身旁，还有与他一样神情略有些紧张的来自宁波舟山港集团、宁波远东码头经营有限公司、中远海运集装箱运输有限公司的10多名技术人员。

由于是第一次迎来1万标准箱集装箱船舶接驳岸电，在整个岸电连接并网过程中，船方和岸方都非常小心谨慎，双方在岸电上船前后共进行了7次安全回路测试。变频电源带电输出后，岸方人员记录分析电

①《书写新世纪海上丝绸之路新篇章——习近平总书记关心港口发展纪实》，新华社2017年7月5日。

压、频率、波形等参数，船方还分别进行了自动并网和手动并网。

船员配合电力员工进行岸电箱电压检测

中远非洲轮这次接驳岸电用时约5小时，用电量约4100千瓦时，相当于节省标准煤504千克，减少二氧化碳排放2747千克。

这套高压变频船舶岸电电源系统运用了一系列“高精尖”技术，是国内首次将电能质量智能调节装置用于港口船舶岸电系统，确保了船舶安全、稳定接用岸电；运用智能变频变压技术，实现6千伏/50赫兹或6.6千伏/60赫兹双频双压输出，满足不同电制靠港船舶的用电需求；还实现了不间断供电，在船载发电机不停机的状态下实现船舶带负荷并网，达到船电与岸电的无缝切换。胡学忠自豪地说：“我们要让港城碧海蓝天的梦想照进现实。”

如今，经过多方优化的岸电接驳操作流程从74条优化为28条，把岸电接驳操作时间由最初的2.5个小时缩短至40分钟，提高了船舶岸电接驳的成功率和效率。

2019年3月14日，载有7000个标准箱的“长峰”集装箱轮上，两条6.6千伏电缆成功接入码头前沿的高压岸电箱，宁波舟山港集团北仑第二集装箱码头分公司1号、2号泊位高压岸电系统顺利投用。至此，国网宁波供电公司与宁波舟山港集团合作，共同建成了全国首家高低压岸电全覆盖集装箱码头。2017年1月，宁波舟山港集团远东国际集装箱码头接驳中远集团太仓轮，连续接电时间17小时，用电量累计近2万千瓦时，截至目前仍然保持了国内岸电单船接电时长、接电量的最高纪录。

港口岸基供电，这事关乎你我的呼吸

2003年5月16日，时任浙江省委书记习近平在加快海洋经济发展座谈会上的讲话中指出，治理修复海洋环境是一项造福子孙后代的大事。一路走来，以电为媒，宁波舟山港一步步向绿色低碳港口迈进。2019年11月21日，宁波舟山港梅山港区首套高压岸电系统首次送电成功。

面对港口的重油污染，宁波舟山港集团工程技术部副部长王金波感到任重道远。据他介绍，根据国际环保组织自然资源保护协会调查提供的数据，一艘使用3.5%含硫量燃料油的中大型集装箱船，以70%最大功率负荷行驶，一天排放PM2.5的总量相当于50万辆使用国四油品货车的排放量。

因船舶航行和停靠作业产生的废气，已经成为我国沿海港口城市大气的主要污染源。目前，欧美各国沿海港口城市推广应用岸电作业，这已成为全球航运业的一个大趋势。有数据表明，宁波舟山港宁波港域年接电船舶超过3500艘次，约占靠泊艘次的10%，用电量60万千瓦时，替代燃油150吨。

2014年开始，国网宁波供电公司与宁波舟山港集团合作开展高压变频等智能岸电关键技术研究和建设，强化科技创新，提高岸电运行效率和可靠性；研究多模块并联技术，解决船上大容量变压器平稳并网的重大技术难题。

截至2020年底，国网浙江电力累计投资1.13亿元，在宁波舟山港建成高压岸电系统9套，在建2套，共计容量45.4兆伏安，覆盖港区20个泊位，集装箱泊位覆盖率达70%。高压岸电设施现已累计接电13艘次，接电船舶主要为大型远洋运输船，用电量超6万千瓦时。据测算，在靠港船舶全面推广使用岸电后，平均每个码头每年可节省燃油530吨，年减排二氧化碳1420吨、硫氧化物22吨。

走在远洋货轮停靠的码头，地面整洁干净，空气清新怡人。“使用岸电后，船上的设备全部使用岸基电源，减少了燃油发电机造成的各种空气污染，比如硫氧化物、氮氧化物、空气颗粒等。没有了发电机的噪声，船员的生活也更加舒适安静了。”宁波北仑第三集装箱码头有限公司工程技术部设施主管李将渊说道。

“以前停靠在港口的船舶通过发电机供电，噪声很大，周围的空气污染严重，船员们待在船上的意愿不高。”中远海运集装箱运输有限公司的一位外国船长说，“现在使用上了港口岸电，噪音不见了，异味消失了，船员们可以在船上拥有更舒适的休息空间，这对于环境来说也作了极大的贡献。”

“各台设备均无缺陷，运行示数均在允许波动范围内。”2020年12月

20日，圣诞节前夕、外贸旺季之时，国网浙江电力完成了对宁波舟山港高压岸电设备的冬季巡检，确保船舶能够安全正常接用岸电。

2004年6月25日，时任浙江省委书记习近平在浙江省委常委会听取宁波工作汇报时强调，港口是宁波最大的资源。宁波的港口建设不仅直接影响宁波的现代化建设进程，而且事关全省发展的大局，是全省的战略重点。2020年，国网宁波供电公司率先出台浙江省首个高压港口岸电设施运维管理办法，实施岸电设备资产寿命周期管控，启动常态化巡视巡检等。这一系列举措不断引领高压岸电的发展和前行。

2020年7月30日，浙江省交通运输厅等六部门联合印发《关于进一步推进靠港船舶使用岸电工作的实施意见》。《实施意见》中设定了到2025年我省沿海规模以上港口集装箱、客滚、游轮等码头岸电设施全覆盖，岸电使用量在2019年基础上翻两番的目标；在降低岸电使用成本方面，岸电设施执行相应电压等级的大工业电价，在2025年底前免收基本电费，港口岸电运营企业暂停向使用岸电的船舶收取服务费。

不仅是岸电，以近零碳排放为目标的综合能源体系正在宁波舟山港高效建设中。在宁波舟山港梅山港区50多米高的红色吊桥下，由电能驱动的无人驾驶5G集卡车来回运送集装箱，港口“装卸设备远控＋智能集卡”的自动化、规模化作业让港口作业效率得到提升。

据国网（宁波）综合能源服务有限公司总经理王荣历介绍，为打造临港经济区，电网企业和地方政府在能源生产侧和消费侧合作，共同落地储能项目，促进当地清洁能源消纳；同时为重点用能企业提供能效提升服务，让这些企业能够更经济地用电、用更绿色的电。

“岸电从远方供，供的是清洁电。”作为国家电网公司响应国家“双碳”行动方案的重要举措，公司上下将进一步推动岸电的建设与使用。

至2025年，宁波舟山港宁波港域的北仑、穿山、梅山三大集装箱港区将基本实现高压智能岸电全覆盖。以电为中心的能源供应体系，为这座世界一流强港的蝶变装上了绿色的动力引擎。届时，年接电量预计可达845万千瓦时，减少二氧化碳排放量5661吨，加速助推“世界第一大港”实现碳达峰。

新时代的新船家

2020年8月20日，习近平总书记在扎实推进长三角一体化发展座谈会上提出，要夯实长三角地区绿色发展基础。湖州因水而兴、与水共融。自全国内河水运转型发展示范区落地生根以来，湖州积极融入长三角一体化绿色发展，画出一条由“运石子”向“运箱子”转变的生态优先、绿色发展“美丽曲线”。为加快推进内河港口水运节能减排，国网浙江电力率先在全国开展绿色交通港口岸电建设，“零排放、零油耗、零噪音、低成本”的绿色岸电在为船民带来品质生活的同时，也在全国领域树立了清洁电力助力行业绿色转型发展的样板。

20世纪八九十年代，港口和航运在推动经济社会发展的同时，也造成了环境的污染。据国际海事组织的相关研究表明，全球约15%的氮氧化物以及5%—8%的硫氧化物排放源自船舶。生活在有着2300多年历史的江南古城湖州，沈水根一家见证了这座城市内河生态环境的蜕变。

一

烟波浩渺的太湖，是湖州名字的源起；被评为世界文化遗产的京杭大运河，是联通南北经济的大动脉。作为土生土长的湖州人，沈佳明同这片水域有着不解的缘分和融入血脉的情怀。

“别玩手机了，快帮我把柴油桶拿过来。”

沈水根的叫喊声很快被淹没在柴油发动机的“突突突”声响里，45年的跑船生活让沈水根习惯了大声说话，嗓子也变得沙哑。

“给！”一股刺鼻的黑色浓烟瞬时腾起，沈佳明赶紧捂住鼻子，很不熟练地把柴油桶递给了父亲。透过黑烟，沈佳明分明看见那张挂着棕色汗珠的脸上又多了几道皱纹。

沈水根熟练地将绳子一甩，套在岸上的系船柱上，船停在了湖州城东水上服务区。

母亲王淑珍依旧漫不经心地在漂浮着柴油的河水里淘米。这便是沈水根一家的日常。

沈水根16岁就开始了跑船生活，在船运同行里认识了妻子王淑珍，两个儿子随船长大，大儿子大学毕业后去了城里的国企，小儿子沈佳明毕业后选择与父母在一起。一是因为母亲身体不好，二是因为这几年雇人成本不断增加，父亲需要帮手，所以沈佳明决定随父母留在船上。

“我小时候都是在船上长大的，也习惯了。但是一到天气不好的时候就觉得特别苦，夏天船上60摄氏度的高温烤得人心烦意乱。以前热了就下水游个泳，现在水也不干净，都不敢下水了。如果开空调，发动机声音很大，我妈最近心脏不好，怕影响她休息。”

一天，关于湖州首个内河岸电水上服务区投运的一则新闻让沈佳明心有所动。新闻里所说的“水上服务区”，就是他们一家经常靠岸休息的地方，在被誉为“中国小莱茵河”的长湖申线航道上。

他隐隐觉得，有一种更好的选择可能会改变自己的生活方式。因此，他很想告诉父亲，这两天他其实不是在玩手机，而是在关注正事。

“爸，你知道岸电吗?”

“不知道。”父亲把从小卖部里买来的冰啤酒一饮而尽。

“就是船停在岸边充电，以后就可以不加柴油了，用电来替代。”

“都是骗人的，别一天到晚玩手机，帮我多干点正经事。”

沈佳明失望地看着父亲转身的背影，回头又开始鼓动正在吃饭的母亲。“妈，我觉得这事不会是假的，新闻上都说了。”

“那你去打听打听。”

二

湖州市是全国首个，也是唯一一个内河水运转型发展示范区。为打造畅通、高效、平安、绿色的内河运输体系，湖州港航把岸电建设列入2017年示范区创建十大重点工程。2017年2月，湖州港航、电力等部门共同开启战略合作，合力推进内河航运节能减排，在城东水上服务区试点开启生态航道绿色之旅。

畅通、高效、平安、绿色的内河航运体系为沈水根一家带来宁静安逸的同时，也带来了便利。

方法很简单，只需从船上驾驶室拉电线到岸电桩上，刷一下IC卡，船上就通电了。之后只要下载手机App给IC卡充值，随充随用，不仅方便而且便宜。

湖州内河水运转型发展示范区

沈佳明迫不及待地拿着刚办好的IC卡去岸上充电，轻轻一刷，灯就亮了。

“老头子，有电了，快看呀！”

还在船尾清理柴油发动机的沈水根一个踉跄，差点掉进河里。“咦，哪来的电？”

“就我跟你说的新闻里报道过的。现在不只城东水上服务区有充电的地方，湖州已经在京杭大运河湖州段率先实现岸电全覆盖了！牛不牛？”

“原来是真的啊，贵不贵啊？”

“不贵，1.4元一度电，一天30多元。跟柴油机比便宜不少，而且随按随停。柴油的话，一天一夜就得要100多元。”沈水根冲儿子露出不可思议的微笑。

“行啊，小子。还有点用。”

切断电磁炉的电源，船舱里满是红烧肉的味道。王淑珍将空调调低了一点，随手拉开船舱的门大喊：“吃饭啦！”

“不用这么大声，听得见。”父子俩刚刚用布把发动机盖上。

一家人在船舱里吃着晚饭，乐得合不拢嘴。

三

倡导绿色低碳的生活方式，不仅造福了船民，也让这座城市更加和谐宜居。现在，越来越多的船民都选择绿色低碳的清洁能源。

走在河道边，沈水根夫妻俩不经意地发现两边的景观绿道多了起来，沿线的服务区、码头也都设了垃圾回收站，河道中间还冒出了小鱼吐的泡泡。

“好像回到了过去。”沈水根嘀咕着，“那时候虽然没有这么先进的装备，但最起码水是干净的，还可以捞鱼吃。”

“绿水青山就是金山银山”，守护一江碧水，是每一位湖州人代代相承的朴素责任。现在，王淑珍闲时在船上种种花，沈水根听着广播钓鱼，沈佳明则琢磨着换一艘更大的集装箱船。一家人的新时代船运生活将继续在这条世界上最长的古老运河上延续。

美好生活，需要美好环境。作为京杭大运河浙江航段重要枢纽的湖州，柴油发电机被一座座安静的岸电桩取代。这是个很好的起点，相信未来将会有更多河道恢复清澈。

从2017年开始，湖州积极推进港口绿色岸电工程，率先在京杭大运河湖州段实现岸电全覆盖。3年间，湖州航区共建设岸电设备355套，建设量全省领先，每年可减少燃油消耗120吨，减排二氧化碳378吨。2019年，湖州的岸电设施接入岸电云网服务平台试点成功，在全省率先实现“车船一体化”运营，实现电动汽车充电桩与内河港口岸电设备的一体化运营。湖州岸电桩将和电动汽车充电桩一样在全国范围互联互通，进一步为客户提供水陆交通领域电能消费便利。2020年，湖州市内河船舶使用岸电工程成功入选2020年长三角一体化创新成果展。目前，岸电从湖州启航，陆续在全国推广。

从“卖石板”到“卖风景”

台州市天台县后岸村，在2007年浙江全面实施“千村示范、万村整治”工程中实现自我救赎，最终华丽蝶变。守着一方好山好水，但在上百年的时间里，这里的村民祖祖辈辈却以生命为代价吃着“石板饭”。痛定思痛，后岸村关停石矿，建设“生态和合”幸福家园。村民从不懂生态为何物，到将生态视作“金山银山”，重新审视“天人合一”的思想。短短几年间，小村庄实现了从“卖石板”到“卖风景”的蝶变，走出了一条中国共产党领导下的“生态文明＋共同富裕”的乡村振兴之路。

从天台县街头镇出来，沿着一条夹在始丰溪流与山脚间的柏油路驱车前往后岸村，一路美景尽收眼底。周边有明岩古寺、九遮山、十里铁甲龙、寒岩夕照等许多风景名胜。在这绿水青山之间，靠“卖风景”发展起来的后岸村面貌日新月异，农家乐经营得如火如荼，现已发展成集漂流、登山、垂钓、观光、采摘、餐饮、住宿及商务接待于一体的旅游胜地。2021年可供住宿床位达到2000多个，年接待游客上百万人，其中

靠“卖风景”发展起来的后岸村，如今面貌日新月异

入住约30万人。

然而，在十几年前，这个风光秀美的村庄带着一片沉重的灰白。

时光回溯到20世纪80年代，当时的后岸村依托几百亩石矿资源，家家户户做石板生意、当采矿工，成了远近闻名的“富裕村”。改革开放后，周边地区对石板的需求量增加，按照传统的采石方式已无法满足来自各地的订单。于是，大量切割机械进入石矿，提高了开采的效率。

“早在1998年，村里的石矿开始进行机械化开采，我们为他们专门安装了一台变压器，还拉了专用线路。”一直服务于这一片区域的电力人徐永港回忆道。大规模的机械化开采，确实让这个村子迅速富裕了起来。随着采矿业的兴盛，销售量逐年攀升，为确保石矿的用电需求，2005年，后岸村的变压器进行了改造升级。

好景不长，后岸村的老一辈人靠着石矿富起来，但也因为石矿而遭受磨难——从1986年到2009年石矿关停的20多年间，有10位村民因安全生产事故死亡，有6人重度残疾，3人需要依靠氧气瓶来维持生命。更可怕的是，曾参与石矿开采的200多位村民普遍出现一种叫“矽肺病”的职业病，至2021年初已有40多人去世，最年轻的还不到40岁。当时流行着一种说法：听到家家户户扑哧扑哧的呼吸机声，就知道后岸村到了。

2005年8月15日，时任浙江省委书记习近平同志在安吉县余村考察时指出：“你们讲了，下决心停掉一些矿山，这个都是高明之举。绿水青山就是金山银山。我们过去讲既要绿水青山，又要金山银山，实际上绿水青山就是金山银山。”[①]余村有序推进厂区改造、道路和河道整治、污水处理、垃圾分类、农田复垦，村庄面貌焕然一新。经过多年努力，形成了河道漂流、户外拓展、休闲会务、登山垂钓、果蔬采摘、农事体验的休闲旅游产业链。这一鲜活案例，深深触动了后岸村村民。

2017年，在外经商的后岸村人陈文云应村民的请求，决心回到家乡担任村干部，带领大家找到一条出路。

“以命换钱，不值得！”陈文云是土生土长的后岸村人，他见证了这个村子因为石矿而富有的日子，也看到了因石矿开采给村民带来的灾难。因此，他上任后的第一个决定就是关石矿。

“后岸村祖祖辈辈靠卖石板吃饭，如今不采矿，靠什么生存？”石矿关掉了，以陈文云为首的村干部们思考着经济转型的方向。大家商量着也利用后岸村得天独厚的旅游资源优势兴办旅游业。

---

① 武卫政、顾春、王浩：《浙江15年持续推进“千村示范、万村整治”工程纪实》，《人民日报》2018年12月29日。

但是那时候，办农家乐、办民宿，存在着许多限制。

办民宿，房间里最起码要有电热水器、电视、空调等电器，而一家民宿有10多个房间，每个房间都要配备，对电的需求非常大。陈文云记得，有一年冬天，杭州、上海等城市来的客人住满了村里仅有的几家民宿。当天晚上，客人们从景区游玩回来，开空调，开电热水器洗澡，看电视……忽然，跳闸断电了。没有电是一件很难受的事。客人们离开房间，在大厅里点上蜡烛闲聊，直到重新有电。

“当时线路还没升级改造，大概是超负荷了。”徐永港说，过去全村只有两台小变压器，村子里电线私搭乱接的情况也比较多，民宿逐渐增多了，这些线路发生的故障也不少。

为了服务好后岸村的经济发展，当地供电公司根据该村民宿的发展情况，为他们进行了配变增容改造。有了稳定的供电，后岸村的旅游业发展得越来越红火。2012年初，陈文云清楚地记得，自己仅在一个正月里就赚了将近20万元。

实实在在的经济效益鼓舞了村民，在那之后，村里的民宿以大约每年10家的速度持续增长。到2021年，已经有80多户村民办起了农家乐，占全村总户数的1/4以上。与此同时，为了解决用电负荷增长的问题，村里的变压器也不断增容。眼下，整个后岸村的配变规模相当于过去一个小乡镇的配变总容量。

现在的后岸村已是国家AAAA级景区，村级集体经济年收入达到500万元。从“卖石板”到“卖风景”，环境变好了，老百姓的腰包也鼓起来了。

放在10年前，陈才有想都没想过自己会成为民宿老板，更没想过会拥有一间属于自己的酒吧。已是不惑之年的陈才有，终于开了一家自己心心念念的小酒吧——凡花小筑。房子是村里留下来的老屋，正门前就是流经村子的小溪，远处是青山美景。陈才有在门口种上了花草，这里仿佛就是陶渊明东篱下采菊时望见的南山。

2013年12月23日，习近平总书记在中央农村工作会议上指出："搞新农村建设，决不是要把这些乡情美景都弄没了，而是要让它们与现代生活融为一体。"同年，国网浙江电力依托美丽乡村建设大环境，按照"设备精良、指标精益、管理精细、服务精致、环境精美"的"五精"标准，在台州历时4年建成一条从后岸村到山头下村的精品台区带，区域内共10个台区、927户用户，沿线环境优美。

对于后岸村的村民来说，最明显的变化就是"以前屋檐边上的各种电线，现在都看不到了"。改造后，这些线路都埋到了地下，村子里的100多根电线杆也尽数拆除。放眼望去，村里已看不到电力线路。

"没有电网的改善，这一切无从谈起。"陈才有感慨道。

线路"手拉手"建设完成后，后岸村已经可以做到全天候不停电，即使线路出现故障，也能够保障正常供电。但接下来，徐永港和同事们又要忙上一阵子了——后岸村马上就要启动"小火车"和"全村亮化"等全电项目。他们要给后岸村增设更新型号的变压器和更坚强的供电线路。

如今，后岸村每家民宿仅房间和餐饮的年收入就有二三十万元。客流量上来以后，土特产的销售也为村民们带来了丰厚的收益。

"绿水青山就是金山银山，咱们村这条路啊，算是走对了！"

陈才有同街坊邻居们说着、算着彼此一年的收入，脸上都洋溢着喜悦的笑容。

土灶变电灶　乡村展新颜

习近平总书记在阐述生态与文明的关系时指出："生态兴则文明兴，生态衰则文明衰。"党的十八大以来，以习近平同志为核心的党中央高度重视生态文明建设，坚定决心贯彻绿色发展理念。今天的中华大地上，天越来越蓝，山越来越绿，水越来越清。国网浙江电力肩负服务乡村振兴战略重任，以农村电气化还美丽乡村绿水青山。拥有灶头画这一独特非物质文化遗产的海盐土灶便是国网浙江电力践行"绿水青山就是金山银山"理念的一个缩影。

远处，黄澄澄的稻田翻滚着金浪，承载着农户丰收的期盼；近处，繁茂的绿植与五彩鲜花间，掩映着一幢幢焕然一新的农家别墅。农户三三两两漫步在新建绿道上，用手机将美景收藏。在海盐县通元镇雪水港村，曾经的落后乡村早已"改头换面"，完成了美丽蝶变。对于村民许卫东来说，家里也悄悄掀起了一场"绿色厨房革命"。

"真是不错，操作简单，火力旺，关键这一堆的柴火终于可以'功成身退'了！"看着自家新安装的电灶头，许卫东高兴地说。就连曾经极力阻止安装的母亲周六宝在使用过后，也连声夸赞电灶头用起来方便简单。许卫东口中所说的“电灶头”，就是国网浙江电力在海盐新推出的“3.0版本”电灶。该电灶在不改变土灶原貌的基础上，在土灶底部安装电磁灶，将以柴加热的方式改为电磁加热，土灶摇身一变就变成了电灶。

“以前，我母亲只要看到能燃烧起来的，就往家里搬，院子里堆满了各种柴火，别提有多乱了！”望着如今干净整洁、充满绿意的农家小院，许卫东想起院子里曾经乱糟糟的景象。民以食为天，食以炊为先，土灶对于乡村老百姓来说，是最为熟悉的炊具。许卫东的母亲周六宝也始终保留着用灶头烧饭的习惯。田间的秸秆、晒干的树枝，都是烧火的好燃料。凡是能作为燃料的，周六宝都悄悄搬到了家里面。“脏乱差”是许卫东对家里的最真实评价。

自2019年以来，当地政府致力于将通元镇雪水港村打造成乡村振兴示范区，通过挖掘、整合该村的特色资源，形成集红色文化教育、生态观光、农耕文化体验、亲子田间休闲等功能于一体的农旅休闲集聚区，形成以“雪水春早·幸福之歌”为主题的江南特色美丽乡村。但是，在建设的过程中，大家发现土灶头做饭产生的空气污染、随处可见的堆成山的柴火可是拖了后腿。

“有家必有灶，有灶必有画”，灶头不仅仅是几百年来解决农家一日三餐的炊具，更蕴藏着村民对乡村生活的一种情愫。象征着人们对美好生活的追求的灶头画已经被列入第三批国家级非物质文化遗产名录。嘉兴灶画是以灶头为载体来完成的，民间艺人在约3平方米的灶壁上依灶绘图，适形造型，将多幅画面组合于一座灶头，表现的内容更加丰富多彩。灶画在嘉兴拥有广泛的群众基础，在20世纪80年代前，嘉兴共有

1112个村，每个村都有2—3名灶画艺人。如果拆除土灶头，改用煤气或天然气，就仿佛失去了乡村生活中浓墨重彩的一笔。

如何保留具有重要意义的灶头以及灶头画、满足人民对美好生活的需要，同时又要符合绿色发展理念，成了此次改造的难题。

为了解决难题，聚焦群众需要，国网浙江电力大胆探索和创新，着眼小处，精准识别和锁定百姓关心的热点、痛点和难点，通过技术革新，积极推动清洁能源入村入户，创新推广了土灶改电灶，又保留了传统的灶头画。这一创新让村民们拍手称快。据通元供电所所长陆燕峰介绍，周六宝家的电灶已是“3.0版本”，在之前两代产品已具备的火力调节、触控面板、保温、定时等功能基础上又进行了新的升级，加热方式从最初的电热管加热升级为热效率更高的电磁加热，更便利、更节能。

“一键式开关，上面的加减号就是调整火力大小的，太方便了，我

完成土灶改电灶的农家

这老太太都能用!”周六宝熟练地操作着新装的电灶。对于像周六宝这样勤劳节俭的老人，还有一点最为吸引人。她算了一笔“经济账”：烧一顿饭大约需要6斤柴，而使用电灶后，烧一顿饭大约只花费电费0.4元，节省下来的这6斤柴卖给生物质厂家可赚得1.2元，不仅完全补贴了电费花销，还能净赚0.8元。按每日烧2顿饭来计算，用电灶一年还可以赚584元。

据了解，海盐县通元镇的雪水港村目前已有500多户农户用上了电灶，实现了全村覆盖。清洁高效的电能替代，不仅让生活多了一份便利，空气也变得清新起来。据测算，雪水港全村使用电灶后，一年可减少柴火消耗约8.6吨，减排硫氧化物0.36吨，综合电气做饭节省的成本及出售秸秆、柴火的收入，每年可为全村村民增收28万余元。同时，形成了以地方政府、村委会、居民、生物质厂家为主要利益相关方的“绿色共同体”，共同推动“农村土灶柴改电”项目的推广实施，实现了“政府部门出资、村委会统一处置、生物质厂家上门回收、供电部门改造安装、老百姓直接使用”的五方受益良性循环。

现在在雪水港村，能体验到大都市没有的农家生活，欣赏到秀色可餐的自然风光，品到清香扑鼻的原生态绿茶。良好的生态环境，使得红色旅游越发火热。当地村民又结合旅游打起了自家房子的主意，打算将老房子改造成全电民宿，接待各地游客。

全电厨房全部使用电能，充足的电力保障成了关键。陆燕峰介绍，如果遇到故障停电，他们还有一大“法宝”可以确保厨房用电无忧，那就是“共享储电宝”。“共享储电宝”是供电公司研发的一款便捷式储能发电机。相较普通的汽油或柴油发电机，储能发电机具有无噪音、无污染、携带方便等优点。如果遇到故障停电，“共享储电宝”作为后备电源能够立刻投入使用，为不停电村的打造提供一大保障。据测算，使用柴油发电机的成本约为2元/千瓦时，使用同样容量的“共享储电宝”成本仅为0.7元/千瓦时。

习近平总书记曾指出：“乡村要振兴，因地制宜选择富民产业是关键。要抓住机遇、开阔眼界，适应市场需求，继续探索创新，在创造美好生活新征程上再领风骚。”[①]国网浙江电力牢牢把握因地制宜发展新农村方略，针对每个乡村发展问题“对症下药”，用心服务三农发展。

在“乡村振兴”战略的实施下，一幅“产业兴旺、生态宜居、乡风文明、治理有效、生活富裕”的美好画卷正在雪水港村徐徐展开。随着电灶头、“共享储电宝”等清洁能源入户，在全面推动农村再电气化的同时，雪水港村也在实践中将“绿水青山就是金山银山”化为了生动现实，打造了一个独具特色的绿色发展新样本。

---

①《习近平在福建考察时强调　在服务和融入新发展格局上展现更大作为　奋力谱写全面建设社会主义现代化国家福建篇章》，《人民日报》2021年3月26日。

共同富裕

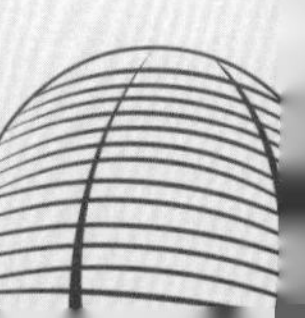

共同富裕是社会主义的本质要求，是人民群众的共同期盼。从东海小岛到浙南山区，千万村庄蜕变新生，从之江大地到雪域高原，东西部协作日益紧密。从用上电到用好电，国网浙江电力始终牢记“人民电业为人民”的企业宗旨，用电铺就乡村振兴之路的坚实基础。

从梦起下姜感受“乡村振兴·电力先行”

下姜村，地处杭州淳安县西南部山区，这里已成为6任浙江省委书记的基层联系点。习近平总书记曾多次到下姜村实地考察，推进下姜村跨越式发展，实实在在地当起了下姜村脱贫致富的引路人。

穿过下姜隧道，各色花卉铺就的环湖绿道与公路相伴，“下姜村，梦开始的地方”几个大字映入了眼帘，这就是浙江省淳安县下姜村。这座如今被人们当作“绿富美”典范的小村庄，吸引着无数慕名而来的游客。

走在几十年前的下姜村，总能听见这样一段民谣：“土墙房、半年粮，有女不嫁下姜郎。”脱贫，是下姜村村民生生世世的梦想、年年岁岁的祈盼。如今，新一轮农网改造升级推进了城乡电力服务均等化进程，电力对农村经济社会发展，已不再是单纯的支撑作用，而是肩负起推进农业供给侧结构性改革、转变农业发展方式的重任，被赋予了更高的责任和使命。下姜村，也成为国网浙江电力不断优化乡村电力服务、打造“乡村振兴·电力先行”的浙江样板。

“红船 · 光明驿站”到村口　为民服务到心头

一张蓝图绘到底，2021年2月19日，正月初八，浙江省委书记袁家军到下姜村调研，在实地了解供电服务“一次都不跑”、党员责任区网格化、乡村智慧能源服务平台、“惠农帮”扶贫等工作情况后，他动情地说：“国家电网干得不错！从国家电网干的这些工作可以看出，平凡的工作只要用心了，就可以让服务增值！”

村里的“红船 · 光明驿站”

“一年产值100万元，这在以前想都不敢想。”刚刚迈入新年，白马群聚家庭农场老板廖农建回顾2020年的经营状况说道。

廖农建的家庭农场位于淳安县枫树岭镇白马村。这几年，在“跳出下姜发展下姜”的辐射带动下，周边25个行政村和下姜村形成了一个“大下姜”乡村振兴联合体。廖农建在2019年乘上东风，扩大“白马地瓜干”的生产规模。到了添置电加工生产设备时，廖农建发现，村里的变压器容量不够了。

他马上想到了村口的电力“红船·光明驿站”，打电话联系后，两名红船共产党员服务队队员当天上门，测算了新的电加工设备用电容量。没过多久，村子里新增了一台容量为200千伏安的变压器，一下子就解决了家庭农场的用电问题。

“大家都没法想象，20年前的下姜是土墙房、半年粮，有女不嫁下姜郎的穷沟沟。”当了28年村支书的姜银祥满怀感慨，“总书记到下姜村时曾说广大农村党员要做生产发展的带头人，要做新风尚的示范人，要做和谐的引领人，要做群众的贴心人，让我们顿时有了主心骨。”

让党旗高高飘扬在乡村振兴的第一线，国网浙江电力聚焦为民服务解难题，坚持党建引领，围绕构建“党委坚强、支部管用、党员合格”党建生态，以“红船·光明驿站一次都不跑”作为主题教育长效机制载体，在杭州推出打造“坚强农网”、电气化赋能产业升级、畅通光伏接网绿色通道等“乡村振兴·电力先行”八大服务，形成“网上国网App线上办、‘红船·光明驿站’就近办、客户微信群上门办、独居老人等特殊群体由红船青年志愿者帮您办”的电力“便民服务四个办”举措，推动乡村从“用上电”到“用好电”。

据统计，2003—2020年，下姜村户均容量上涨9倍，供电可靠率达到99.9946%，综合电压合格率达到100%，服务满意率达100%。随着更多“乡村振兴·电力先行”示范区落子杭州，22家“红船·光明驿站”星罗棋布于杭州广袤乡村，为地域面积广、村落零散地区的乡村百姓带去家门口的电力服务，有力推动农业高质高效、乡村宜居宜业、农民富裕富足的“下姜嬗变”。这些让“一次都不跑”在偏远山村成为现实的举措，被大洋彼岸的哈佛大学收录为向全世界分享的研究案例。

电力大数据赋能　乡村治理更智慧

习近平总书记在下姜村调研时，曾多次叮嘱大家“小康是惠及到每个人的小康”[①]。数字化改革赋能乡村振兴的新篇章悄然翻开。

下姜村90岁的独居老人姚七月就感受到了这一“数智”中的温暖。大年二十五，淳安乡村智慧能源服务平台上跳出一条信息：“姚七月老人家中用电情况异常！”5分钟后，赶到老人家的村社工郑桃香发现老人因为用电热壶烧水引起跳闸，在厨房地上滑倒。郑桃香连忙扶起老人，红船共产党员服务队也在第一时间为老人安装了新的防水插座。

和其他乡村一样，因子女外出务工，下姜村60周岁以上独居老人占比接近40%，但由于乡村社工力量有限，关照好这些老人的生活成为全面小康的“必答题”。在下姜村，电力大数据当起了智慧卫士，监护起姚七月等51户独居老人的起居生活。这项“关爱老人”创新，通过老人家中的智能电表，分析老人用电情况，经过云端计算，第一时间形成红黄绿“关爱码”预警，让乡村养老服务更加高效、准确和及时。电力大数据赋能，这是服务乡村治理的智慧，更是满足人民对美好生活的向往的温度。

电力＋关爱老人、电力＋留“这”指数、电力＋返乡指数、电力＋

① 王慧敏、方敏：《心无百姓莫为官——习近平同志帮扶下姜村纪实》，《人民日报》2017年12月28日。

绿色出行、电力＋农业……一个个闪耀着智慧火花的数据包，从村间院落、乡野大地中汇聚，送入乡村智慧能源服务平台，让能源互联网大数据与乡村治理的方方面面深度融合。

下姜妙方农业开发有限公司大棚内，空气湿润温暖，自动喷洒装置如水雾绢带般飘向绿毯似的果苗，温度和湿度控制装置在智能运转着。在充足电力的保障下，大棚内的卷帘、排风、采暖、浇灌等都通过电气自动化设备来进行网络实时控制。

“智慧化改造后，我们能每天收到智慧能源平台传来的用电监测和分析。现在，大棚用水节约了近40%，肥料利用率也提高了30%，每亩收入多了万把块钱。”下姜妙方农业开发有限公司的姜承堂亮出了一笔经济账。

绿水青山就是金山银山　“下姜示范”走进联合国

2003年4月24日上午，习近平同志辗转来到下姜村——从淳安县城颠簸了60多千米的“搓板路”，又坐了半小时轮渡，再绕100多个盘山弯道才到了村里。当时，他置身烟雾呛人、猪粪猪尿肆意流淌的村道上，看着被砍秃的山，说：“要给青山留个帽。”

如今的下姜村，四时八节都像一幅美丽的画卷。春有枫林港一湾清流欢快地流淌，夏有山坡上一天比一天浓郁的绿，秋有弥漫在空气里的桂花香，冬有灼灼盛开的山茶、蜡梅。

从“穷脏差”到“绿富美”的“变形记”，引来了游客，也唤回了游子返乡创业。“栖舍”民宿老板姜丽娟便是其中一位。2016年，这位梳着“波波头”、格外健谈且活力四射的小女生，看到家乡的变化后，一跺脚，就辞掉了杭州城里的工作，利用祖宅开起了一家民宿。当得知国网浙江电力在下姜村创新推出“低碳入住计划”时，姜丽娟又决定：让“栖舍”加入“低碳入住计划”。

在加入“低碳入住计划”的民宿和酒店，通过电力大数据，游客在扫码入住后，就能获得一张电子碳单，单子上能看到自己住店期间的能耗和排名情况。能耗少的，还可以赢积分抵房费。这一电子碳单，为浙江500多家酒店降低能耗将近10%。就是这样一张小小的碳单，从下姜村走到了联合国，让联合国全球契约总干事赞叹不已。

与电子碳单一起，成为下姜民宿金字招牌的，还有全电民宿。如今，下姜村的38家民宿中，已有15家建设为全电民宿，另有4家正在推广中。最能体现“绿富美”新气象的，当属交通。“从千岛湖高铁站出来，租一辆电动汽车开到下姜，玩的时候同步让车子充电，充好了电，第二天正好出发去下一个景点。”春节期间，来自金华的徐正华分享了一家人这几天的旅行计划。

在下姜，2座充电站可同时服务12辆电动汽车。15分钟车程外的150千米环千岛湖绿道旁，更是设置有10个环湖充电站418个充电桩，5分钟就能遇见一个，让电动车友们在千岛湖“找桩不难，充电无忧”。

绿色能源还让下姜村对提前实现碳达峰、碳中和目标踌躇满志。区域内分布式光伏电站、小水力发电等总装机容量127兆瓦的清洁能源，通过大电网，被全额消纳；大下姜区域清洁能源占比高达75%；农业电气化进程加快，2020年大下姜区域实现电能替代23万千瓦时，减少碳排放量183吨。

今天的下姜村，早已改变了炊烟袅袅、萤火盈盈的样貌，生产生活电气化、生态农业、特色民宿、电子商务在不断升级的电力基础设施支撑下得到空前发展，一座融合生态保护、产业发展、文化传承为一体，辐射带动周边村落作用明显的“两美”精品村初具规模。

读下姜，滴水窥海，折射的是一个中国普通山村求生存、求发展、求振兴的艰辛奋斗历程。梦起下姜，从旭日升起游人涌动，到月亮之上点缀阑珊；从枫林港畔霓虹初绽，到溪水两岸渔火盏盏，时间跃动的每一帧，都留下了优质电力赋予下姜之美的印记。

一场完美的"翻身仗"

2018年，习近平总书记在给余姚横坎头村全体党员的回信中说："传承好红色基因，发挥好党组织战斗堡垒作用和党员先锋模范作用，同乡亲们一道，再接再厉、苦干实干，努力建设富裕、文明、宜居的美丽乡村。"乡村振兴，电力先行。为助力余姚横坎头村革命老区人民早日实现小康梦，国网浙江电力坚持"乡村振兴·电力先行"原则，提前对接农村产业发展的用电需求，用双手重建了整个山区电网。

"欢迎大家来到横坎头，来到我们百丈农家，午饭已经准备好了，请到里面坐！"2020年冬天的第一场雪为余姚横坎头村吸引了大批游客，已经70多岁的百丈农家老板黄彭勋正在门口热情地招呼客人。他有着与这个年龄不相符的矍铄，就像他所在的横坎头村一样，这是一座有着红色历史却焕发出崭新气象的山区小村落。

黄彭勋怎么也没想到，10多年前房破屋旧、山路坎坷，一年两季稻、人穷往外跑的横坎头村，到如今能有这样的改变。"我们这里是革命老区，以前都是泥路，一下雨就没法走，晚上连盏路灯都没有，大家手里也没钱，年轻人根本待不住。”一谈到过去，黄彭勋眉头就皱了起来，“一切改变，还要从17年前说起。”

老区电网变革，村民们的生活好起来了

发展的机遇悄然降临。2003年春节前夕，时任浙江省委书记习近平到梁弄镇横坎头村考察调研时提出了建设“全国革命老区全面奔小康样板镇”的殷切期望。春节过后不久，习近平同志又给村里的党员群众回信，鼓励他们加快老区开发建设，尽快脱贫致富奔小康。

为落实习近平同志考察时的要求，也为了让村民们早日过上红火日子，横坎头村村委可谓使出了“浑身解数”。2004年，70亩樱桃下苗了；2006年，村里的第一家农家乐“百丈农家”开起来了……

那时，四明山区的用电由地区水电厂自发自供，电压不稳定，更怕枯水期。一到下雨刮风的天气，低矮错落的房屋里就只有煤油灯忽明忽暗。回想创业之初，黄彭勋记得，当时村里只有一台100千伏安变压器，只能保证村民们最基本的生活用电。一到夏天最炎热的时候，店里的2台空调一开就跳闸，基本处于“摆设”状态。国网余姚市供电公司了解到情况后，第一时间为村里安装了一台新的80千伏安变压器，解决了农家乐的用电瓶颈。

樱桃3年挂果。2006年，村里种植的第一批樱桃红了，客人像潮水一样涌进村子，村里村外停满了前来采摘的私家车，黄彭勋家的小院里坐满了等着吃饭的客人。有了良好的开端，黄彭勋就想着生意会慢慢好起来。

哪承想，2008年一场无情的雪灾让一切回归原点。百年罕见的雪灾

供电服务进农家

席卷南方各省，四明山电网瘫痪，老区与外界彻底失联。就当村民们以为要“与世隔绝”时，村里突然出现了一支支戴着“小黄帽”的队伍，冒着严寒、顶着暴雪，日夜奋战12天，重新竖起300多根电杆，终于为老区2万余居民送去了光明和温暖。原来，这些都是国家电网的队伍。而彼时，四明山区还属于小水电自供区，不归国家电网管辖。

可这样的电网，何时才能实现老乡们的小康梦？2011年，国家电网宣布无条件接收四明山自供区。从此，一场老区电网变革的序幕拉开了。两年半的时间里，1000余基铁塔、16000根电杆、1000多千米线路在四明山大地拔地而起，电网人硬是用双手重建了整个山区电网。从此，农家乐、民宿电足了，乡亲们的日子过得一天比一天红火。

电网智能可靠，村民们的钱袋鼓起来了

2015年，电网人开始为山区电网智能“加身”，农网改造全面展开，区域电网全联络工程顺利完成，浙东革命老区配电网实现“手拉手”环网供电。2016年，建设老区精品台区，全面推进“三线搭挂”综合治理工作，助力美丽乡村建设。

2017年初，在浙江中心村农网升级改造、小城镇环境综合治理等工作背景下，国网浙江电力主动对接政府，积极配合政府开展“线乱拉”专项整治工作，把被“蜘蛛网”束缚着的美景给变回来，村里的水泥电杆减少了30%，民用电容量却增加了3倍。

“没有电线杆，快门随便一按，就是一幅画。”村民陈彩琴对自己的生活非常满意，“你看看我们住的大别墅，再看看周围的环境，这比住城里都好。”陈彩琴说，乡下真是一点都不比城里头差，遇到什么用电问题，也是一个电话就能解决，供电公司驻村的台区经理为村民提供了故障报修、电力设施维护、安全用电宣传等服务。

乡村振兴，牵动着总书记的心。2018年，习近平总书记在给浙江省余姚市梁弄镇横坎头村全体党员的回信中说：15年前到你们村的情景我都记得，我一直惦记着乡亲们。这些年，村党组织团结带领乡亲们艰苦奋斗，发展红色旅游，利用绿色资源，壮大特色农业，把村子建设成了远近闻名的小康村、文明村，乡亲们生活不断得到改善，我感到十分欣慰。

这让余姚梁弄镇的横坎头村再次成为发展红色旅游的“明星村”。游客数量的激增，不仅对村容村貌提出了更高的要求，也带动了农家乐和民宿的用电需求迅速上涨。为了助力“浙东红村”更好更快发展，国

网余姚市供电公司量身定制农网改造升级方案，投资3500万元进行山区电网改造提升，重新敷设10千伏高压线路2.5千米、低压线路28千米，帮助307户村民改造低压入户线。

电网的改造提升，不仅带动了当地的旅游业，对特色农业的发展也有着巨大的推动作用。当年承包140亩樱桃园的何达峰，如今已经建成了集吃、住、玩、采摘于一体的生态旅游农场——果香园，农场里的游步道、大棚、喷淋系统等基础设施建设一应俱全，每年招待游客数万人次。“如今，电也通了，路也宽了，来参观旅游的人也多了，两年前春天的那封回信，更是让我们村火了起来。樱桃啊，根本不够卖的！”说起自家的樱桃，何达峰笑不拢嘴。

总书记的回信，横坎头村民一直记在心里。对于何达峰来说，让他记忆犹新的还有“会打广告的变压器”。“你看我们村子里，现在一根电线杆都没有了，多漂亮！就连变压器也成了我们打广告的地方，每天都

宁波余姚横坎头村

免费为我们果园做广告。”

何达峰说的“会打广告的变压器”，指的是国网浙江电力2020年在横坎头村地标旁建的宁波首个环境友好型箱式变压器。滚动播放的村委公告、精致优雅的高端民宿推广、美轮美奂的特色农业宣传，这座箱式变压器给横坎头村提供了一个展示的平台，它不仅是村民们“带货”的渠道，更让人们看到了革命老区乡村振兴的成果。在横坎头村新时代文明实践的屋顶上，还有一座全国首个村级200千瓦铜铟镓硒分布式光伏电站。该电站面积有2000平方米，每年可以为村里带来发电收益6万多元。

电力十足的横坎头村，如今的发展势头更为迅猛。两年来，横坎头村不断厚植“红色基因”内涵，大力发展“绿色经济”。2019年村级集体可支配收入740万元，村民人均可支配收入36248元，同比分别增长40.2%和15.9%。“现在乡亲们的日子是过得越来越红火了，这多亏了从不打折的供电服务！”横坎头村老党支部书记张志灿说，村里的电够用了，电压也稳了，农家乐越来越火爆，村集体和村民们的钱袋子都鼓起来了。“我们没有辜负总书记对我们横坎头村乡亲们的惦记。”

日暮炊烟，石墙黛瓦，古树石桥，山峦延绵。如今这座坐落在山间的小乡村，又迎来了一批接一批的新老客人，村子也比以前更美、更富、更文明了。昔日的“贫困村”终于变成了“小康村”“文明村”，四明山区在今天彻底被点亮，这场电网“翻身仗”提前告捷。

电力织起美丽乡村的诗情画卷

习近平总书记在浙江工作时十分关心新农村建设，推进了“千村示范、万村整治”工程的启动，使农村与城市的生活质量差距逐步缩小，使所有人都能共享现代文明。新建村从居住、环境、经济、文化四方面着手，把农村建成农民生活的幸福家园、市民向往的休闲乐园，带动乡村旅游产业发展。新建村以日趋成熟的姿态引领着“美丽乡村”的发展热潮。

风景如画，人流如织。2020年5月，舟山定海区干石览镇新建村，迎来了一个不一样的春天。受新冠肺炎疫情影响，原本红火的乡村田园旅游直到4月中旬才逐渐恢复。

花开疫散五一到，绿水青山迎客来。新建村党支部书记余金红最近格外高兴，南洞景区新业态——仙踪林探索乐园，在2020年5月1日开始试营业，来新建村感受春天之美的游客越来越多。

习近平总书记启动实施的“千村示范、万村整治”工程，让越来越多的乡村树立“示范美”，呈现“共同美”，提升“内涵美”。“美丽乡村”

建设，让越来越多的乡村以净为底，以美为形，以文为魂，以人为本。

这些年，电力发展与乡村民宿、乡村旅游、现代农业等紧密结合，为脱贫攻坚作出了贡献，也为乡村振兴注入了不竭的动力。今天的新建村，更像是一个生机勃勃的新农村的缩影。

电网画出绿水青山新图景

行驶在长春水库至南洞的公路上，沿途山峦如黛，水库碧波荡漾，这条美丽道路通往的是南洞艺谷。

三面环山、一面临海的南洞艺谷，地处舟山本岛干石览镇新建村。2000年，这个小山村因劳动力大多外出打工，被定义为“空心村”，村里的环境和电线布局杂乱无章。如今，这里是熙熙攘攘、魅力四射的美丽新农村、美丽经济新样本，更是远近闻名的旅游景区。

景区内的一块展示牌——“跟着习近平总书记走美丽乡村路”，引来游人们驻足。习近平指出，绿水青山就是金山银山。这是大实话，现在越来越多的人理解了这个观点，这就是科学发展、可持续发展，我们就要奔着这个做。

绿水青山间的乡村路上，视野中全是绿油油的一片，没有蜘蛛网似的电线，没有让人“发麻”的配电箱，电力设施似乎融入了绿水青山间，不再那么突兀碍眼。

改革开放以来，浙江经济得到了快速发展，农民的人均收入一直位居全国前列。但一度农村公共服务发展滞后，城乡之间差距越拉越大，农村规划杂乱无章，生产生活环境恶化，农民生活“室内现代化，室外脏乱差”。一枝一叶总关情，总书记关心的问题，在新建村有了答案。

余金红还记得，1999年，他刚来新建村上任。当时的新建村，村道上电线很多，但不够高，高一点的工程车开进来，拉断电线是常有的事。一到台风天，甚至是稍微大一点的风雨天，也会给电力设施造成不小的破坏。“不是哪里停电了，就是哪里电线杆倒了。我上任的第一件事，就是改造村里的电网。当时村里没钱，只能到处‘化缘’。”余金红说，当时想都不敢想，现在竟能发展旅游经济。

2003年，习近平同志履新浙江不久后便提出要用城市社区建设的理念指导农村新社区建设，抓好一批全面建设小康示范村镇。同年6月，浙江召开了“千村示范、万村整治”现场会。习近平同志亲自布置：花5年时间，从全省4万个村庄中选择1万个左右的行政村进行全面整治，把其中1000个左右的中心村建成全面小康示范村。

不搞一刀切，不搞大拆大建，更多地注重村庄的特色与个性，因势利导，推动人与人、人与自然的和谐，村庄形态与生态环境的相得益彰……这是浙江省实施“千村示范、万村整治”工程所倡，更是总书记关于新农村建设“望得见山、看得见水、记得住乡愁”的重重嘱托。[①]

经济发展，电力先行。

在好政策的助力下，新建村南洞、里村等区域线路落地工程相继完成，随后，三相电线又纷纷接入了农户家中。“电力部门的尽心投入使我们村面貌有了明显变化，也间接带动了产业发展。”余金红说。

继农网改造后，美丽乡村建设再次接力。考虑到要发展乡村旅游，关于电力设施的布局在细节上也更加考究。

“这里是配电箱，我们对它进行了美化与修饰，还挂上了景区各个

---

① 周咏南、应建勇、毛传来：《一步一履总关情——习近平总书记在浙江考察纪实》，《浙江日报》2015年5月30日。

农家乐的宣传招牌。”当地供电所工作人员周撑随后打开了沿路的一块“幸福都是奋斗出来的”宣传栏，背后是一个个家庭电表。

夜间巡查电力设备

电力织出乡村旅游新画卷

在南洞景区，一个新投入的全市首家无人电力服务驿站，引起了游人的注意。在驿站里，旅客及周边村民可24小时办理电费缴费、开通峰谷电等多项业务，近距离感受贴心便民的电力优质服务。

便捷的办电、用电，离不开供电公司于细微之处的妙笔点缀。

为了响应新农村建设的号召，全力构建“人人都有客户经理、村村都有服务网点”服务新模式，国网浙江电力实施新农村智能化电力服务驻点工作，率先在南洞艺谷景区搭建无人服务试点平台，推进乡村服务。

改变，从来就不是一朝一夕的。

早在2015年南洞旅游景区开发以来，国网浙江电力通过走访沟通、实地查勘、精心评估和周密论证，实施景区电网巩固提升工程。架空线落地后，按照整个南洞“一轴两环三片”的整体布局，设计部署电力通道，并根据各功能区的负荷用电特点，优化负荷分配，实现电能的更有效利用。

2017年1月，百余盏黑色金属框架的立式路灯被一一安装在了南洞景区里。“夜晚亮灯时，和白天有不一样的韵味！”现场的电力负责人说，这次采购的欧式庭院风格路灯杆与G20杭州峰会的路灯相似，让人有一种宾至如归的亲切感。“现在留着这些电杆主要是因为上面还有路灯和路灯线。等新路灯装好，这些电杆也就‘退休’了。”新建社区工作人员说，南洞原先的照明密度布局合理，但年头久了，有的路灯逐渐老化，趁着这次架空线落地，索性将路灯全部换掉。

2018年，南洞打造了新能源景区，并完成了新能源风电储能项目的建设。当时的项目负责人说，风力发电机和太阳能储能设备将为南洞景区的路灯、景观等公共设施供电，而为了让风机与自然景观和谐统一，他们还对风机进行了外观再设计，旨在打造“南洞灯塔”。

在电力等部门经年累月的积极投入下，南洞才有了今天欣欣向荣的景象。现代化的电力设施完美地融入了周边的自然美景，没有了传统的电杆、路灯和箱式变压器，线路全在脚下“走”，更与南洞的绿水青山交相辉映。

电力打通“金山银山”快车道

离开浙江工作后，习近平总书记对“千村示范、万村整治”工程始终牵挂、惦记在心。2015年5月，习近平总书记到浙江调研时来到舟山市定海区新建村。

坐在南洞艺谷68岁村民袁其忠开办的农家乐庭院里，习近平同村民们促膝交谈。习近平说，全国很多地方都在建设美丽乡村，一部分是吸收了浙江的经验。浙江山清水秀，当年开展“千村示范、万村整治”确实抓得早，有前瞻性。希望浙江再接再厉，继续走在前面。[①]

祖祖辈辈生活在新建村的村民从来没有想过，有一天能靠着看山看水挣钱。如今，很多村民办起了民宿与农家乐，收入翻了几番。

到2020年底，新建村已发展农家乐40余家、民宿客栈32家。2020年，接待游客超35万人次，新建村人均收入达4.1万元。这一切的改变，新建村“画春园”农家乐负责人袁婵娟都看在眼里。

“之前我们都是家庭妇女，收入不怎么样。有了各方面的支持后，环境改变了，路灯亮了，村道也修好了，政府还给我们翻新了房子，村干部说让我们开农家乐，还带着我们去了沈家门夜排档‘拜师学艺’。”袁婵娟说，城里的人为什么会来乡村？因为这里有绿水青山，农家菜物美价廉，这里的人是淳朴的。

推开“画春园”院门，映入眼帘的是一张长桌和一圈木凳。走进屋内，空调、电饭煲、消毒柜、冰箱、冰柜等电器一应俱全。

这些年，有了电力作保障，打通“绿水青山就是金山银山”转化通道，村干部干大事、引项目更有了底气，才能将好理念、好想法付诸实践。村里建起原生态海岛艺术创意谷项目南洞艺谷，打造全国艺术院校

① 周咏南、应建勇、毛传来：《一步一履总关情——习近平总书记在浙江考察纪实》，《浙江日报》2015年5月30日。

实习采风基地、艺术家休闲基地、村干部培训实习基地，还引入了精品民宿品牌，申报了国家AAAA级景区，并将努力打造集人文、自然、休闲、民宿、娱乐、教育、餐饮于一体的新农村文化产业模式。

作为“美丽乡村”的践行者，在乡村振兴的进程中，国网浙江电力深度参与其中，大力发展综合能源，提升农村电网弹性，加大电能替代推广力度，持续提升电能在终端能源消费占比，深入推广电采暖、气改电、煤改电，加快推进全电景区、港口岸电建设。

随着经济社会发展的转型升级，老百姓的关注点已经逐渐从“用上电”转移到了“用好电”“慧用电”。助力美丽乡村建设，服务乡村振兴，推进共同富裕，国网浙江电力始终在提供源源不断的动力支撑。

“电力老娘舅”，群众暖心人

2013年，习近平总书记对坚持发展“枫桥经验”作出重要指示，要求“把‘枫桥经验’坚持好、发展好，把党的群众路线坚持好、贯彻好”。经过多年发展，“枫桥经验”的精神和理念已经不限于解决农村矛盾，而是贯穿到了各行各业、各个领域中。国网浙江电力坚持以人民为中心，探索电力践行“枫桥经验”，以实际行动诠释“人民电业为人民”。

20世纪60年代初，浙江诸暨枫桥镇干部群众创造了“发动和依靠群众，坚持矛盾不上交，就地解决，实现捕人少，治安好”的经验。1963年，毛泽东同志亲笔批示“要各地仿效，经过试点，推广去做”。1964年，中央正式以文件的形式转发了“枫桥经验”，向全国推广，“枫桥经验”成为实践党的群众路线的一面旗帜。

几十年来，“枫桥经验”已经深入人心，各行各业都在创新和发展“枫桥经验”。在电力行业，创新和发展“枫桥经验”典型的例子就是有一批“电力老娘舅”从化解基层群众涉电矛盾做起，到解决社会不和谐因素、带领一方百姓致富奔小康。

“电力老娘舅”化解百姓“疙瘩事”

在苏浙沪地区，人们常把有威望、讲公道的年长者称作“老娘舅”。国网诸暨市供电公司枫桥供电所的一名台区经理，正是一位“电力老娘舅”。在电力行业，“枫桥经验”被总结为三句口诀：人民电业为人民、专业服务到家门、矛盾化解在基层。

2012年，诸暨人期盼了半个世纪的永宁水库即将动工，易地搬迁的村民虽然可以获得丰厚补偿，却坚决不同意水库建设，冲突一触即发。镇里工作组一筹莫展，最终找到负责这块电力工作的“电力老娘舅”陈仲立。

“有丰厚补偿却不肯搬迁，我当时就想着，村民肯定有不便言说之事。”陈仲立暗自思忖，通过深入沟通后得知，村民们最关心的是新家会安在哪里。

问清问题，就有了方向。当地镇政府工作组马上向村民们介绍政策，帮助村民顺利搬进永安新村。这里临江靠镇，街道宽敞。原来的山林由政府出面承包，村民得了养老金，还分了水旱田。好事落实，村民对“电力老娘舅”是由衷的感谢，“电力老娘舅”得到了群众进一步的认可。

善于运用法治思维和法治方式，把各类矛盾化解在源头。习近平总书记曾指出，要推进社会治理现代化，坚持和发展“枫桥经验”，健全平安建设社会协同机制，从源头上提升维护社会稳定能力和水平。

时代在发展，国网浙江电力践行“枫桥经验”的内涵也在进一步丰富。2018年，国网诸暨市供电公司建立了电力综治中心，成立电力调解室、电力警务室、信访接待室和党员服务队，整合应急联动、指挥协调、信访接待、矛盾调解等功能，联合镇村综治小组力量，化解各类涉电矛盾纠纷。

据不完全统计，每位“电力老娘舅”一年义务调解矛盾有100多起，其中没有什么特别的技巧，总结三句话，那就是：进得了家门，坐得下板凳，聊得了家常。如果乡亲们信得过“电力老娘舅”，把“电力老娘舅”当自己人，解决问题就有希望。

“电力老娘舅”调解企业客户矛盾纠纷

正是秉持着这种朴素的想法，几十年来，各行各业不断传承和创新实践“枫桥经验”，诸暨连续多年获评浙江省平安县（市、区）。

以电为“媒”　架起党群连心桥

诸暨市“枫桥经验”研究会会长陈善平说：“社会矛盾原因复杂，千奇百怪，涉及百姓切身利益，很难说清谁是谁非，很多拍桌子解决不了的事，‘老娘舅’拍拍肩膀，矛盾就化解了。”

这话很实在，对“电力老娘舅”来说，调解不仅需要一腔热情，也得有专业知识。

王林燕在诸暨枫桥镇开了个五金配件厂，7000平方米的厂房用不完，租给了4家企业，总表用电量一个月1.5万千瓦时，可4家企业的分表加起来却少了80千瓦时。缺的电费，老王想摊给租户，可租户说“电表上没显示，我凭什么交钱?”大家争得不可开交。

这事本不归供电所管，但问题总要解决。“电力老娘舅”赶到现场一看，情况就清楚了：抄表时间不一样，长期来看不影响大家；总表到分表确实有一定线损，建议各用户按用电量比例分摊一下多余电费，再给楼房电梯单装电表，各层工厂按层分摊电费。解释科学、方案公平，大家明明白白，握手言和。

很多事村里解决不了，但“电力老娘舅”大都是土生土长的诸暨人，熟悉情况，和大伙儿都熟，问题就容易解决。

诸暨枫桥镇陈家村连排房有几家小工厂，一家螺帽厂申请拉一条电线，必须在甲的房子上打孔过线，但甲不同意。“电力老娘舅”到现场后先递根烟，摸排了各方情况，了解到从物权的角度来说，甲有权拒绝。这事不能来硬的，“电力老娘舅”换个角度好言相劝：“咱们枫桥的电是新安江电厂送来的，如果中间的杭州不同意让电经过，那咱枫桥人不就不能用电了吗?”晓之以理，安抚群众情绪，一些问题就能小事化了。

“电力老娘舅”亲身实践，做好电力先行官，架起党联系群众的连心桥，成为和谐社会、小康社会建设中的润滑剂。

数据显示，2020年，诸暨市信访矛盾同比下降76.5%，供电可靠率99.9753%，高于全国50个主要城市99.931%的平均指标。

以心暖心　共同富裕

电力是社会基础行业，是经济社会发展的基础动能。小康不小康，社会治理是顶层建筑，经济发展则是基本要求。在诸暨，“电力老娘舅”不仅深入参与基层社会治理，还通过电力服务、挂职村支书等方式，带领村民致富奔小康。

灵州—绍兴±800千伏特高压直流输电工程落点诸暨，对满足诸暨乃至浙江社会发展用电来说具有重要意义。换流站建设需要动迁道林山村的315穴坟茔，可补偿有标准，预期难满足，“电力老娘舅”挨家挨户讲政策、说道理，说服了村委会主任，也做通了村民的思想工作，终于全部达成共识。

原以为事情就解决了，没想到村民又提出一个让外人看来难办的要求，那就是按照当地风俗，迁坟要在夜半三更。没有丝毫顾忌，同事们二话不说就挽起袖子，连夜帮助村民迁坟。看着大半夜忙活的电力员工，村民的心暖了。灵绍工程如期开工，如今已经成为外电送浙“大动脉”、浙江经济发展的“助推器”。

电够用了，当地的特色产业发展更有劲了。据了解，近年来，诸暨当地的纺织、香榧加工等产业都积极开展电能替代，在充足电力的支持下，产业迎来长足发展。

除了满足百姓的合理要求，照顾乡亲感情，“电力老娘舅”还要帮助村子解决问题。2015年，“电力老娘舅”王跃均临危受命，担任东和乡龙溪村驻村书记。这个“软弱涣散”的村组织让他吃了一惊，当时全村竟欠账180万元。在他的带领下，规范村委会管理、发展集体经济……龙溪村发展面貌焕然一新，他也成为村里的“主心骨”。

如今，村里基本还清欠债，还修了路，毛竹、笋等山货运下了山，卖出了好价钱，村民们的钱袋子也鼓了起来。

无论是解决涉电矛盾，抑或担任驻村书记带领大家致富，“电力老娘舅”都是为一个共同目标，所思所想处处为了群众，要与大家一起共建小康社会。这就叫一根电线连人民，一股电流暖人心。

如今的诸暨，在奔向共同富裕的道路上快速前进。2020年，诸暨全市GDP达1362亿元，人均可支配收入达到55793元，稳居全国前列。

作为诸暨人，“电力老娘舅”们丝毫不掩饰自己的自豪。“电力老娘舅”理解中的高水平全面小康社会，不能仅仅用金钱去衡量。在“枫桥经验”的引领下，在“电力老娘舅”的共同努力下，诸暨展现出的社会治理水平、民众感受得到的幸福指数以及共同营造的和谐环境，成为小康社会的重要考量标准。而这正是诸暨给我国在社会治理方面提供的一个样板。

如今的诸暨市，有200多位“电力老娘舅”挂点驻企、零点检修、送电上山……他们根据各自的工作区域，划分服务对象，通过定期上门沟通、公布联系号码，及时化解涉电矛盾，深化优质服务，维护了社会稳定。在平凡的工作中，“电力老娘舅”把情与义融进和谐社会建设中，融入带领老乡奔向共同富裕的新征程中。

金星村的美丽嬗变

美丽乡村是美丽中国的底色。2021年3月7日，习近平总书记在参加十三届全国人大四次会议青海代表团审议时指出，要推进城乡区域协调发展，全面实施乡村振兴战略，加强农村人居环境整治，培育文明乡风，建设美丽宜人、业兴人和的社会主义新乡村。浙江乡村走过的路，折射着中国的乡村振兴之路。在乡村振兴进程中，国网浙江电力深度参与其中，用无微不至的服务催动着乡村的变迁。

它，是一个美丽的小山村。绿树村边合，青山郭外斜。水绕山转、山水相映的田园美景，让人如同置身于世外桃源。

它，也是一个有故事的小村庄。2006年8月16日，时任浙江省委书记习近平到这里调研。那天，习近平嘱托大家："人人有事做，家家有收入，这就是新农村。"[①]一份嘱托，十年追梦，全村上下同心，一张蓝

① 孟雪倩、戴利强等：《壮丽七十年　奋斗新时代｜开化金星村人人有事做　家家有收入》，《浙江日报》2019年4月22日。

图绘到底，干出了精气神、干出了新境界、干出了一个社会主义新农村的独特样本。

它，就是位于钱江源头的开化金星村。

小小无花果，变身“金元宝”

在金星村，无花果的故事人尽皆知。

2006年夏天，习近平到金星村调研，他信步走进了村民刘玉兰家中。刘玉兰以自家院中所植的无花果招待。习近平拿起一只果子，吃了一口，称赞道：“无花果是个好东西，没想到浙江也有。”他还鼓励刘玉兰“可以多种一些”。刘玉兰的儿子周平记下了习近平的话，此后开始从事无花果的种植，慢慢延展到深加工。如今，开化全县的无花果种植面积已近2000亩，小小一颗无花果，如今成为带动上千名农户增收的重要产业。[①]

“我们第一次从金华种苗基地进了一批苗，然后又从山东烟台进了一批。由于没有统一标准、统一叫法，当时无花果没有形成大的市场，知道的人很少。”周平说道。

为了更好地种植无花果，周平在从全国各地收集到的50多个品种中选出9个品种进行培育，并在全省推广、种植。2014年，浙江省无花果产业协会成立，周平担任副会长，其主持编制的《无花果基地建设标准》和《无花果栽培标准》成为行业规范。

周平说：“2007年开始，我就做了一下规划，画了一个线路图，从

① 金波、刘乐平等：《以人民为中心——习近平总书记在浙江的探索与实践·共享篇》，《浙江日报》2017年10月10日。

浙江到江苏，然后到四川，从那边又转回来，拜访了很多种植户，还有一些无花果的加工企业。”

在周平的带动下，金星村建起了无花果种植基地，但由于基地选址偏僻，山高路远，用电成了难题。当地供电公司在了解到这一情况后，主动向上级争取政策支持，迅速帮种植基地架线、立杆，切实解决了种植户的用电难题。

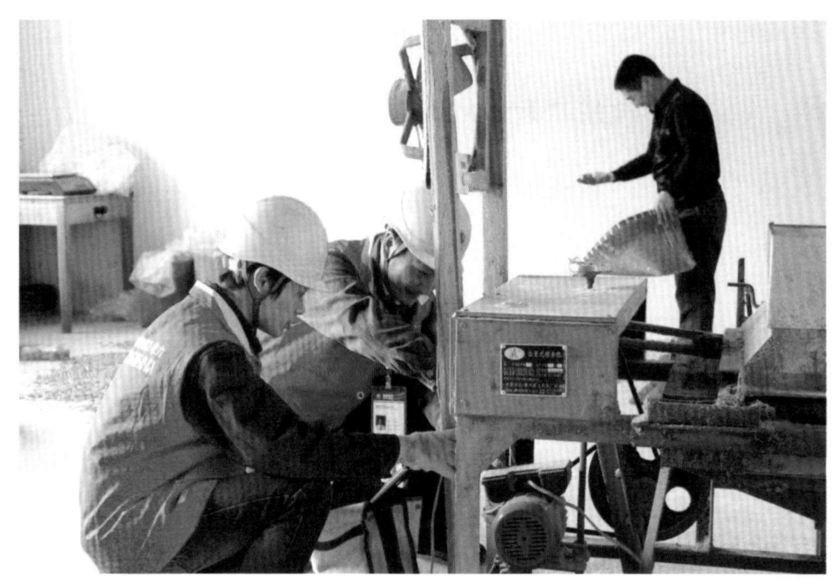

给当地农户检查用电设备

此后，无花果种植项目也迅速发展到全省各地，并向全国各地推广。全省无花果的种植面积由当初的2000多亩，发展到现在的3万多亩。为了记住那一天，他们把每年的8月16日定为“无花果节”。

当年陪同习近平在村里调研的村党支部书记郑初一回忆说，习书记当时说的虽是无花果，关心的却是能帮农村脱贫的产业。他曾几番嘱咐当地的党员干部一定要把经济搞上去，为群众办实事。如今的金星村，不仅有无花果等特色农产品，还成为城里人旅游休闲的目的地。

年近八旬的刘玉兰老人说："特别想请总书记回开化看看，再来尝一尝自家种的无花果。"习近平总书记也一直牵挂着开化的父老乡亲。2016年2月23日下午，在中央全面深化改革领导小组第二十一次会议上，习近平总书记对参会的开化县委书记项瑞良说："开化是个好地方，我还是要回去看看的！代我向基层同志问好，向开化的父老乡亲问好。"①

从"卖山林"到"卖生态"

清晨，依山傍水的金星村，在鸟鸣声中醒来。不远处，群山连绵，清澈的马金溪绕村而过，处在开化县华埠镇的这个村庄，空气中有油菜花的清香，白墙黑瓦花格窗，透着浓浓的江南韵味。

4月的清晨仍有一丝凉意，林间雾气还未散去，周水禄已开始一天的护林工作。当了30多年伐木工的他，没想到有一天自己会摇身一变，成了护林员。眼前茂密葱茏的大山，过去由于金星村对树木的过度砍伐，曾一度是秃岭。

幸运的是，在一次抢救古树的行动中，金星村看到了保护环境的重要性，千年银杏和村庄由此焕发新生。郑初一说："大家不仅为古银杏培土浇水，还请来专家为它'会诊'，如今，这棵银杏树巍然挺立，已经成了金星村最亮丽的风景。正是在保护古树的过程中，我们慢慢懂

① 金波、刘乐平等：《以人民为中心——习近平总书记在浙江的探索与实践·共享篇》，《浙江日报》2017年10月10日。

得，不仅要保护好古树，更要把这片绿水青山保护好，保护好生态就是改善民生。”

村里首先推行了集体林权制度改革，将村集体的近万亩山林分给各家各户，村民护绿种绿、保护山林的热情高涨。之后，村里又接连展开了美丽乡村建设、“三改一拆”、“五水共治”……2017年起，金星村重点抓起了清洁工程，实行垃圾分类，配置专职保洁员，推行垃圾不落地、垃圾无害化处理。人改变着环境，环境也在改变着人。金星村村规民约有关环境保护的内容超过一半，村民自发组成河道保洁队，每天巡河捡拾垃圾。

与此同时，供电公司也为金星村制定了“全电”改造方案，从起居到出行，将传统使用的散烧煤、瓶装液化气、燃油等非清洁能源全部替换成电能，推进乡村旅游产业升级。同时，积极推进电力线路“上改下”工程，将线路埋入地下，实现了“景中无杆、境中无线”，扮靓美丽乡村。

山还是那片山，但林木更加葱茏，全村森林覆盖率高达98%，空气质量优良率常年在98%以上；水还是那片水，但臭气熏天、颜色浑浊的马金溪不见了，原来杂草丛生的江边成了美丽的公园……良好的生态和全新的村容，让金星村有了实现乡村振兴的底气。

在这之后，金星村的第一家民宿也开张了。“深渡一号”民宿主人徐卫团爽朗地说：“我们村的生态环境那么好，开民宿肯定好。”一人的成功试水，让其他村民也动了心思，齐齐追赶起“美丽经济”。如今，九成以上的村民从事乡村旅游及相关产业，村民人均收入从2006年的6000元达到了如今的3万元以上，全村已开设18家民宿和6家农家乐，其中不乏单价千元以上的省级高端民宿。“城里人都喜欢来这里看山水。”这些年，金星村百姓渐渐明白：深山里也有机遇，绿水青山就是金山银山。

从“卖山林”到“卖生态”，从“种种砍砍”到“走走看看”，金星村的路越走越宽。郑初一指着被风吹拂的河面说道：“这1000亩的河面即将进行招商，新的一年里，村里还要打造更多的高端民宿，建起新的田园综合体，全村人的‘生态饭’将越吃越香。”

用年轻的思维，带着村民往前奔

开化县目前有1200多亩无花果基地，年产无花果鲜果可达240万公斤，仅周平一家每年就有十几万元的收入。周平笑着说，农户们的新鲜无花果如果销售不完，还可由民宿业主、旅游公司等通过电商平台销往全国各地，实现从田间到舌尖的精准对接。

眼下，电商发展在金星村粗具规模。2019年，金星村开设网店有100多家，电商年交易额达1500多万元，有近230人从事电商行业，成为当年的全省电商村。

为了大力推动农产品网上营销、加快电子商务发展，金星村多次组织人员参加电商培训班，每年培训100余人次。尽管如此，金星村依然缺电商人才。

为此，金星村党支部书记郑初一和村“两委”积极探索电商发展模式，并进行招商融资、品牌创建，同时鼓励“90后”青年人回乡创业。在郑初一看来，这些年轻人懂技术、懂营销，拥有更丰富的电商经验。“乡村振兴、农村全面发展需要注入更多年轻血液，年轻人加入村干部队伍，能够为农村带来最前沿的信息，与村里工作相融合，用年轻的思维带着村民往前奔，这才会有未来。”

为助力金星村无花果电商产业健康发展，电力党员服务队成了这里的常客。他们挨家挨户主动对接，在业扩报装、报修服务等方面开辟绿色通道，为电商用电保驾护航。“你们周到的服务，让我们村里用电无忧，我们的无花果产销两旺，有你们的功劳！”正在忙着打包发货的村民老余乐呵呵地说。

此外，供电公司还紧紧围绕电子商务用电需求，深入开展全方位用电服务，定期上门征集客户用电的需求和建议，宣传用电政策和安全知识，排查供电线路安全隐患，及时解决无花果电商企业用电难题，并发放电子商务信息便民服务卡，实现了一对一服务。

“如今，我们的农村电商做得有声有色，不仅吸引许多农民在家门口务工，还有大学生慕名到我们这里来实习。”郑初一说，接下来要利用电商，带动和帮助更多乡亲致富，让大家的“钱袋子”鼓起来。

门前一汪碧水，远眺重重青山。

山还是那座山，水还是那片水，可全村的发展理念早已发生了改变。如今，镶嵌在绿水青山中的金星村，美丽山水与美丽经济相融合，已成为远近闻名的省级新农村建设示范村。在变与不变中，金星村把绿水青山变成金山银山。

一曲畲歌唱响美好新生活

习近平总书记非常关心和重视少数民族群众和民族地区，多次在重要场合表示，各民族都是中华民族大家庭的一分子，脱贫、全面小康、现代化，一个民族也不能少。他对少数民族的关心关爱是一以贯之的，在浙江工作伊始，就到景宁畲族自治县调研，并指出，“畲族的特色、山区的特点、后发的特征”[①]是当地的三大优势。利用这些优势，畲乡景宁如春花般生机勃勃、绽放芳华，畲族人民的生活更是发生了翻天覆地的变化。

畲舞跳出幸福好日子，畲歌唱响美好新生活

宋元时期，畲族祖先带领族人从广东凤凰山迁入浙江景宁，距今已有1200多年。畲族文化早已与景宁密不可分。

① 邱然、黄珊、陈思：《“习书记在发展理念层面站得很高、看得很远”——习近平在浙江（二十一）》，《学习时报》2021年3月29日。

蓝陈启是国家级非物质文化遗产（畲族山歌）的代表性传承人，在双后岗村住了一辈子。她说，小时候，这里群山环绕、交通闭塞、生活贫苦。村民照明用的是自制的煤油灯和火篾，一晚上下来，家里人的鼻孔都是黑的。

如今，双后岗村新楼房整齐划一，店铺林立，生活方便。“做梦都没想到如今的生活能这么美”是村里老人经常挂在嘴边的话。

从吃不饱穿不暖到想吃啥就吃啥，从住在茅草屋里到搬进了新楼房，从“晴天一身土，雨天两脚泥，晚上一抹黑”的日子到出门水泥路、晚上景观灯亮起，蓝陈启见证了畲村生活的变迁。

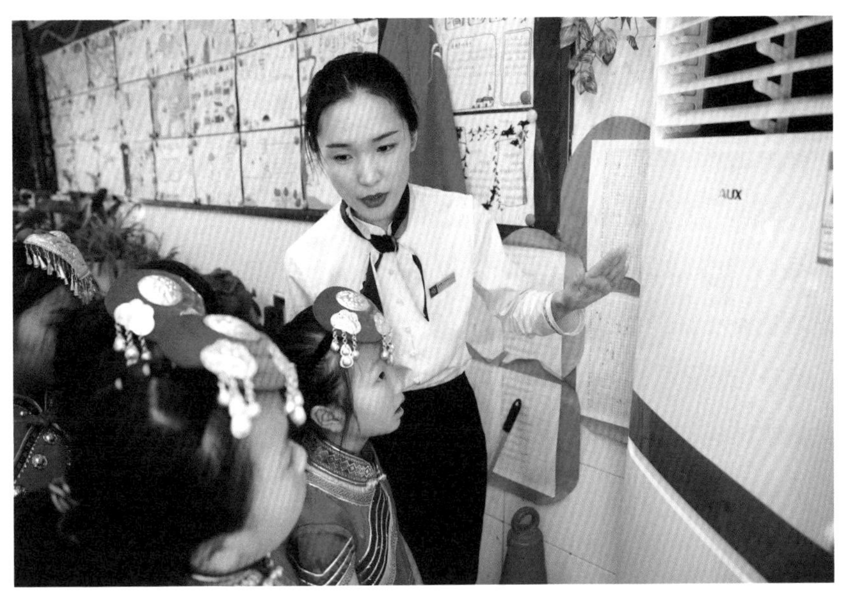

电力员工在景宁鹤溪镇民族小学开展夏季安全用电知识宣讲

作为全国唯一的畲族自治县和华东地区唯一的少数民族自治县，景宁独特的民族风情让游客慕名而来，也因此成了许多长三角游客的首选目的地之一。

大均乡的“中国畲乡之窗”是国家AAAA级景区，是融历史文化、民族风情和自然生态风光为一体的综合性景区。在这里，游客们可以饱览老街风貌，领略千年古樟，体验畲族婚嫁民俗……

大均乡的发展蒸蒸日上，先后打造了畲画馆、民族书屋，开起了全县第一家乡村酒吧，吸引了更多的游客。

为了给客人更好的体验，当地供电公司在大均乡积极开展全电景区建设，推进景区电网改造升级，实现景区绿色用能全覆盖，打造“零排放、无污染”的全电绿色景区，在推进旅游业发展的同时更保护了绿水青山。

海拔600米，在景宁是一条重要的分界线。

景宁有96个行政村的海拔在600米以上，11万亩纯净无污染的耕地、150多万亩山林资源也在这条线以上。由于昼夜温差大、光照充足，高山生产的农产品很受市场青睐。

3年前，景宁把海拔600米以上村庄出产的农产品，打造成一个区域公共品牌“景宁600”。2020年，“景宁600”产品销售额达18.62亿元，同比增长16%，品牌溢价率达35%。

“汲来江水烹新茗，买尽青山当画屏。”作为“景宁600”的主导产业，惠明茶香飘海内外。

关于景宁的特色和优势，习近平总书记曾指出：“你们这里（景宁）还有一个特点，就是‘茶乡竹海’。茶文化博大精深，茶业经济的潜力是很大的。”[①]

① 邱然、黄珊、陈思：《“习书记在发展理念层面站得很高、看得很远”——习近平在浙江（二十一）》，《学习时报》2021年3月29日。

景宁也充分发挥生态环境优势和独特的自然气候优势，全力实施惠明茶种植质量和加工品质提升工程。截至2020年底，景宁县共有茶园面积7.16万亩，茶叶总产量达到3092吨，产值4.89亿元。

蓝陈启所在的双后岗畲族村，每年3月春茶上市时各个茶企的车间里机器轰鸣，杀青机、揉捻机、烘干机开足马力。“如今，用电力机械替代传统的柴火灶制茶，温度恒定，不仅节省时间、人力，茶叶质量也非常稳定。”在畲乡，几乎家家户户都种茶做茶，对电力的安全稳定性要求颇高。

2007年，景宁电力投入80余万元，对包括双后岗村在内的3个畲族村进行新农村电气化改造。2017年，双后岗村电网再次改造升级，变电容量从原来的200千伏安增容到315千伏安。双后岗村的用电量也从2000年的0.92万千瓦时提升2020年的2.75万千瓦时。

在政府部门的政策、技术支持下，双后岗村将传统特色产业香菇和茶叶发展成富民产业，村里开起了一家家香菇加工厂和茶厂，冰柜、空调、彩电等电器家家户户应有尽有，引得在外务工人员纷纷回来创业，村民的人均收入翻了好几番。

“党的政策暖人心，大山畲村面貌新。电灯点火亮堂堂，美好日子说不完。”空闲时候，蓝陈启经常唱起自己创编的山歌，描绘如今的美好新生活。

作为“后发地区”，景宁有自己的“后发优势”

景宁极大地保留了绿水青山和原始的乡村风貌，这也是其发展特色民宿的重要资本。

依托优越的自然生态条件和田园风光，以及通过推进“五水共治”、“三改一拆”、美丽乡村建设等重点工作带来的环境大提升，伏叶村成了远近闻名的民宿村。

从最早“吃螃蟹”的一两户在家农户开始经营农家乐，到外出青年先后回乡创业，再到吸引外来资本入驻投资农家乐民宿产业，目前，这个只有800余人的小山村里，已有农家乐、民宿共12家，年旅游人数超过30万人次，年旅游收入550余万元。

“在我们的每次转型过程中，电力都把工作做在前头，电在这里真正成了‘安心电’‘致富电’。”伏叶村党支部书记蓝宗茂说，“现在我们村的变压器已经增容到600千伏安，当地供电公司还将村里的线路进行了优化设计，现在走在村里根本就看不到一根电杆。”

2019年，景宁发布大均乡GEP（生态系统生产总值）核算报告，这是全国首次发布的乡镇GEP核算报告。报告显示，2018年大均乡生态系统生产总值达到17.88亿元，依据景宁出台的生态产品价值实现专项资金管理办法，大均乡获得了188万元奖励，成为GEP核算结果得到首次应用的试点乡镇。

“绿水青山”变成“金山银山”。景宁凭着“生态”和“民族”两张特色牌，通过勤干、苦干、巧干，从“灰头土脸”蜕变成了如今的“绿富美”，从全面小康迈向共同富裕。正如蓝陈启所说：“如今的好日子是唱上三天三夜也唱不完。”

以电为笔，绘就海岛生活新图景

站在舟山，放眼的是太平洋、是世界。2003年1月6日，时任浙江省委书记习近平第一次到舟山时指出："发展海洋经济，是我长期致力和探求的一件事。浙江是海洋大省，舟山是海洋大市。经过多年的努力，浙江在发展海洋经济方面取得了很好的成效。做好海洋经济这篇大文章，是长远的战略任务，我们要加强调查研究，从实际出发，一如既往地抓下去。"[①]因海而兴，向海而行。舟山东极岛以电为笔，勾勒海岛经济活力图，绘就海岛生活新图景。

2014年，电影《后会无期》让一个叫东极的小岛走进全国人民的视野。打开地图，在中国东部绵长的海岸线上，位于浙江省舟山市普陀区最东端的东极岛并不起眼。

远处海浪翻涌，近处人间烟火。这里的人们曾不止一次地叩问，远

① 张燕等：《全面小康一个也不能少——习近平总书记在浙江的探索与实践·协调篇》，《浙江日报》2017年10月7日。

离大陆的小岛，该如何在茫茫大海上突围？

一切从实际出发！立足海岛，依靠海洋。

如今，就是这样一个在地图上并不起眼的小镇，以蓝色生态赋能文化和旅游，走出了一条依海而生、向海而兴的小康新路。

“无风三尺浪，有风浪过岗。”天刚蒙蒙亮就出门捕鱼、挖贻贝，晚上早早睡觉……岛上的村民，日复一日过着纯朴而单调的生活，这是早期东极岛的写照。电的短缺又直接影响了海水淡化工序、生产设备运行、居民生活等诸多日常。

因电力供应不足，停电是常事。“以前海鲜打捞上来，卖不及，也吃不及，就倒掉。”71岁的老渔民邵小昌说，“十六七年前买了个小功率冰箱来冻海鲜，没电了就只能当储藏柜。”舟山市普陀东极水产养殖专业合作社负责人吴上明也深有感触，他是东极老养殖户，2002年开始从事这一行，主要养殖贻贝。“用起重机把贻贝吊上岸后，拿水泵冲洗干净，直接打包。”吴上明说，要是碰上停电，只能把贻贝拉到船上，一个个手洗，费时费力。

电器成了摆设，村民的生产生活用电受到了严重影响。

1960年出生的刘吉祥是土生土长的东极人，1991年试水开起了东极岛上第一家舞厅，打破了小岛的沉寂。“下午就放一放音乐，晚上跳舞也不会到很晚，那时候岛上经常会断电。一断电，全岛就一片漆黑。”刘吉祥回忆起来，一脸的无奈。在岛上靠柴油发电机维持有限电力供应的那些年，赶潮流、发展娱乐产业只能是一种奢望。之后，刘吉祥尝试过捕鱼，同样是因为电力供应不足，保鲜技术有限，海鲜说死就死，这生意又让他亏损了不少钱。

东极旅游，起步于2002年。当时岛上商业用电很贵，每千瓦时2.5

元/千瓦。条件好一些的民宿门口都能看到“内有空调，另加100元”的醒目字样，在别处民宿作为标配的空调、电水壶等，在当时的东极民宿只能算摆设，游客只能用电风扇散热。供电不足、游客体验感不佳、旅游旺季不旺，诸多的不便加上周边渔业资源锐减，不少东极人被迫离开家乡，这更加快了村民外迁的速度。

2009年，国家电网正式接管东极电网。之后，一切有了转机。国家电网投资2000余万元新建的发电厂投运，电网完成升级改造，供电营业所正式揭牌营业。同年10月1日，东极生活用电降至0.538元/千瓦时，商业用电降至0.916元/千瓦时，与大陆同价。

在东极岛开展线路检修

同网同价，24小时供电。也就是从这一年开始，东极电压合格率、供电可靠率和故障报修兑现率大幅提升，客户满意率接近100%。岛上的电力已和呼吸空气一样，仿佛自然存在般让人安心。

2014年，电影《后会无期》热映后，吸引了更多游客前来东极。

2015年，东极游客量突破20万人次，较2013年上涨超5成。

东极镇党委副书记、镇长洪达说："现在用电环境好了，东极的人居环境、公共服务等也都在日益改善，不仅吸引外乡人来岛，也唤回了一批批岛民返乡创业。"

旅游产业的井喷式发展，打破了岛上用电负荷逐年递增的原有节奏。柴油发电机耗能高、输出电压不稳定，就算是全力发电也依然供不应求。

这一年，国网浙江电力全面启动新一轮农网改造，把目光转向了供电安全性和可靠性更高的大陆电，希望通过大陆联网来解决东极的用电激增问题。

2017年1月18日，35千伏东极联网工程试运行成功。舟山市唯一没有与系统电网联网供电的建制乡镇——东极，终于告别柴油发电时代，用上大陆电网安全可靠的电源。8月20日，东极庙子湖—东福山联网工程正式送电投运，东极唯一没有联网的东福山也彻底告别了"孤网"时代，通上了"大陆电"。

让岛上居民从"用上电"到"用好电"，国网浙江电力做到了。

一切从人民的需要出发，国网浙江电力为海岛产业的发展提供了更为优质的电力供应保障。电力在助力东极发展产业、吸引人气的同时，也带动了村民在家门口就业、增收致富。

如今，夜幕下灯火通明，夜空中星河璀璨，酒吧、餐馆、居酒屋里流光溢彩。在刘吉祥新开的民宿里，夏夜清凉，10余台空调一起运转。夜排档的人间烟火中，得到保鲜处理的新鲜食材，成为游客餐桌上的道道美食。游客体验好，来东极旅游的人就越来越多，生意就越来越火。

不只是东极，浩瀚东海上，舟山群岛1390个岛屿就像一颗颗璀璨的明珠，东极岛、桃花岛、嵊山岛等一批“网红”主题岛带火了海岛游、渔家乐，更多的岛屿在美起来，越来越多的岛民在富起来。

这不只是岛民创富的故事，也是海岛电力的故事。

一片金叶子，传唱千里的“赞歌”

2003年4月，时任浙江省委书记习近平在浙江省安吉县黄杜村考察白茶基地，对黄杜村因地制宜发展茶产业的做法给予充分肯定。10多年来，荒山变茶山，茶山变“金山银山”。现如今，这片叶子承载着脱贫梦，再次叩响了湖南省古丈县、四川省青川县和贵州省普安县、沿河县等3省4县的34个建档立卡贫困村的大门，托起了一方百姓的致富希望。

走进安吉县黄杜村，满目葱茏。这绿，安静而透亮，顺着山坡起起伏伏，微风拂过，它们向风儿点头示意。绿色掩映下的，是一幢幢别致的小洋房，小洋房里停着一辆辆家用轿车，柏油路通到了家门口。通往茶山的乡间小道上，车来人往，笑声不断。

“如今的黄杜村，除了茶客，就是游客，一年四季人流不断。”在茶园基地的观光平台上，黄杜村党总支书记盛阿伟指着远处的茶山，当起了导游，“这里是国家级的万亩茶园，漂亮吧？”喜悦的滋味写在盛阿伟的脸上。

一片叶子富了一方百姓

对于黄杜村村民来说，这种喜悦的滋味再熟悉不过了。20世纪八九十年代的黄杜村，“村没有村的样子”。黄杜人打趣说：“改革开放的春风怎么就偏偏绕开了我们黄杜。”此时的黄杜，还是一个躲在群山旮旯里的小村落，人均收入低于浙江省平均水平。

1997年，盛阿伟在先后种植了板栗、菊花、竹子和杨梅都没有实现致富梦后，开始捣鼓起了推土机。那时，时任村支书盛阿林跑来找他说，希望他能带个头种茶叶。原来，安吉县农技人员刘益民和黄杜村种植能手盛振乾发现了一株野茶树，通过扦插培育，可培育出新的茶叶。溪龙乡提出要打造千亩茶叶基地，核心区域就在黄杜村。

可是，黄杜人心里没底：茶叶的种植成本高，一亩要将近2000元，万一失败了可承受不起啊！老百姓都没有行动。于是，盛阿林找到了盛阿伟，希望党员干部带头种、示范种。盛阿伟和老婆一合计，想着推土机开垦的荒山是现成的，两个人一起施肥除草，没啥不成的。说干就干！他买了3000株茶苗，就这样开始了他的种茶之路。“干部带头、以点示范、科技指导、政策扶持”，一套严密的“组合拳”，让黄杜的白茶产业蓬勃发展起来。

2002年，盛阿伟接过村支书的接力棒，恰逢黄杜村白茶产业步入快速成长期，摆在面前的是资金、技术、土地、用电等问题。“第一批青叶采摘后，村里炒茶场地不够、电力不足，我急坏了，晚上都睡不着觉，到处跑。”

回想起2002年，茶园进入采摘加工阶段的重重困难，盛阿伟感慨万分。

“刚开始种白茶的时候，最怕停电啦！”盛阿伟说。在茶叶炒制过程中，如果跳闸停电，那一锅青叶就要报废。一般茶农家庭同时炒制五六锅，这就会造成万元以上的经济损失。大功率制茶设备的集中使用，会形成尖峰负荷现象，因此用电高峰期容易出现配变跳闸、线路烧坏的情况。

好在这样的困境很快就解决了。在获悉情况后，当地供电公司很快就来村里现场办公，解决了变压器增容问题。针对茶叶加工的分散、无序、季节性强等特点，结合乡村电气化建设，供电公司创新举措，大力推广茶农“双电源”用电模式，在产茶区增加白茶专用的配变布点37个。

产业富民，电力先行。如今的黄杜村，配电线路线径已由原先的120平方毫米提升到了240平方毫米，全村电力台机布点增加到了37台，供电总容量可达12.4兆伏安。“你说用电啊，一点问题都没有。”这已经成为村民点赞供电公司的一致言语。

电力员工对茶园用电设施进行运维检查

2003年4月9日，时任浙江省委书记习近平在安吉调研时来到黄杜村，听了村里白茶基地的建设发展情况，充分肯定“一片叶子富了一方百姓”的绿色发展理念。那年，黄杜村人均年收入首次破万元，比1997年翻了两番。

是肯定，也是激励。黄杜人更有信心了，安吉白茶步入跨越式发展的轨道。安吉县政府注册了“安吉白茶”品牌，黄杜人则注册了子品牌“白叶一号”。政府免费培训茶农，建立交易市场，开展各项比赛、拍卖，使全国的人慕名而来，共同完善茶文化、茶工艺、茶食品等白茶产业链。在追求美好生活的道路上，黄杜人从来没有放弃，他们终于找到了一个致富的产业。

山间绿，茶叶香；乡村美，百姓笑。黄杜人在自己的致富路上踏实地走着，通过10多年的发展，2020年全村村民直接经营茶园面积4.8万亩，年产值突破了4亿元，人均收入超过4.5万元。用盛阿伟的话说，现在的生活不仅实现了小康，更是向富裕迈进了。

“金叶子”筑梦，先富带动后富

富起来了的黄杜人很感恩。在黄杜万亩茶园观景平台上，立着一块石碑，上面镌刻着“一片叶子富了一方百姓”。在石碑的对面，立着一块铭牌：“山感地恩，方成其高峻；海感溪恩，方成其博大；天感鸟恩，方成其壮阔。树高千尺，而不忘其根，人若辉煌，不可忘本，不忘初心，方得始终。”

“感恩”二字，是让这片叶子分量加重的关键。

“我们有今天，靠谁？我们富裕了，该做什么？”2018年初，黄杜村党员会议上，这话问得严肃。

“是各级党委政府、部门，扶着我们、帮着我们一路走过来，我们有困难时，别人帮，我们有能力了，也应该帮帮别人！”盛阿伟上了心，在村委会上提出了捐苗的想法，征求大伙儿的意见。

“先富帮后富，就是这么简单的道理！”村委会班子成员一致同意后，他们又请来了在村里的14位党员，大家不仅同意，还想得更远，捐苗只是第一步，不仅要捐苗，还要种好、卖好。

黄杜人的心又鼓了起来。他们挑最好的地块，扦插培育最好的茶苗，等5—6厘米的嫩芽长到15—20厘米长时，可以种植了，他们便精挑细选了1500万株茶苗，并预留出300万株作为备用苗。2018年10月18日，这些茶苗坐上冷藏车出发了。它们要去的地方是湖南省古丈县、四川省青川县和贵州省普安县、沿河县等3省4县的34个建档立卡贫困村。受捐4县均为国家级贫困县和省定深度贫困县，受捐群众都是尚未脱贫的建档立卡贫困户。

“安吉捐赠的白茶苗，是一份脱贫攻坚的大礼包！”贵州普安县屯上村村委会主任蒋成勇说，村里一直以种植玉米、水稻、大豆等传统农作物为主，经济效益低。但他们有信心和决心发展茶产业，鼓起“钱袋子”。

捐赠完茶苗后，怎么样把好事办好，把好事做实，成了盛阿伟心上惦记的事，也成了黄杜人的新课题。为了帮助受捐农户尽快掌握栽培技术，他们组建“帮扶技术团”，手把手培训，点对点帮扶。3年时间里，黄杜村已经先后派出42批次300多人次前往3省4县进行技术指导，青年白茶种植能手们还以网络远程指导的方式协助受捐农户解决白茶种植中遇到的问题。

教会了技术还不够，机械化作业也是现代农业中提高生产效率和提升产品品质必不可少的一环。为此，国网安吉县供电公司携手安吉元丰茶叶机械有限公司，先后向贵州省沿河土家族自治县、湖南省湘西土家族苗族自治州古丈县捐赠炒茶机，让扶贫从白茶种植向生产加工环节延伸。“炒茶机成套设备满负荷运行，每天能用掉1500公斤白茶青叶、生产350公斤干茶。人工炒制白茶不仅难以把握温度、时间和翻炒的均匀受热面等影响因素，而且，生产同等量的干茶至少需要200多个工人，自动化机械炒制只需8个工人就能完成。”带着一身白茶加工用电技能的电气化指导员宋承星，向大伙讲解了起来。在安装调试炒茶机的过程中，宋承星详细讲解了国网安吉县供电公司通过“一村一规划”，研究制定适应不同区域发展的白茶产业配套电网规划的思路。

贵州省沿河土家族自治县中寨镇大宅村村民田洪军感激地说：“你们捐赠的炒茶机，及时解决了村里的一个瓶颈问题。茶叶采摘下来后通过机械化加工，实现了茶叶价值的大幅提升。现在我们更有信心、干劲更足了。”

3年来，黄杜村共向中西部3省4县34个贫困村实际捐赠“白叶一号”茶苗1900万株，种植面积5377亩。2021年3月，3省4县扶贫茶首次开采，产供销成链，带动1862户5839名建档立卡贫困人口增收脱贫。

一片叶子，穿越风雨艰辛，穿越千山万水，传唱着跨越千里的“赞歌”。在黄杜人携手3省4县村民奔小康的路上，国家电网人一直用行动支撑着他们的小康梦，助力这片白茶叶最终化为奔向共同富裕的“金叶子”。

十年接续，“点亮”玉树美好未来

2021年2月25日，全国脱贫攻坚总结表彰大会在北京人民大会堂隆重举行。习近平总书记宣布我国脱贫攻坚战取得了全面胜利。近年来，国网浙江电力积极贯彻落实党中央、国务院重大决策和国家电网公司部署要求，在“三区三州”深度扶贫、东西扶贫等方面充分发挥责任央企表率作用，把光明和希望带给了贫困地区的群众，“点亮玉树”公益行动便是其中一则生动案例。

在参加2021年全国两会青海代表团审议时，习近平总书记说：“玉树建设的情况，我都是非常关心的，也非常高兴。你讲到人们通过抗震救灾、通过扶贫攻坚，看到了党的关怀、党的力量，真正让我们的子孙后代也都能过上健康、现代、幸福的生活，玉树的将来就会更好。我很牵挂玉树的。”①

① 史伟等：《习近平：我很牵挂玉树 玉树的将来会更好》，《中国青年报》2021年3月7日。

时光拉回到2010年4月14日清晨，大地颤抖，山崩地裂，房塌屋倒……青海省玉树藏族自治州玉树县发生7.1级地震。突如其来的灾难不仅撕裂了山川和房屋，也重创了当地的教育基础设施。

10年来，国网浙江电力在青海玉树创建了34所“绿电学校”，实现了玉树“校校有电”；利用“空中课堂”等方式实现东西部优质教育资源共享，打造了一个让孩子“有电可用、有饭可吃、有衣可穿、有学可上、有药可医”的“五有”志愿服务生态圈，为当地3万余名师生送去温暖、送去光明、送去希望。

“点亮玉树”公益团队为玉树市巴塘乡拉吾尕村小学的学生讲解《电力安全漫画》

十年如一日，一定要让孩子们用上电

对于大部分幸运的人而言，玉树地震只是新闻报道，但对于身在玉树的孩子们而言，那一天，山水失去了颜色，大地陷入了暗夜，顷刻间童年蒙上了无比惨烈的黑暗记忆……

彼时的玉树上拉秀乡曲新村小学，60余个孩子和5名老师挤在6顶简陋的帐篷宿舍里。借着微弱的烛光，孩子们在帐篷里早读。下雨时，雨水顺着帐篷嘀嗒嘀嗒地滴落下来，溅在课本上。一根小小的蜡烛，是黑暗中唯一的光亮。光明，对这里的孩子而言，仅仅是那一支摇曳的烛光。

2011年，国网杭州供电公司发起了“点亮玉树”公益行动。同年11月15日，爱心从杭州出发，跨越3000千米，被送到海拔4400米的曲新村小学。新安装的光伏发电设备在日光下熠熠生辉，隔壁的帐篷教室里，“点亮玉树”团队成员小心翼翼地拧上一盏节能灯，轻轻地按下开关。伴随着孩子们的欢呼声，灯亮起来了，帐篷教室一扫此前的昏暗。曲新村小学结束了无电的历史。

通电那天，12岁的成林秋忠和同学们一起站在教室里，盯着电力“红马甲”叔叔们接好灯泡并按下开关。灯光亮起的一瞬间，孩子们兴奋得直拍手。

自此以后，学校不仅亮起了电灯，还用上了电冰箱、电视，装上了电暖气……此后，国网浙江电力“点亮玉树”团队队员出现在一所又一所无电学校里。

“这是我们扎芒村小学建校10多年来，第一次有国歌伴奏的升旗仪式……感谢你们为学校送来了太阳能发电设备。”两年后，在玉树扎芒村小学，扩音器里传来嘹亮的《义勇军进行曲》，校长巴扎缓缓升起一面鲜艳的五星红旗，孩子们对着国旗行少先队礼。看着这因通电而带来的动人一幕，35岁的巴扎校长激动得有些说不出话来。

这样的“点亮”公益之行，国网浙江电力一走就是10年。10年来，巴颜喀拉山顶的冰雪化了又冻，“点亮玉树”党员服务队员们的身影却从未消失。从点亮玉树上拉秀乡曲新村小学的第一盏灯开始，“点亮玉树”团队相继帮助玉树实现了“校校有电”。

绿电学校，赋能孩子美好未来

“这是一个非常感人和有意义的故事，展现了相关举措对中国和世界各地儿童未来的重要性。如果有更多这样的选题，世界将会发展得更好、更有可持续性。”2017年末，在品牌创新峰会上，美联社记者Tiago Moura Marconi如此评价“点亮玉树”公益项目。

正是这样一种可持续的力量，让项目没有止步于“送电”和“点灯”。在一次次深入玉树的帮扶中，国网浙江电力人发现，玉树的教育资源严重匮乏。这里的师生比仅为1∶24.2，远低于全国平均水平，这里五年级的孩子甚至不能正确写出“谢谢叔叔阿姨”……

扶贫先扶智。国网杭州供电公司创新探索了囊括新能源和新教育的一揽子帮扶模式——三江源“绿电学校”，全面协助提升玉树教育质量。在“为高原美丽生态充电，为孩子美好未来赋能”使命的驱动下，国网杭州供电公司联合玉树供电公司、玉树教育部门，以及浙江的教育机构、公益组织、媒体、爱心企业等多方力量，扎实推进可复制、可推广的“绿电学校”建设，为决战脱贫攻坚贡献了“杭电方案”。

在每一所“绿电学校”里，新能源和新教育相互促进、循环发展。在改善教学条件的同时，光伏发电为新教育提供能源供应和资金支持。新教育包括打造“空中课堂”、建设生态实践基地、培养生态小讲师等。在一所所“绿电学校”的建设过程中，国网杭州供电公司不仅帮助学校提升教学质量，倡导绿色低碳理念，更促进了玉树教育机会均衡，改善玉树学校教育资源配置，“点亮”玉树孩子的美好未来。目前，已有34所“绿电学校”在青海玉树建立起来。

10年来，更难能可贵的是，一举振臂、一声呼喊，爱心汇聚。随着越来越多人加入“点亮玉树”的行列，一个让玉树孩子“有电可用、有饭可吃、有衣可穿、有学可上、有药可医”的“五有”志愿服务生态圈渐渐形成。10年间，国网杭州供电公司联合玉树教育局协助多所学校建设电气化厨房，让孩子们“有饭可吃”；联合爱心企业向援助的学校捐赠衣物，让孩子们“有衣可穿”；联合教育机构为玉树培育师资力量，让孩子们“有学可上”；联合公益组织向玉树学校捐赠医疗急救箱和药品等，让孩子们“有药可医”……

2013年4月，“点亮玉树”团队联合浙江省中小学教师培训中心，建立浙江省中小学名师名校长玉树工作站，为玉树3所初中、13所小学及15所幼儿园的全部852名教师提供长期系统培训服务，深入开展“送教进玉树”活动。

2017年7月，“点亮玉树”团队在实现学校通电的基础上，用“互联网＋教育”的模式将“空中课堂”带入了玉树偏远学校。同年，在团队的帮扶下，援建学校学生的综合升学率达到100%。

2020年，国网杭州供电公司与国网玉树供电公司又通过“云签约”启动了党建联建。坚持战略引领“抓落地”，以“党建＋脱贫攻坚”为抓手，进一步发挥党建优势，加大东西协作力度，发挥双方的资源优势，把党的政治优势、组织优势、密切联系群众优势转化为脱贫攻坚的强大政治优势，共同为打赢脱贫攻坚战贡献国家电网力量。

央企唯一，高原玉树生长“幸福之果”

2020年9月18—20日，第八届中国公益慈善项目交流展示会（以下简称“慈展会”）在深圳会展中心召开。“点亮玉树——‘新能源＋新教育’生态赋能工程”项目受邀参展，并从全国772个优秀参赛项目中脱颖而出，获得2020中国公益慈善项目大赛金奖，成为此次大赛中央企的唯一获奖项目。

国网浙江电力以点亮玉树震后无电学校为初心，以“党建＋精准扶贫”为核心，连续10年深耕“点亮玉树”项目，围绕光伏扶贫、教育扶贫、公益扶贫，分阶段有序推进、迭代升级，以党建联建为纽带，让党旗在决战脱贫攻坚、决胜全面小康一线高高飘扬。

10年间，玉树和杭州之间搭起了一座桥，许多藏族的孩子和千里之外的“红马甲”结下了不解之缘。“藏族女儿”“藏族儿子”和电力“阿爸们”的故事让“点亮”有了温度。“点亮玉树”工作深耕不辍，一所所玉树的无电学校被陆续点亮。以电为媒，国网浙江电力将联合更多社会爱心人士，不断丰富项目内涵，让“点亮”持续下去。

如今，在这片凤凰涅槃的土地上，偏远地区无电可用的状况早已被改写。99.8%的供电可靠率，是国家电网人深耕10年为玉树发展提供的坚强电力支撑。

在产业互补、人员互动、技术互学、观念互通、作风互鉴的党建联建推动下，2020年6月，“点亮玉树”的“红马甲”们又在海拔5000米的德吉岭小学，建起了首个设施先进的有氧图书馆，孩子们的学习环境变得更好了。在有氧图书馆内第一次接触到电脑的三年级学生扎西措多举起小手，在老师的指导下，在电脑上打出了第一句话：“感谢浙江杭州电力！”

这句话，表达的是一个玉树孩子最真挚的心声。

玉树地震11年后的今天，志愿者一拨拨来回轮换，当地孩子们毕业了一批又一批，珍贵的是互相交融的情谊，不变的是坚守公益的初心。十年坚持，十年付出，“点亮玉树”的星星之火，一直努力发光，指引着玉树孩子们走向崭新的未来。

第九章 非常时刻

艰难方显勇毅，磨砺始得玉成。台风、寒潮、疫情……前进路上总有危机坎坷。G20杭州峰会、世界互联网大会乌镇峰会，每项重大活动都是对电力保障的大考。面对危机与考验，国网浙江电力始终迎难而上，牢记初心使命，凝聚全员合力，在非常时刻展现央企责任担当，顶住考验，交出让党和人民满意的答卷。

城市，因G20而改变

2016年9月，习近平总书记对G20杭州峰会总结表彰工作作出重要指示：要在全社会大力弘扬广大干部群众表现出来的主人翁意识、爱国主义精神、无私奉献精神，使之成为培育和践行社会主义核心价值观、推进社会主义精神文明建设的重要内容，为实现“两个一百年”奋斗目标、实现中华民族伟大复兴的中国梦提供强大精神力量。正是将这种主人翁意识、爱国主义精神、无私奉献精神发挥到了极致，国网浙江电力人谱写了一曲产业工人的盛世赞歌！

呦呦鹿鸣，食野之苹。我有嘉宾，鼓瑟吹笙。2016年金秋，G20杭州峰会在全世界的瞩目下如约而至。杭州，这座马可波罗笔下的“世界上最美丽华贵之天城”再次走到了世界舞台的中央。

走进杭城的各个角落，西子湖畔情意缠绵，运河两岸张灯结彩，西溪湿地游船欸乃……很少有一座城市，能像杭州这样，把山水风情与市井烟火融合得如此相宜。身处杭州的每一个人都能察觉到G20杭州峰会给这座千年城市带来的改变。

参与G20杭州峰会保电的每一位电力人都是这一改变背后的亲历者。国网浙江电力统筹调集全省资源，在经历了一年半夜以继日的精心准备后，集中力量完成了这个当时最为重大的政治保电任务，高标准实现了“设备零故障、客户零闪动、工作零差错、服务零投诉”的保电目标，也给杭州这座城市带来了实实在在的变化。

国网浙江电力举行G20杭州峰会保电誓师大会

民生之变，角落换上新颜

每年夏天，馒头山社区的街坊邻里搬出小条凳儿，摇着蒲扇，聊着家长里短。这是70多岁的王大爷对杭州最美好的回忆。王大爷的家，50多平方米，家里的家用电器不少，冰箱、电视机、空调、电风扇、微波炉一应俱全。“过去用电量大，把电表烧掉过。今年夏天高温天数多，反而没出什么故障。”G20杭州峰会前夕，王大爷这么乐呵呵地跟身边的人说。

从雷峰塔往东南方向绕过凤凰山，不到2千米的路程，便到了杭州上城区馒头山社区。由于馒头山绝大部分区域属于南宋皇城遗址重点保护区，近60年来，社区未进行过大规模的整治与开发，可以说是杭州主城区最破旧的社区之一。

“满地都是狗屎，脚都要踮起来走，早上倒马桶、上厕所的人排成长队……”郝素琴忆及往昔景象，感慨不已。

在馒头山整治工程中，国网杭州供电公司对馒头山社区进行了电力架空线“上改下”改造，这个曾经被遗忘的角落，逐渐展现出迷人的人文与自然相融的魅力。像王大爷、郝阿姨这样在此生活了大半辈子的人都有着深切的感受：地面整洁了，蜘蛛网不见了，环境好了，烦心事少了，整个人舒畅不少！

G20杭州峰会为杭州市民带来的不仅有视觉上的赏心悦目，在政府力挺下，诸多基础建设的推进也让市民切切实实受了益。距离西湖300米的思鑫坊，是杭州有名的民国风格石库门建筑群。百年思鑫坊，半部民国史。作为杭州市上城区的重点改造整治项目，思鑫坊在短短6个月时间里重现风华，恢复了清水砖墙、乌漆大门和雕花门楣的民国旧貌。

以主办G20杭州峰会为契机，杭州市政府将保障峰会与城市发展、改善民生有效结合起来，完成了一系列城市建设升级和民生改善工程。

“杭州这么美，忍不住要和大家分享。”来杭打工的小夏在朋友圈转发了用手机抓拍的夜景。西湖光影、钱塘夜色的照片不停被晒和传播。潜移默化中，市民们感受到了杭州容貌的新变化。

“用5年时间，为杭州写一首诗。”程方和程晓是一对年轻夫妇，他们历时5年，拍了9万张照片，做成了一部《杭州映像诗》。杭州之美让人惊艳，一时间，这部短片在网络上被疯传。

“争当主人翁，护航G20。”记录者背后浸润着无数建设者的汗水。

网架优化，品质杭州有保障

回忆起当时的工作场景，国网杭州供电公司配电运检室的刘庄有深刻的印象。“烈日当空，在城西白沙泉项目现场，脑门上的汗珠滴滴答答掉不停。”他笑着说道，“每个人都在感受杭州的日新月异，杭州变得越来越美，老百姓的幸福感越来越强，这其中有我们的一份功劳。想着这些，干活的时候就有劲。”

在G20杭州峰会电力建设全面铺开之前，杭州地区电力供应保障存在区域间经济社会发展不均衡、市区电力设施规划落点困难等限制，城市发展新中心受到供电容量不足的制约。时任国网杭州供电公司发展策划部主任周昱甬，被杭州武林商圈、环西湖区域等先行开发区块的电力设施老化问题困扰了很多年。这次借助G20杭州峰会，“心病”终于得到了完美解决。

“之前变电站落地谈判一直阻力重重，又不符合改造条件，区域配网那叫一个举步维艰。”核心城区变电站落了地，有效缓解了区域内供电“卡脖子”难题，周昱甬难掩苦尽甘来的兴奋。

G20杭州峰会落户杭州，为杭州电网建设带来最佳机遇期。自2015年开始，国网杭州供电公司统筹实施，全面开展保电工程、重载站分流等改造工作。两年时间里，共计投产110千伏以上输变电工程30项，投产变电容量332万千伏安、线路长度228.67千米，投产容量创历史同期最高纪录。

杭州环西湖区域部分电力设施的运行时间已超过20年，开关柜和电缆线路老化，该区域相对落后的供电设施与西湖这张闪亮的城市名片难以匹配。从2015年10月起，环西湖电力提升改造工程全面启动，国网杭州供电公司抢抓时机，啃下了这块困扰电网安全运行10余年的“硬骨头”。

6个月时间里，国网杭州供电公司对区域内配电网架进行梳理和完善，动员1000余人进行电源提升改造，共新建环网箱78座、更换老旧环网箱64座、更换老旧电缆21千米、新敷电缆189千米。

2016年3月26日，环西湖区域电缆扩建沟体全线贯通，配网提升改造工程结出硕果：西湖周边客户年平均停电时间缩短到5分钟以内，与东京、巴黎相当，达到世界先进水平。至此，南山路林立的商铺、各具特色的餐厅和北山街闹中取静的居民小区都享受到了电网改造的福利。

同时，为迎接G20杭州峰会，杭州市对西湖、运河、钱塘江这3个核心地带进行了亮化，实施了一批道路整治、街容美化、城市亮化的项目。从钱江一桥到钱江二桥，杭州市民和游客可以看到在江水、堤岸和建筑上所呈现出的一个变化多姿的水墨江南。市民晚上出去拍拍照，晒到朋友圈，引来点赞的同时，也宣传了杭州。

立足长远，服务城市发展

彼时，在绿树掩映的馒头山社区，坐落着凤凰御元、凤凰1138两个创意产业园，园区已有80多家企业入驻。杭州市GDP实现了连续5个季度增速达两位数的纪录。2016年上半年，杭州更是以10.8%的GDP增速领跑，分别高于全国、全省的4.1个和3.1个百分点。

杭州抓住这一契机，不但改善了民生，在产业升级上也下足功夫。坚持服务保障G20杭州峰会与推动杭州经济社会发展“两手抓、两不误、两促进”，让杭州的供给侧结构性改革找准了跑道、见到了曙光、尝到了甜头。

而杭州经济发展的背后，有着杭州电网的强力支撑。“杭州的许多电力大客户是通过客户变电所接入供电的，电气设备运行信息无法与电网互联。对我们而言，客户内部用电情况是一座‘信息孤岛’。”时任国网杭州供电公司市场及大客户服务室副书记杜一玮形象道出了企业与客户的服务难题。

在杭州市政府《重大活动用电设施配置与管理导则》的框架下，国网杭州供电公司提前组织排查保电大客户的供电电源、自备应急电源、受电装置等6方面共121个节点，逐户编制供用电安全预评估报告。

此后，政府主导、客户主体与电力主动的“三位一体”用户侧保电工作形成了长效机制。同时，推出“SGCC”客户服务模式，以信息共享、多方共赢为核心理念，打造大客户设备运行状态监测和视频监控系统，把保电服务送到客户的灯头、开关和插座。

全新的通信系统建成后，实现了用电大数据分析，通过制定节能、优化用电的策略，为客户降本增效，极大地提升了变电所的标准化和现代化水平。

站在“十四五”开局回顾那场世纪盛会，依旧心潮澎湃。G20杭州峰会留下的精神财富弥足珍贵。在“后峰会，前亚运”的历史时期，国网浙江电力将继续展现“大国重器”和“顶梁柱”的担当，践行“人民电业为人民”的宗旨，矢志不渝，重新出发！

智慧电力璀璨“乌镇时间”

2015年12月16日，国家主席习近平在浙江省乌镇出席第二届世界互联网大会开幕式并发表主旨演讲，他指出乌镇的网络化、智慧化，是传统和现代、人文和科技融合发展的生动写照，是中国互联网创新发展的一个缩影。每一届互联网大会召开，全世界的目光都聚集在浙江乌镇，国网浙江电力肩负重大活动保电使命，以非常之功探索创新，让智慧电力在乌镇闪耀。

青砖黛瓦石板巷，小桥流水乌篷船。日色不变，那高高耸立的马头墙下，一切都在改变，还在改变。

2014年，世界互联网大会乌镇峰会永久落户乌镇。这个有着1300多年厚重历史、曾一度破旧落寞的水乡，不仅寻回了昔日荣光，更借助互联网的力量，成为魅力四射的世界知名小镇。乌镇变化的故事一诉便已7年，一张清洁、高效、智慧、互联的能源互联网已融入数字乌镇，智慧电力点亮“乌镇时间”。一群朴素、勤劳、沉稳的电力保障者驻守在小镇的角角落落，点亮热闹非凡的互联网之会。

人工到科技，保电有了“新的提升”

2014年孟冬，因“邂逅”世界互联网大会，一个牵动全世界的互联网小镇就此诞生。但是，它突如其来的“到访”，也让很多人措手不及。

“从接到通知至会议正式开始只有不足60天，如何在短短的几十天时间里完成这项工作，并且万无一失地保障好？”乌镇峰会会场保电负责人王伟回想起当年的点点滴滴，依旧感慨万千。一个县级市的小乡镇，竟然要承接一个世界性的大会，这是史无前例的。

深秋的夜，两人一组，一顶帐篷，一套行军装备，就在一基铁塔或是一基电杆下驻守至天明。峰会期间，来自嘉善、海宁、柯桥等地的7家兄弟单位来桐乡应援，2600余人次不间断地对乌镇区域供电的重要线路、杆塔、变电站等进行特巡，完成输配电、低压线路巡视5470千米，调集了8辆发电车24小时驻守在会场外。

“第一年，我们用最原始、最简单，也是最辛苦的方法圆满完成了峰会的保电任务。”王伟无奈地说道，“但是，也正是因为有了这样的第一次，才有了我们之后的一次次突破、一年年进步。”

这几年，乌镇的电力科技项目层出不穷……在变电站内，智能巡检机器人加入了日常巡检工作；在智慧营业厅内，“能说会道”的机器人有效地提升了业务办理效率；在全感知配电房内，轨道式的机器人实时监测设备运行状态；在10千伏输电线路旁，无人机开展自主巡检；在镇区的子夜路上，神经元路灯为智慧城市管理赋能……

7年来，从曾经的“第一次”到常态化保电，从人工值守到科技护航，透过这些点点滴滴的变化，他们在这个有着1300多年历史的古朴小镇里，为世界互联网大会点亮智慧之光，预见美好未来。

在全感知配电房内，轨道机器人正在实时监测设备运行状况

旧与新，电网有了“质的飞跃”

乌镇的保护和发展，饱含着习近平总书记的深厚感情和殷切期望。他曾反复强调乌镇“历史遗产保护开发和再利用”理念的重要性、必要性，强调必须最大限度地保护好千年古镇这一历史文化遗产。[①]这体现了他历来对文化传承、环境保护的珍视。“创新、协调、绿色、开放、共享”新发展理念，在乌镇的保护与发展中得到生动诠释。在电网改造中，如何保护乌镇景区，使其不失传统韵味是摆在国网浙江电力人面前的一道难题。

① 应建勇：《习近平总书记心系乌镇》，《浙江日报》2015年12月15日。

"2014年，乌镇景区只是普通的景点用电用户，要承办世界性会议，其供电可靠性远远不足。"作为保电专家的王小平深有体会，"因为时间紧迫，任务重，我们加班加点为主会场加装了2台ATS（自动转换开关）装置，还集全省之力，调集了8辆应急发电车集结乌镇。"

第一届世界互联网大会的电力保障工作，是在一种紧张、不安、不确定的氛围里度过的。从第二年开始，乌镇区域的电网建设如火如荼……2015年，乌镇西栅总配电房、20千伏西栅联络站完成建设，乌镇峰会保供电现场指挥中心、保电实景沙盘、政治保电系统逐一投入使用；2016年，西栅景区综合电压合格率100%，达A+类供电区域要求，镇区达A类要求，其他区域满足B类要求，国际会展中心新会址投入使用，配套电力设施完成建设；2017年，省"十三五"重点工程——110千伏陈庄输变电工程完成建设，乌镇镇区配网线路全部实现环网互供，永久会址实现4主4备供电，乌镇区域电网正式迈入国际一流行列；2018年，保电工作常态化，乌镇"三型一化"供电营业厅改造完成，老百姓开启智慧用电新生活；2019年，互联网之光展览馆全感知配电房完成建设并通电，轨道巡检机器人可以智能读取表计数据、判断开关位置是否正常、检查局放状态，实时监测在运设备安全状态，362套神经元路灯、5G微公交充电桩、智慧小库等为"智慧小镇"建设赋能；2020年，创新采用110千伏输电线路无人机开展自主巡线工作，5G智能机器人"行走"在开闭所开展电力巡视，全省首个农村智能物联网台区在乌镇陈庄村建成……

历经多次电网大改造、大升级，乌镇实现了从镇级电网到具备承接国家一类会议保供电能力的国际一流电网的华丽转身，景区供电可靠率达到99.999%，综合电压合格率达100%，可媲美美国纽约、日本东京等国际一线城市。

细数乌镇这些年的电网变化，可谓翻天覆地。最直观的还是小镇老街上抬头可见的蔚蓝天空，早些年密密麻麻的蜘蛛网不见了，破旧的电杆“入地”了。2020年11月末，乌镇更是全面取消了计划停电，从此迈入不停电的新时代。

从慢到快，智慧电走进枕水人家

慢，曾是乌镇的底色。

正如《似水年华》里描绘的，在乌镇这个地方，时间很慢，人们计算日子不用天，也不用周，而是用年，因为这个地方即使一年过去，也没什么变化。而今天，令人惊叹的是，在乌镇，延续千年的“慢”，与彰显时代特质的“快”，竟巧妙融合在人们的工作生活中。

“以前我在营业厅排队，一排半天就没了。现在，不管是交电费或者是办电，手机上都可以操作。”80多岁的乌镇老人胡晖有着和年轻人一样的心态。“智变”不仅让乌镇时尚起来，也为当地居民带来了更多便利，共享美好生活。

家住乌镇虹桥村的张先生打算为新盖的房子申请用电新装业务，到乌镇供电营业厅后发现忘带身份证，一项创新服务“刷脸办电”帮他解了燃眉之急。对着摄像头，张先生的相关信息全都出现在电脑里，没过几分钟，工作人员便帮他办完了业务。张先生说：“现在这互联网时代，真的是越来越方便了。”用户从申请、办理到通电，仅需1个工作日。此外，供电公司还大力推广网上国网App，各种用电信息查询、用电费用缴纳等简单业务可以足不出户、“一网通办”。目前，乌镇网上国网App已实现全覆盖，业务线上办理率超95%。

谈起智慧的贴心服务，不少乌镇人还会提到小程序“有电么”。行政区域供电情况、邻近区域供电情况，因不可控因素停电后来电时间……小程序里一目了然。如今，该服务平台已接入乌镇管家，实现数据共享，服务城市管理、百姓生活。每一项举措创新只为乌镇畅享“云上”新的快生活。

从过去到未来，乌镇的故事还在继续

2015年9月，浙江省批复同意设立乌镇互联网创新发展综合试验区，以乌镇为核心，辐射周边，打造全省信息经济发展的示范区、全国“互联网＋”发展先行区。同时，通过打造云游古镇、智慧安居、智慧养生、智慧会展、智能开发和保护、智慧环境等工程，进一步让智慧乌镇更智慧。

春风化雨入乌镇，一步一履总关情。总书记的关怀让古老的乌镇焕然新生，互联网的光芒带给乌镇全新的魅力。

2020年11月24日，随着“互联网之光”博览会的闭幕，又一年的世界互联网大会电力保障工作圆满结束，大会落下帷幕，但这里的故事还在继续。

再见乌镇，胜似初见。7年变化细观乌镇，互联网因子正成为这座千年水乡的新风景，现代互联网气息已与这座江南小镇融合共生，“快”与“新”也成为乌镇的标签。

科技发展、社会进程、人类命运，通过互联网这个载体，在这里交会。透过乌镇老时光，看到人类新未来。我们相信，有电，有梦想；有光，有希望，一切美好的东西还会源源不断地涌现……

百炼成钢，打造高弹性电网

习近平同志在浙江工作期间一直非常重视防台、抗台工作。2005年7月26日，时任浙江省委书记习近平在温州220千伏飞云变电站指导防御台风“海棠”救灾时，作出了“电力是重中之重，电网是生命之网”的重要指示。[①]多年来，国网浙江电力始终牢记总书记嘱托，致力于打造一张抗压能力强、可实现快速“自愈”的高弹性电网。

台风是影响浙江的主要气象灾害。据历史数据统计，自新中国成立至2020年底，共有46个台风登陆浙江，其中地处浙南沿海的温州、台州遭受台风正面袭击的次数最多，直接登陆的台风共有34个，平均每年就会受到2.8个台风影响。

台风的威力有多大，破坏有多强，每一个经历过的人都刻骨铭心。2006年的超强台风“桑美”登陆时风力为17级，在登陆浙江的台风中属

① 周咏南：《顽强拼搏抗灾救灾　努力完成全年任务》，《浙江日报》2005年7月27日。

它破坏力最强，造成直接经济损失超过127亿元。2013年的秋台风“菲特”登陆浙江，杭州、宁波等地遭遇大暴雨和特大暴雨，导致435万人受灾。2019年的超强台风“利奇马”在历年登陆浙江的台风中强度排第三，降雨量排历史第二。2020年的台风“黑格比”在温州登陆后，几乎纵穿整个浙江，造成温州直接经济损失28.58亿元。每一次台风来袭，不仅对人民群众的生命财产安全造成严重损害，也对电网的安全带来重大影响。

2005年的台风“海棠”，中心最大风力12级，温州全市共263个乡镇（街道）受灾，温州市的交通、电力、水利等基础设施遭受重大损失，其中温州电网先后有29条35千伏以上输电线路、13座35千伏以上变电所、258条10千伏线路跳闸停电，苍南、平阳、文成等县出现了较大面积的电力中断，承担瑞安电网70%供电量的220千伏飞云变电站停运。时任浙江省委书记习近平特地来到正在抢修中的瑞安飞云变，慰问参与抢修的职工，并作出了“电力是重中之重，电网是生命之网”的重要指示。

在灾害来临时，电力安全极为重要。在一次次与台风抗击的过程中，国网浙江电力在实战中积累了丰富宝贵的抗台经验，依托建设高质量、可靠的坚强智能电网和多元融合高弹性电网，不断提升电网抵御台风的能力。

改造升级，电网有了全方位的提升

“十三五”期间，温州电网不断加大投资力度，新增500千伏变电站1座、220千伏变电站10座、110千伏变电站40座，新增110千伏及以上输电线路1243.6千米，基本建成以500千伏超高压为核心，220千伏双环网为骨干，110千伏链式、辐射结构为主的坚强主网架，抗灾、防灾能力大幅提升。

一组数据或许可以给我们更加直观的感受：2006年台风“桑美”过后，温州用20天才基本恢复供电；2013年台风“菲特”过后，时间缩短到了8天；2019年，超强台风“利奇马”过后72小时，全市供电恢复正常；2020年的台风“黑格比”是13年来唯一一个正面登陆温州的台风，温州电网仅仅用了48小时就基本恢复供电。

“黑格比”登陆时，温州城区的部分市民经历了一次不到1分钟的停电。8月4日上午6时，110千伏净水变净讯8264线在风雨中故障跳闸，造成温州市区南郊街道部分小区停电。短短49秒后，供电便迅速恢复了，绝大多数居民当时还在睡梦中，完全没察觉到这次短暂的停电。“以前来台风，停电都是常事，没想到今年这么快恢复，连家里的应急灯都没用上。”周岙村村民周汉云说。

“故障线路能够这么快‘自愈’，关键就是全自动FA功能的投用。”据国网温州供电公司员工林新赞介绍，台风登陆前夕，他们启用了全市首批44条FA（Feeder Automation，即馈线自动化，以下简称“FA”）全自动运行模式线路，最新投用的馈线自动化系统在研判出线路故障区间后，无须人工操作，便可进行故障点隔离，并恢复非故障区域送电。处置时间基本可以控制在1分钟内。

台州电网也在升级中变得更坚强。2019年，国网浙江电力在台州投资1000余万元对处于风口的温岭石塘镇进行配网改造，将靠海和山上易受台风灾害影响区域内的水泥杆全部更换成铁塔，针对沿海易受台风影响的区域线路，装设防风拉线。

“石塘三面环海，经常成为台风登陆地，以前大部分都是水泥杆，台风过境后容易出现倒杆、断线现象，并直接导致供电区域停电。”石塘供电所副所长蔡金涛介绍，“从1949—2020年，正面登陆石塘的台风就有6次，这次改造除了将部分老旧水泥杆更换成铁塔外，更换的导线线径更大了，输送电力的负荷能力也更强了。”

这些年，国网浙江电力不断加大对电力设备更新换代的投入，给现有电网架构“强筋健骨”，提高电网设计标准，持续开展配网设备“风雨无忧”建设，大幅提升电网的自愈能力，从而在应对灾害天气时显得更加从容。

电力员工在后台密切关注台风走向

科技创新，抗台有了强大的外援

2011年5月27日，习近平总书记在中国科协第八次全国代表大会上指出，要把科技创新与提高人民生活质量和水平结合起来，在防灾减灾、公共安全、生命健康等关系民生的重大科技问题上加强攻关，使科技成果更充分地惠及人民群众。

距离2004年台风“云娜”登陆台州，已过去整整17年，但每每想起这场可怕的风暴，石塘供电所的抢修人员潘杰仁依然心有余悸。“那天，整个城市狂风暴雨，我们的心紧紧地揪着，一直担心着主网的安全稳定。”潘杰仁回忆道。由于石塘与松门交界处的风口位置没有任何遮挡，电线杆连片倒地，变电站所有线路相继跳闸，小镇被黑暗笼罩，电网濒临崩溃。石塘供电所在没有支援的情况下，凭着十几个人的全力以赴，经历了整整15天的抢修。

早些年，电力抢修与台风的较量是一场拉锯战、消耗战，拼的是人力物力。近年来，通过在技术创新领域的突破，抗台抢修已从人力战转变为科技战，国网浙江电力在应对台风灾害时有了更多的帮手，也有了更强大的底气。

2018年，国网浙江电力在石塘镇成立了全省首家防台前线指挥部，安装了7台360度摄像头，远程监控各要点台风灾情，并与省市公司防台总指挥部实现视频、数据及信息实时传送共享，使防台力量更集中、信息决策更精准、抢修响应更快捷、出动效率更高效。同年，石塘镇建成全国首家配网无人机智能巡检管理中心。该中心在抗击“利奇马”期间发挥了重要作用。

2020年，国网浙江电力数据中心针对台风、洪涝等自然灾害的全新数据产品“灾害数据指南针”上线。该产品能够直观展现受灾区域居民大客户、企业、台区及变电站的停电数、累计停电数、累计复电数、累计停电比例、累计复电比例等指标的实时数据及趋势变化情况。

在科技的支撑下，台风“黑格比”登陆期间，温州的电力应急指挥中心通过“灾害恢复指数”获得了“台风实时影响规模已达峰值”这一信息，并立即展开研判，迅速估计出需要投入的队伍、物资的总体规模，判断区域抢修承载能力；随即调配人员物资，结合抢修形势，从受灾较轻地区协调人员及物资向邻近的灾情更重的区域流动，极大提高了抗台抢修的效率。

除此之外，国网浙江电科院的台风预警中心每年发布年度台风灾害情况长期预测报告；变电站智能巡视机器人可在雨天巡逻发现故障点；无人机队伍与应急指挥车联动，形成空天地一体化应急作战体系；融入北斗技术的一体智慧抢修平台，构建了一张防汛防台所需的综合电子作战图；物资中心库利用省、市、县三级应急调配机制，根据预测信息提前向可能遭受台风严重损害的地区增额配送物资……

在智能科技的辅助下，每当台风来临时，国网浙江电力能够第一时间掌握设备故障原因，随时排查巡视人员以前用肉眼无法检查的隐患，做出最优的应急方案，大大提升抢修效率，打造智能高效的电力抢修模式。

研究建设，打造弹性电力系统

2020年，国网浙江电力以多元融合高弹性电网为建设主阵地，创新建设对台风等极端自然灾害具有预防、抵御和快速恢复能力的弹性电力系统，使电网具备“坚强可靠、高度自愈、全面感知、快速恢复”四大特征。

目前，国网浙江电力已经进行了初步探索，通过建设防汛防台信息化平台，推动不同系统平台间的数据融合，根据台风气象信息及沿海区域杆塔微气象信息，综合判断区域内灾情和物资分布情况，为指挥决策部署提供支撑。

在温州，沿瓯江20千米范围内的七都岛和瓯江口新区（含灵昆岛）开展了防台示范区建设，利用智能配电台区、移动储能电源、配电台区手拉手混合微电网等应用，实现区域配电网自动构建、快速自愈。

在台州，供电公司制定“三年行动计划”，对抗短路能力不足的变压器进行升级改造，提升设备跳闸后恢复送电的速度，加强电网智能感知，不断拓展可中断负荷规模，大幅提升电网自愈能力，优化具有孤岛运行或黑启动能力的抗灾保障电网。

国网浙江电力利用多元融合高弹性电网建设思路，在温州永嘉山区成功试验极端天气灾害下山区自愈配电网；利用源、网、荷、储多元素及其控制技术，在45分钟内顺利完成台风过后山区配电网停电后自愈。

时光飞逝，距离习近平总书记在飞云变留下的殷殷嘱托过去了16年。飞云变当初的主变设备已经退出了历史舞台，与其一墙之隔的是2014年完成改造升级的新飞云变，这也是温州地区第一座投入运行的220千伏智能化变电站。

从木杆到水泥单杆，再到钢管杆、钢管塔，电力设施不断迭代升级，浙江基本建成以“两交两直”特高压为骨干的坚强智能电网。截至2020年底，浙江全社会最高用电负荷达9268万千瓦，但电网供电保障能力持续提升。

以前面对台风，电网人总是疲于应付，对下一次更猛烈的袭击提心吊胆。现如今，在一次又一次的风雨淬炼中，一代又一代的电网人更从容、更自信。依托多元融合高弹性电网建设，浙江电网抵御自然灾害的能力将越来越强。

“我都想不起家里最近一次停电是什么时候了，就连今年台风期间，供电也是正常的。”温州市人大代表林炼回忆，多年前，台风天停电在温州是常有的事，许多居民家里都会常备蓄电池或小型发电机。随着电力的飞速发展，这些场景早已成为历史。

抗冰战雪，守护万家灯火

中华民族正是在同自然灾害作斗争中发展起来的伟大民族。每当急难险重时刻，国家电网公司总是发挥责任央企“大国重器”和“顶梁柱”作用，为一方光明，不惧艰险，挺身而出。面对前所未有的冰灾，电力人闻令而动，集结成军，与时间赛跑，同自然博弈，上演了一场艰苦卓绝、荡气回肠的保电战役。

2021年1月，浙江遭遇了一波又一波降温。面对寒潮，国网浙江电力第一时间启动寒潮蓝色预警，密切跟踪天气变化趋势，全面做好防范和应对工作。寒潮期间，浙江电网总体运行平稳，主网未发生故障。

时间的指针回拨至2008年1月中旬，一场载入人类重大气候灾害史的冰雪灾害，袭卷了大半个中国。你是否还记得当年的暴雪、冻雨、低温？也许很多人已淡忘，但对于和电网打了40多年交道的电力人汪建勤来说，那个冬天异常寒冷，又异常温暖。

雪落江南，草木皆“冰”。在基础设施中，电力受损首当其冲。耸立于高山之巅的铁塔、横跨在山谷中的银线，被持续不断的降雪、冻雨所覆盖，冰雪层层裹挟，以超出常规数倍的压力使电网不堪重负。银线断落、铁塔折翼，开关跳闸、输电大动脉停运……全国各地的电网连遭重创，浙江电网综合性损失位列全国第二，仅次于湖南电网，500千伏以上的主电网受损程度全国第一。

那一次，浙江电网累计倒（断）塔（杆）15157基、斜杆1544基、断线6889处、线路损坏10814千米。除舟山以外，全省其他10个地市的供电全部受到影响，累计影响1836470户用户正常用电。其中，金华因一些主要线路都分布在山区，成了冰害重灾市。

“金华山区正好有形成覆冰的海拔、湿度和气温，50年一遇的极端冰冻天气导致的覆冰厚度远远超出当时线路的设计标准。”回忆起当时的灾情，汪建勤说，作为华东电网的重要枢纽，金华500千伏主干网的受损面积超过浙江受损电网的1/3。“浙江23回500千伏线路停运，9回在金华。500千伏线路杆塔倒塔167基、受损28基，金华就分别占了58基和5基。”金华电网的安全直接关系衢州、台州、丽水、温州乃至福建等地的居民生活和经济命脉。

倒塔覆冰史无前例，恢复重建刻不容缓。一时间，国家电网公司驻浙江电网恢复重建工作组和华东500千伏电网抢修前线指挥部在金华成立，“会战浙江，决战金华”的抗灾抢修攻坚战全面打响。

生死抢修　只为光明

“双遂2389线抢送失败，需立即抢修。”2008年1月28日凌晨3点多，时任金华电业局送电工区主任汪建勤接起了急促响起的电话。双遂2389线，是金华连接丽水遂昌的一条大动脉，抢送失败意味着遂昌断电。

"快点！快点！"汪建勤心里一直默念着。凌晨4时，他赶到工区召集了35人赶往双遂线寻找故障点。线路位于武义牛头山。这个国家森林公园，最高峰海拔1560米。汪建勤带着队伍历时4个小时一路砍枝伐道，终于在牛头山最高峰风口处发现了故障。

30多人站在巴掌大的风口处，眼前的一幕让他们惊呆了：两根导线被10厘米厚的覆冰压垂，贴在倾斜角达70度、距风口300米的悬崖坡面上。风口的风特别大，脚下是5厘米厚的冰层，几个抢修队员想要找个地方站稳都难。这样的情形，是汪建勤在35年工作生涯中从未见过的。在能见度不到3米、温度低至零下5摄氏度、风力近6级的悬崖口抢修，随时都有可能坠落。

"大家不要乱，每个人找好两棵树，把绳子分绕在两棵树上。"安静中，汪建勤说话了，"来，把安全带给我。"

"你不要下去。"随行的安全员林红明、生技科长黄旭骏几乎同时叫了出来。不顾安全员的阻拦，汪建勤已绑上了安全带，几名队员默默地帮他检查锁扣，他们不敢正眼看汪建勤。悬崖下是什么？冰层到底有多厚？谁心里都没底。

"绳子拉紧。"当汪建勤迈开脚步，倒退着准备下去时，安全员一遍遍地叮嘱拉绳子的队员。第一步，站稳了；第二步，"啪"的一声，所有站在风口处的抢修队员的心都揪了起来，汪建勤滑倒了！拉绳子的两人死命拉紧绳子。汪建勤趴在了悬崖上。

依靠登山鞋的摩擦力和锄头的支撑，汪建勤小心翼翼地将身子站稳了。约40分钟后，汪建勤和陆续下来的3名队员走完了300米悬崖，导线就贴在悬崖中间的平台边缘上。大家开始边凿边走。4人用锄头、绳子将导线上的覆冰除去，导线一下子就离开了地面，弹了起来。4人怕导线继续被覆冰压垂，就在刚才贴地处挖地除土。约3个小时后，他们挖掉了40厘米厚的土层，增加了导线与地面间的距离。

“上来的路就好走了。”汪建勤说。爬到风口上，汪建勤猛抽了一根烟，那个痛快啊！此时，已是傍晚5时。晚上7时，双遂2389线恢复供电。

竭尽全力 捍卫民生

勇士何止汪建勤一个。2008年灾情发生后，全省3万余名电力职工放弃春节休假，纷纷奔赴第一线抢修电网。

在电网受损最严重的金华，从2008年1月21日第一次线路跳闸后不久，就启动了二级应急预案，成立了抗灾抢险领导小组，实行24小时值班制度。电力调控中心的灯光，在之后的几十个夜晚彻夜通明。

为了能让受灾老百姓早日通电取暖，电力人竭尽所能。“冰害有多严重？半夜我家屋后毛竹的爆裂声，比过年的鞭炮还响；屋顶的瓦片被硬生生地冻碎了。”家住金华市婺城区沙畈乡周辽村的包红其说，村子海拔600多米，冰冻路阻，外出打工的人都不能回家过年，但电力抢修人员还是上山了。经过9天9夜的抢修，周辽村在过年前两天就通上了电。“看着家里的灯亮了，我们别提有多高兴。”

民生之所急，责任之所系。2008年2月6日，大年三十，噼里啪啦的鞭炮声不绝于耳，可在武义县新宅镇少妃村山上的10千伏宣武线故障抢修现场，一群电力人还在忙碌着，为的是让这一片6个村1100余户3500多人能在除夕恢复通电。清晨6时30分，60余名抢修人员就开始攻坚抢修，经过近5个小时的艰苦作业，中午12时，该区域恢复送电。60多岁的吕大妈望着全身沾满泥巴、眼睛浮肿的抢修人员动情地说：“你们太辛苦了，大年三十为我们山区老百姓抢修，送来了光明，真是雪中送炭呐！你们供电人真好！真好！”

1月29日至2月29日，只用了一个月，金华就圆满完成了220千伏及以下电网的抢修重建任务，第一时间恢复正常供电。

在电力人的努力下，金华没有一个县级以上城市停电，甚至没有一个乡镇政府所在地停电，受灾比较严重的边远山区中，90%以上的停电村在除夕前恢复供电，99.1%的受灾自然村在元宵节恢复供电。连在抢险中定下的错避峰等让电方案也基本没有实施。电力人齐心协力把因冰灾造成的损失降到了最低。

电力人，用自己的汗水、热血和对电力事业的无限赤诚，完成了一个几乎不可能完成的任务，创造了电力建设史上的奇迹。

重塑电网　坚强可靠

明者因时而变，知者随事而制。2020年4月10日，习近平总书记在中央财经委员会第七次会议上指出，国民经济要正常运转，必须增强防灾备灾意识。要大力加强防灾备灾体系和能力建设，舍得花钱，舍得下功夫，宁肯十防九空，有些领域要做好应对百年一遇灾害的准备。

经历了2008年冰灾的浙江电网，在灾后变得更加坚强。国网浙江电力逐步优化电网设计标准，开展差异化设计，对因灾受损的重点线路进行优化补强改造，并进行电网抗冰融冰关键技术研究。2008年12月15日，国网浙江电力结合气候特点和电网实际，编制完成《雨雪冰冻灾害应急预案》，从随时应对可能出现的雨雪冰冻灾害。

以金华为例，从110千伏到500千伏各个等级的电网在恢复重建时，都按照重冰区的设计标准进行了加固补强改造，防灾抗灾能力得到进一步增强。同时，还研发配置了各种融冰装置，一旦出现覆冰，融冰装置就会启动程序为输电导线发热除冰，相当于给导线穿上了一件看不见的棉服。2010年1月，金华到衢州的一条500千伏线路覆冰，在应用融冰装置后，仅10分钟就基本融化了线路表面的覆冰，真正检验了融冰技术的实战效果。

铁塔巍巍入云端，银线条条通天堑。

“十三五”期间，国网浙江电力投产110千伏及以上输变电工程765个，线路长度13235.04千米，变电容量12676万千伏安。110千伏及以上输电线路长度和变电容量分别增长27%和36%，基本建成以特高压为骨干、500千伏为支撑、各级电网协调、城乡供电可靠的坚强电网。

应用无人机进行雪后巡线

2016年8月，随着±800千伏灵绍特高压直流工程建成投运，浙江电网成为全国首个建成“两交两直”特高压网架的省级电网，网架结构更加完善，供电保障能力显著提高。

2020年，国网浙江电力在国家电网公司发展战略的指引下，进一步明确了“走在前、作示范，打造具有中国特色国际领先的能源互联网企业的示范窗口”这一战略目标定位，创新提出建设多元融合高弹性电网。为更好应对冰雪灾害，国网金华供电公司提出，从电网本体抗冰能力、设备监测预警能力、冰灾应急处置能力三方面发力，努力打造一张高承载、高智能、高自愈的电网。

冰雪可以压垮铁塔，但压不垮人们的抗灾意志。我们不希望这样的灾害性天气再来，但来了也不怕，电力人有信心、有能力应对各种自然灾害，为社会发展、百姓生活提供安全、强劲的能源支撑。

电力大数据智斗新冠肺炎疫情

2020年2月14日，习近平总书记在中央全面深化改革委员会第十二次会议上强调，要鼓励运用大数据、人工智能、云计算等数字技术，在疫情监测分析、病毒溯源、防控救治、资源调配等方面更好发挥支撑作用。近年来，在浙江，电力大数据正在被积极运用于生产生活的各个环节，在新冠肺炎疫情防控和复工复产中发挥了重大作用。

2020年3月31日，习近平总书记来到杭州云栖小镇，了解杭州利用大数据等前沿技术推进城市治理的情况。

电力大数据网格化防疫，是一项运用电力大数据推动疫情防控和企业复工复产的创新成果。新冠肺炎疫情防控期间，该平台在杭州滨江区率先试点，之后推广到全省11个地市，被列为省、市、县各级政府开展疫情防控和复工复产的参考依据，最终在国家电网公司全面推广。

这套全面反映疫情期间全社会生产、生活状态的数据模型，不仅仅是一套数字，更蕴含着国家电网人“同舟战疫”的使命感和“战疫必胜”的信念感。

我们用算法发力，智斗新冠肺炎疫情

2020年2月3日，正值疫情防控最严峻时期，国网杭州供电公司徐川子接到杭州市滨江区山一社区书记来庆峰的电话，语气中掩不住地着急：“5天后，返工返学返岗高峰就要来了，你们的电力大数据能帮上我们吗？”

山一社区是杭州市滨江区唯一的农居点，分布着章苏村、孔家里、陈家村、柴家坞4个自然村以及2个安置过渡点，社区开放，小路多、流动人口多、外地租户多的“三多”难题，给社区防疫带来不小的麻烦。

“我们小区没有围墙，也没有智慧门禁系统，社区只有15个工作人员，哪怕在路口设岗，也只能控车，所以我们只能挨家挨户排查，用大喇叭喊，压力特别大。”来庆峰说，“返岗、返工、返学‘三返’人员一来，社区的防疫压力就更大了，但人手还是那么几个，该怎么办？”

同样，精准掌握企业复工复产情况也是政府部门的“刚需”。以往，企业生产信息通常以各级政府逐级统计上报的方式来获取。疫情当前，人力不足、防疫管控需要等多种因素叠加，加上企业数量多、分布广，政府部门若要精准快速获取企业产能恢复情况，传统方法显然已不能满足需求。

徐川子在电话里很干脆地给了来庆峰一个“能”字。她想到，可以借助智能电表每15分钟采集一次的用电数据来设计一款新产品，帮助基层和企业减少对流动人口、“三返”人员统计报送的负担，直观掌握企业的真实复工情况。

这是每一个普通人的战争

有了这个想法之后，一个名为“电力大数据防疫工作”的微信群建了起来。

“当前疫情汹汹，现在我们有一个反攻机会，借助电力大数据的智慧化管理，助力疫情防控。现急需有数据架构专长、精通居民和企业用电业务、善于运营数据产品、能够进行结果分析的小伙伴，一起智斗疫情。虽然你我都不是英雄，但面对疫情，让我们代表每一个普通人而战!”一份简短的线上倡议在微信群里发出。

一群“90后”迅速集结。第一时间，党委牵头、支部协同、党员攻关的项目机制建了起来，他们多半是“90后”，最年轻的王奇峰当时才25岁。

4个，5个，6个……微信群内的成员慢慢增加到24个人，一支具备数据产品开发能力的团队形成了。

他们中有屡次斩获世界级数据挖掘竞赛佳绩的算法行家，有多年钻研人工智能和机器学习的博士，有10多年扎根一线的智能电表计量专家，也有毕业于美国哥伦比亚大学的学霸……

谈起当时“应征”，因高速管制“关”在家里而远在舟山的“90后”党员宣羿说：“看着一个个医护人员、军人为战‘疫’逆行，现在能用专业所长出点力，我当然要第一个报名!”

后来，在办公室的行军床上度过了好几晚的阮箴说：“当时就是看到消息，想着可以做点什么，满身劲就想使出去。”

“咱不仅要智斗，还必须要斗赢!”虽然没法集中办公，队员们还是开了一次线上的誓师大会。

我们一定能跑赢疫情

但是，一个又一个难题摆在面前。

要在短时间内处理成百上千万海量数据，怎么办？

完全没有可供借鉴的成熟算法和模型，怎么办？

不能集中办公，有些小伙伴还隔离在家，怎么办？

项目需要营销的系统支持、需要算法模型、需要社区配合，这么多部门横向协同，这么多单位内外联动，怎么办？

……

理想与现实间的桥梁往往只能用夜以继日的努力来架起。

说干就干。

宣羿负责取数，连续3天平均每天睡眠不足3个小时，连续取数计算，为后续的大数据模型提供了有效数据；孙智卿索性把自己关在办公室里几天不出门，一遍又一遍反复与社区校对数据、修正模型；王奇峰感觉自己"燃"了起来，回神时才发现已经4天未曾洗脸刷牙。

……

"最大的困难还是这种'不见面办公'的方式和紧迫的时间。"提到研发的5天5夜，自称"女汉子"的徐川子眼神亮了，"与以往不同，这次开发是真正与时间赛跑，覆盖面广，基础数据统计量又非常庞大，因此，小伙伴们在制定初步的阈值和规则后，没有时间反复推演，而是从算法侧论证，通过代码跑数的结果来验证初设电量值等数据的合理性，融合更符合实际情况的阈值，用迭代开发的方式，在极短时间内完成开发和上线应用。"

120个小时后，团队神奇地完成了157476户业主1200余万条和近

4.4万家电压等级在10千伏及以上的企业日用电量数据的云端采集，创新构建隔离人员异动、复工复产等6个场景共13套算法模型，并进行了现场验证，准确率超过97%。

“这是几乎不可能完成的任务。”阿里巴巴的资深大数据架构师古世相对此惊叹不已。

5天后，全国首个电力大数据网格化防疫平台在滨江160个小区率先应用，当天就协助社区精准预警人员流动1745户，实时监测隔离人员生活状态和独居老人等特殊群体391户，服务开工复产企业2600余家。该平台随后推广至全市、全省。

应用电力大数据计算企业复工电力指数

我们要让每家企业都复工达产

“我们在复工中碰到的最大困难，就是上游供应商停产的‘卡脖子’问题。”海康威视产业发展与投资中心总经理于亮谈起2020年的复工复产时说道。

海康威视是国内高端红外测温仪等防疫设备的重要生产商，像它这样因上游企业未复工而只能空等空耗的企业不在少数。

“我们用电力大数据进行全产业链摸排，锁定了首批5家受产业链‘卡脖子’影响的重要企业。”孙智卿对笔者说，“我们把这些企业名单，连同上游主要厂商复工指数一并报送到当地政府，联系了超过60家上游厂商及时组织复工复产。”在协同工作下，海康威视红外测温仪日产量逐步恢复到节前水准。

同时，在对杭州医疗物资和药品行业的全产业链大数据进行分析后，国网浙江电力先后向当地政府报送了12批共44家涉及无纺布、呼吸机配件等防疫物资生产的关键上游企业名单。电力大数据有效促进了产业链各环节尽早“手拉手”协同复工。2020年2月23日，杭州全市医药行业复工率已接近95%，综合产能也恢复到了上年四季度的3/4。

“电力大数据很有价值，对帮助我们开展网格化疫情防控和准确掌握企业复工复产进度来说非常重要。”杭州市发改委副主任陈周斌表示。

疫情时刻的人间大爱

2020年9月8日，习近平总书记在全国抗击新冠肺炎疫情表彰大会上指出，危急时刻，又见遍地英雄。各条战线的抗疫勇士以生命赴使命，用大爱护众生。面对疫情，全体国家电网人始终冲锋在前，感人至深的故事不断涌现。其中，有这样一位公益达人，她怀揣着自己的初心与使命，尽己所能地为这场无声的战争奉献着一切。

她叫胡芳，是国网浙江电力一名普通员工。2020年9月8日，她以“全国抗击新冠肺炎疫情先进个人”的身份，接受了党中央、国务院、中央军委的联合表彰。15年来，她好似一团火，始终怀着一颗炽热的心，在公益这条道路上坚定前行。

2020年的春节，中华大地上少了张灯结彩的喜庆，也少了车水马龙的热闹。一场突如其来的新冠肺炎疫情来袭。党中央一声号令，一场旨在保护国人身体健康和生命安全的阻击战就此打响。

对于医护人员来说，冲到抗疫前线，挽救被感染的人群，是最大的荣光。对于其他普遍人，宅在家里，便是对疫情防控最大的贡献。但还有一群人，他们身上的热血，让他们无法遥遥观望，虽不能挺身上前线，却默默服务在一线，他们在祈祷、在助力、在奔跑。这个群体的名字叫作“志愿红”。

“因为需要，所以去做。我们只是浪花中的一朵，齐心协力才能共同打赢这场战役。”这就是胡芳作为一名志愿者最朴实的心声。

“心舞”是胡芳的网名，现在已经成为当地一个颇有影响力的公益服务品牌。她不仅自己登记捐赠眼角膜，还志愿开展角膜劝捐工作，14年来已经成功促成40位志愿者捐献，在她的帮助下，有79人得以重见光明。

电力公益助困

用心传递爱，用爱给人送去光明。心舞工作室的公益服务随后拓展到关爱阿尔茨海默病老人、造血干细胞捐献、急救与AED推广等项目，他们的爱心得到社会公众广泛的认可，同时也建立了坚实的信任基础。

面对疫情，胡芳带领着心舞工作室团队，义无反顾地投入到了这场驱逐疫情阴霾的光明行动之中。在这个关乎健康与生命的赛跑中，让爱心舞动起来，让光明早日到来，是他们的信念。

武汉疫情较为严重，全国的支援队伍汇集到了这里。在抗疫初期，防疫物资极度紧缺，面对国内总体物资短缺的困境，心舞工作室在网上组建云志愿团队，从世界各地筹措防疫物资。为此，胡芳不得不颠倒时差、克服语言障碍，白天是武汉时间，晚上是世界时间，每天持续超负荷工作长达18个小时，那段时间她的儿子常常抱怨妈妈不注意身体。但胡芳前进的步伐没有停歇，因为在筹集防疫物资的战场，没有一分钟可以浪费。多工作一分钟，也许就能多筹集一批紧缺物资，前线人员就多一份生命保障。

面对困境，胡芳说："现在觉都不敢睡，因为有太多人需要我们了。"

多年积累的公益口碑，以及在海内外结识的旅游达人，在黑暗时刻给了胡芳有力的支持。不问大江南北，无论海内外，越来越多的爱心人士加入胡芳的队伍。大家一起找货源，找能提供帮助的基金会，找物资需求方……在物资接力的过程中，他们的努力最终汇成了一个个有力量的数字：在短短20多天的时间里，她建立起200多个物资对接群，帮助28个基金会、8个地方政府和35个国家完成对接，转运防疫物资超亿元；先后为18个省市133批援鄂医疗队发放21个种类600多万元的物资。

苟利国家生死以，岂因祸福避趋之。在最困难的时期，一个电话号码，几个微信群，胡芳和她的团队，用看似微弱的力量建立起国内外物资对接的桥梁，让我们能早一点、更早一点，看到走出疫情阴霾的希望之光。

胡芳的公益始于眼角膜劝捐。随着一个个眼角膜移植手术的成功，她对白衣天使的特殊情谊，也在不断加深。她在关注着疫情的时候，自然会重点关注到医护人员的情况。在看到医护人员脱掉防护服和隔离衣后身上大汗淋漓的样子，胡芳决定为他们送去洗烘一体机。

“我看他们脱了衣服都是汗，就想着给他们捐赠洗烘一体机。”胡芳心疼地说。这件事说起来容易做起来难，心舞工作室必须和各方做好对接，先后和出资方、电器销售商、医疗队所在的酒店进行沟通，每一个环节、每一个细节都必须考虑到。

正如来自湖北的志愿者林闽说的那样：“心舞小姐姐，虽然我不认识你，但我要谢谢你。”这正是受助者们想对胡芳说的心里话。胡芳常说“因为需要，所以去做”“做了总会有一点点作用”。正是这一点点的力量，让后方和前线零距离，让大家心连心。涓涓细流汇成大海，点点星光点亮银河，点滴奉献聚成大爱。

国内疫情逐渐好转，在耀眼的公益成绩面前，很多人劝胡芳停下来歇一歇。但当海外疫情开始发酵，胡芳再次踏上征程。心舞工作室虽小，却有着博爱宽广的温情。

在胡芳的抗疫故事里，历时193天、穿越7000多千米的战“疫”跨国行动，是一段令人击掌的佳话——中国驻叙利亚大使馆向叙利亚卫生部转交兰溪捐赠物资，所谓“山海相隔，情谊无间”。

叙利亚作为一个战乱国家，经济本就薄弱，疫情影响无疑是雪上加霜。另外，中国驻叙利亚大使冯飚先生是兰溪人，也是兰溪走出去的第一位大使。于是，在她与冯飚取得联系后，国网浙江电力、当地政府和心舞工作室联合发动了“我们在一起，驰援叙利亚”的防疫物资捐赠活动。

3个月里，团队以蚂蚁搬家的方式筹集防疫物资，成功筹到1000套防护服、10万只口罩、2台无创呼吸机及防护面罩、护目镜等具有出口资质的防疫物资。7月中旬，85箱物资从兰溪发往叙利亚。

其中最困难的是物流。叙利亚局势不稳，飞机经常停航，物流极其不便。用胡芳的话说，是“一波N折”。她通过种种渠道，得知物资可以空运到叙利亚，但包机费用高达百万美金，只能放弃。他们想过各种办法，机场物流联盟、DHL快递、包机……从包机要100万美金，到每千克185元，再到每千克95元，最终通过海运将85箱防疫物资发出。

2020年4月23日，叙利亚卫生部部长尼扎尔·亚兹吉专门发函邀请和感谢浙江省邵逸夫医院以及心舞工作室对叙利亚新冠肺炎疫情防治展开帮助支持。

在央视新闻中，叙利亚卫生部副部长艾哈迈德·哈勒法威代表叙利亚感谢这批珍贵的援助物资。他表示，这些物资将会被直接投入到叙利亚公共卫生领域使用，而且这些以个人防护设备为主的物资是目前叙利亚最为紧缺的。冯飚则表示，这次行动也将鼓励他们不忘初心，继续砥砺前行，为推动中叙两国友好关系的发展不断作出努力。

叙利亚只是胡芳和其团队奉献爱心的一个缩影。

截至2020年9月8日，他们总共支援了19个国家抗疫，其中包括德国、瑞士、意大利、加拿大、新加坡、马来西亚、匈牙利、瑞典、塞尔维亚、西班牙、叙利亚等国，帮助方式包括对接和捐赠防疫物资、提供物流渠道、交流抗疫经验等。

虽山海相隔，但情义无间，胡芳的心舞工作室将爱心光明传递行动推向国际人道主义舞台，践行了人类命运共同体的中国倡议，用行动彰显了中国人的责任和担当！

习近平总书记在2020年9月8日全国抗击新冠肺炎疫情表彰大会上指出，世上没有从天而降的英雄，只有挺身而出的凡人。在伟大的抗疫精神指引下，举国同心，“天使白”“橄榄绿”“守护蓝”“志愿红”迅速集结。胡芳，就是这样一位平凡的“志愿红”，她甚至不愿意多说自己的挺身而出。她一直说：“我是一名国家电网人，我们的工作就是为社会和百姓送去光明。用电送去能让眼睛感受到的光明，用爱送去能用心感受到的光明。”

在这次新冠肺炎疫情面前，举国上下万众一心，医护人员奋勇在前。胡芳想的是自己该做些什么以及自己能做些什么，希望能为医护人员出点力，为武汉出点力，为中国出点力，于是，她竭尽所能地去做了自己想做和能做的。她说，全国抗击新冠肺炎疫情先进个人，这份荣誉不仅属于个人，更属于曾经参与、支持，一起在这场疫情中付出过的所有人。没有人比她更清楚，在累累硕果后面，她经历了什么、付出了什么。胡芳知道，很多事情远远超出了她的能力范围，之所以能够做成，不是有多么幸运，而是因为这个世界本来就有很多热心人。她说：“这些无偿支持抗疫的志愿者、乡贤、律师、外贸人员、政府部门，请原谅我无法在这里向这些热心人一一表达我的感激之情，但你们给予的援助，将永远定格在这个春天！”

“疫”去春来，山河无恙。困难有限，爱心无限。一个人的爱心温暖不了多少人，一个人的力量改变不了多少事，但我们不能因此而不去传递爱。胡芳非常喜欢小虎队的那首歌：把你的心我的心串一串，串一株幸运草，串一个同心圆。她也特别喜欢《爱的奉献》中的那句：只要人人都献出一点爱，世界将变成美好的人间。她非常喜欢自己的网名“心舞”，寓意心有多大，舞台就有多大，名字的背后是对梦想的执着。

像“心舞”这样的志愿者团队，在国网浙江电力这个大家庭中还有很多。不论寒冬酷暑，抑或急难险重，哪里需要，他们就出现在哪里。无数朵浪花聚集在一起，就能掀起爱的巨流。胡芳和这些公益团队正是在这样一条巨流里奔腾的浪花，他们从没想过收获，但他们付出的人间大爱，终将汇聚成大海。

第十章

国际舞台

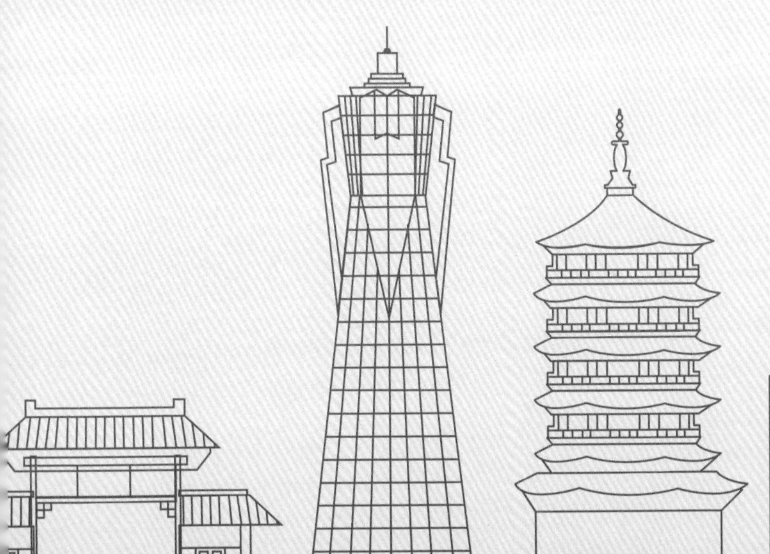

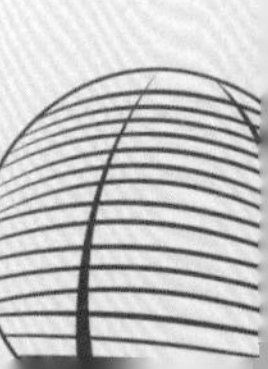

浙江是一扇窗，在“浙”里，我们让全世界看到了新时代中国特色社会主义制度的优越性，看到了一个更自信、更强大的中国。国网浙江电力也是一扇窗，我们从“浙”里走向国际舞台，向世界展示国家电网积极推进能源消费、能源供给、能源技术、能源体制革命的弄潮英姿。

亚马孙河畔的中国丰碑

孤举者难起，众行者易趋。让和平的薪火代代相传，让发展的动力源源不断，让文明的光芒熠熠生辉，是各国人民的期待。习近平总书记给出的中国方案是：构建人类命运共同体，实现共赢共享。[①]承载国际合作使命，践行“走出去”战略，130多名国网浙江电力人响应号召，来到1.7万千米之遥的亚马孙河畔开始了一段特殊的征程。

源远流长的亚马孙河横贯南美大陆，滋润着有“地球之肺”之称的亚马孙热带雨林。亚马孙平原海拔落差小，开发利用价值不高，充沛的水资源并没有转化为能源优势，宽广的亚马孙河反而像一道天堑将巴西能源基地和耗能中心南北相隔，跨亚马孙河输送能源成为困扰当地人的世纪难题。

如今，这条古老的河流上空，一条现代化的钢铁巨龙飞跃而过，两基296米的南美洲最高输电铁塔隔岸相望，用巨大的臂膀衬托起输送光

① 习近平：《共同构建人类命运共同体》，《求是》2021年第1期。

明的电力大动脉——这便是500千伏图库鲁伊-欣古-朱鲁帕里输电线路工程。亚马孙河畔的两基跨越塔刷新了南美洲输电铁塔高度、重量、线路跨度、技术水平等多项纪录，是由中国制造的南美奇迹。

从“白”到“黑”

巴西当地时间2012年10月13日13时58分，巴西亚马孙河畔的238号高塔顺利结顶，这标志着浙江送变电公司圆满完成南美最高输电“双子塔”的建设任务，成为南美洲电力建设史上的一项奇迹。

“只要能把高塔立起来，苦点累点都值了。”作为该工程的项目经理，全国劳模彭立新在工程建设上倾注了太多心血。2007年，彭立新担任220千伏舟山与大陆联网输电线路工程项目经理，跨越塔设计高度为370米，重量高达5999吨，创造了当时世界输电铁塔最高、最重、世界最长耐张段和亚洲最大档距等多项纪录。

工程的顺利实施也吸引了大洋彼岸的关注，370米高塔的成功组立坚定了远在南美洲的巴西人民对建设跨亚马孙河输电高塔的信心。2010年10月，巴西Isolux Corsan电建公司前来浙江考察高塔工程，在惊叹工作高效率、管理高效能的同时，力邀施工团队前往巴西参与500千伏巴西亚马孙河大跨越工程建设，负责两基跨亚马孙河296米高塔的施工。

刚踏上巴西这片热土，感受到的不是热情的足球和桑巴，而是巨大的气候和生活环境差异。“皮肤当然是在国内的时候白，我们都晒成‘黑人’了。”工程位于赤道附近的阿尔梅林镇，这里全年高温多雨，是典型的热带雨林气候。初来乍到，见到蟒蛇在营地里神出鬼没，整晚被蚊虫叮咬，营地外面还有野生美洲豹虎视眈眈，一切都让大家不习惯、不适应。“皮肤白不白无所谓，我最担心的还是施工人员安全意识不够。”彭立新在安全施工的把关上十分严格，因为工程施工的主力军是“80后”“90后”的小伙子们。

从“白”到“黑”，每个人都感受到一种成就感、一种自豪感。“每当夕阳西下，从远处望向高塔，那感觉真美。”彭立新在自己的工作日志里这样写道。

从“生”到“熟”

“相比生活条件的恶劣，我们更担心工程建设进度的滞后。”彭立新说道。受南美雨季影响，铁塔基础建设严重滞后，但基础施工单位推进施工进度仍不紧不慢，给原本紧张的高塔施工计划带来严峻挑战。“从来就没有什么救世主，一切都得靠自己。”在《国际歌》的鼓舞下，项目团队积极和业主单位沟通，在工期、配套条件、环境政策等方面主动争取；加强与基础施工方协作交流，在高塔基础施工阶段提前介入，派遣经验丰富的员工一同参与基础浇制工作，将预计推迟4个月交付的高塔基础按原计划完成，为高塔组立的顺利开展奠定基础。

“大跨越施工程序复杂，我们对巴西当地的情况不甚熟悉，加上设备和工具繁多，施工计算的精确和精细化十分关键，每一步都需要反复计算、推敲，不断创新。”面对纷繁复杂的架线工程，负责架线技术工作的项目总工孙伟军由衷地感慨。在296米高空架设3.9千米电力线路，同时要克服热带高温、雷雨、大风等恶劣天气，对一支初次涉足南美工程的建设团队来说，确实有点“陌生”。

为了加快工程进度，提升现场的安全、质量管理水平，项目部在现场开展“我的高塔我的腿”活动，将每个塔腿的施工人员组成一个班组，从安全、进度、质量三个方面进行比赛。在个人工作方面，现场每周开展劳动竞赛，授予工作认真负责的现场员工“亚马孙之星”称号。同时，利用空余时间组织全体员工开展技术技能培训，该培训还被评为全国建筑业企业创建农民工业余学校示范项目……

天高路险步更前，风雨侵衣骨更坚。施工难度、风土文化、气候特征、意识形态等方面的差异，要求大家不能以国内的思维方式来考虑问题，应该像初学者那样尽快熟悉情况，积极主动应对困难，不然就会很被动。“这里的树木砍伐审批流程繁杂，架线施工都快开始了，审批却还未下来。于是我萌生了一个想法，将张力场移到两基锚塔底下，这样就无须砍伐树木。经测量计算，这一办法在安全、技术上也满足要求，从而大大推进了工程进度。”谈到如何应对困难时，孙伟军深有感触。

“牵引一定要精、准、快，防磨措施促进工艺创新，保安全才能保质量，保连续才能保效率，这是架线施工要确保的工作目标。只有这样，架线施工才不会走走停停，大伙也就慢慢从‘生’到‘熟’，这就是我们应对重大工程项目的方法。”彭立新的目光里透露出坚定。

从“苦”到“乐”

工程初期，营地基础建设匮乏，没有电视和移动电话信号。那时，他们对家乡和亲人的思念只能化作潺潺流水，漂洋过海涌向亚洲，深深体会到什么叫“乡愁”。

2013年春节，他们是在巴西度过的。除夕这天他们依然奋战在施工现场，晚饭时候的加餐才让大家体会到了过年的氛围。农历正月十二日那天，一名现场技术员正和往常一样进行驰度观测作业，家人的突然来电让他心里咯噔一下：这时候国内应该是后半夜，一定是发生了紧急情况。果不其然，他怀有双胞胎的妻子突感不适，被紧急送往医院后只保住了一个孩子。听到这个消息，七尺男儿蹲在地上泪流满面，心里满是悲伤和愧疚。“2号子导线已到位，请复验。”这时，报话机里传来同事的声音，战友们还身处200多米的高空等待指令，他本能地站起身来投入工作中。

在离家万里之遥的南美巴西，周围的一切都显得神秘陌生，员工的人身安全也是项目管理重点。项目营地实行准军事化管理，组织退伍军人员工成立巡逻队，设置专人进行食品采购和安全把关。“营地没有娱乐设施，我们就自己造了一个篮球场和羽毛球场，篮球架、球网等都是我们自己动手制作的。娱乐活动多了，网络问题同时也得到了解决，大家思家的念想也渐渐缓解了。”彭立新说。

雨林吐绿魁高塔，碧月撒光秀银线。物资管理专员应灵军将最后一批高塔施工设备装运回国，这位坚守在高塔施工现场的最后一名建设者，凝望着河畔耸立的高塔，默默地铭记：蓝天、白云、碧水，是永远挥之不去的记忆；高塔、银线、汗水，见证了高塔建设者的足迹。

从“超越”到“卓越”

在巴西优质工程颁奖典礼上，“Chines muitobom”（葡语，意为中国人非常棒），业主项目经理保罗先生对着项目团队久久地竖起大拇指。经过13个月的建设，南美两基最高输电铁塔成功实现“牵手”，在亚马孙河上空勾勒出一道亮丽风景，也在南美输电史上留下“中国制造”这浓墨重彩的一笔。

2013年5月10日，工程顺利建成投运。来自巴西最大的图库鲁伊水电站的400万千瓦电能源源不断输送至西北重要城市，对改善巴西区域电网结构、协调平衡区域发展具有重大的经济和社会效益，也为里约奥运会提供重要能源保障。

由于工程施工优质高效，巴西电力建设市场对中国施工企业打开大门，巴西第二大水电站美丽山工程、南美洲第一条特高压输电工程美丽山送出工程相继由中国电力建设单位参与施工。国家电网公司成立巴西控股公司参与电网投资，实现从劳动力输出、施工技术输出到资本输出的飞跃，成为“一带一路”倡议的成功实践者。

巴西美丽山水电站送出工程建成投运，标志着中国特高压输电技术首次输出海外

2018年3月20日，习近平总书记在第十三届全国人民代表大会第一次会议上指出：中国将继续积极推进“一带一路”建设，加强同世界各国的交流合作，让中国改革发展造福人类。

如今，我国已经与138个国家、31个国际组织签署201份共建“一带一路”的合作文件。国家电网公司已投资运营菲律宾、巴西、葡萄牙、澳大利亚等9个国家和地区的骨干能源网，收购巴西最大配网公司CPFL股权和希腊输电公司股权等。来自遥远东方的电网建设者们依然活跃在世界各地，为全球能源互联网事业贡献中国力量。

爪哇岛上的硬核团队

2020年8月31日，国家主席习近平同印度尼西亚总统佐科通电话时指出，中方愿同印度尼西亚深入对接共建“一带一路”倡议和“全球海洋支点”构想，实施好雅万高铁、区域综合经济走廊等重点项目，用好用足人员往来“快捷通道”，为两国复工复产提速。爪哇岛，印度尼西亚第五大岛，是印度尼西亚经济、政治和文化最发达的地区，拥有全国约2.62亿人口中的一半。在爪哇岛西北角有个印度尼西亚爪哇7号项目，这正是国家电网打造“一带一路”建设央企标杆过程中的一个经典案例。

2020年9月23日，印度尼西亚爪哇7号项目2号机组完成168小时满负荷试运行考核，这标志着爪哇7号项目机组已具备商业运行能力，实现竣工目标。这项“一带一路”倡议与印度尼西亚“全球海洋支点”构想对接示范工程，将有效改善爪哇地区的电力供应，缓解当地用电紧张的局面，推动地区经济发展。

印度尼西亚爪哇7号项目全景

硬核抗疫　毅然“逆行”

自2018年8月进场以来，国网浙江电力印度尼西亚爪哇调试团队经历了火山爆发、地震等自然灾害，他们每一次都克服了困难。这一次，他们又经受住了新冠肺炎疫情的考验。

2020年6月29日，杭州下着中雨，气温31摄氏度，项目部成员一行22人完成了核酸检测，将家人的挂念、同事的祝福、领导的嘱托塞进行囊，前往印度尼西亚复工复产。机场安检人员的白色防护服格外显眼，调试项目部执行经理章鹏环视四周，确认了没人被落下后，稍稍松了口气，他知道接下来他们也要穿上这样的衣服。

2020年6月30日凌晨2时50分，从广州起飞、曼谷中转、前往雅加达的航班开始登机了。项目部成员提前穿好尿不湿和防护服，更换N95口罩，戴上护目镜。广州的夏天是炎热的，凌晨虽然会凉快一些，但穿着防护服的他们，感受不到丝毫凉意。一路上为控制如厕的次数，全体成员20个小时自觉地没有喝水、吃饭。

2020年6月30日下午5时，一行人抵达项目部，依次进行全身消毒和抽血检测，合格后被安排进板房区，开始了为期14天的隔离生活。印度尼西亚爪哇岛6月份的平均降雨量为147毫米，一个月内有20天都在下雨，板房的木质床板有一些霉味，还有老鼠留下的痕迹。伙伴们坐在睡袋上，泡上一盒红烧牛肉面，在异国他乡感受家乡的味道。

项目部成员出发的那一天，印度尼西亚每日新增病例为1600例，而到项目竣工他们离开的那一天，每日新增病例达到了4300例。章鹏说："我没有辜负领导的嘱托，把这21名弟兄带去了印度尼西亚，也好好地把他们带回来了。"项目竣工时，调试团队22名成员无一人感染，全部安全回国。

硬核品牌　稳步推进

锅炉专业组长杨振华正在锅炉空气动力场指挥，不远处的安全围栏内，调试团队已钻入烟风道，现场的工作有条不紊地进行着。这是印度尼西亚调试项目的第一个重大节点——锅炉冷态通风试验，调试团队提早一个半月进烟风道，对144块挡板及900个测点进行逐一检查、验收。

业主运行部主任石玉兵一直在现场监督整个调试过程。当天，很少发言的石玉兵难得主动地搭话了一回。"安装阶段就进烟风道测试，这样的队伍，我还是第一次看见。"突然的发话，使杨振华紧张地往后退了一步。"石主任放心，我们所有的调试流程都是符合安全规定的，并且做了充分的措施。我也全程在现场监护。"石玉兵扑哧笑了，表示不是这个意思。他拿出项目部每日提交的资料，翻到最后说："数据都快有7000个了，我以前在其他项目干的时候，他们进烟风道的时间比你们晚了一个半月，给的数据也就3000多个。”正在督工的安装队队长老徐听到两人谈话，这时也走了过来：“可不是嘛，你们这调试标准比国标高了一截，最近几个安装的问题都整改四五次了。按你们的要求，我们的人力成本也随之成倍增加，项目都要干亏了。”

测试数据量超类似工程平均量的1倍，调试标准高于国标要求。秉持着保质保量地完成各项试验以及增强调试真度的态度，这支队伍与一块块挡板死磕，与一组组逻辑纠缠，在业主心中树起了硬核的形象。

怎样才能做好海外调试项目？过硬的技术实力是底气，铸就海外品牌是关键。

从事资料档案工作的陈乐，依旧记得在印度尼西亚的那个早晨的脚步声，那是他对于品牌建设的初次印象。

“乐子！乐子！”早晨8时20分，一阵急促的脚步声就在项目部里响起了。陈乐杯子里的感冒冲剂还没化开，章鹏的大嗓门就已经杀到眼前。原来，他刚从每日交接班会的现场赶回来。

“昨天的汇报材料是怎么搞的！业主刚才在交接班会上提了好多问题。”陈乐一下子手滑了，赶忙接住即将下坠的杯子。“不可能啊，这是几个专业组长昨天讨论到凌晨才定稿的。”陈乐赶紧接过材料。“我看看，行间距不对，字体不对，描述问题用的词汇不对……”陈乐的下巴逐渐收紧，眉毛皱起，眼睛也渐渐眯了起来，“这都啥问题嘛！”

啪！章鹏一把夺过报告：“不要有情绪，你先看看，再按照业主单位提出的要求，尽快整改。”章鹏揉了揉因睡眠不足引起的眼袋，将一份文件扔在了陈乐面前。“咳咳，章经理，我们是按国内的规范写的呀！这个都写过好几次了，不会搞错的。”陈乐的下巴略微放松，眉头却依然紧锁着，默默地喝了一口冲剂。

“标准和要求不一样，到了国外必须重新学习。我们作为调试单位，到每个新工地都要了解适应当地的做事模式和工作理念。要让业主从一开始怀疑我们的能力到信服我们，打造我们的海外品牌，首先就要把本职的工作做到尽善尽美，这步骤必不可少。”说罢，他扔了一盒“白加黑”到陈乐的桌子上，“吃这个，好得快。”

陈乐的眉头舒展开了，他将“白加黑”揣到了口袋里，拿起报告就往门外走去。“诶，你干什么去?”“章经理，我去给各个专业都宣贯一下精神，再组织重新修改，今天就把这份汇报材料按照业主要求重新梳理!”

硬核的技术更需要准确的落点，如何按照当地的标准开展工作，这是海外项目要解决的痛点问题。如今的调试团队，紧扣国家电网树立良好品牌形象的要求，更加重视品牌的效用，在实践中创造了分阶段逐步推进的发展思路。从解决痛点问题起步，接着主动排查项目中的隐患，解决问题，最终通过技术创新实现经济性、安全性的提升，满足业主差异化的需求。在这个过程中，一方面抓市场，成为独家合作方，进行项目牵头组织、计划工作；一方面抓服务，以调试环节为核心，做好全环节服务。同时，理顺市场网络和支撑网络的关系，比如在越南项目中，通过明确东盟机电、越南第四电力设计院等单位的职能和关联，厘清国内合作伙伴的脉络，使项目推进得更加顺畅。最终，在海外打响硬核调试品牌，展现真实、立体、全面的中国企业良好形象。

硬核调试　厚积薄发

2018年10月18日，国家主席习近平在致“一带一路”能源部长会议和国际能源变革论坛的贺信中指出，能源合作是共建“一带一路”的重点领域。我们愿同各国在共建“一带一路”框架内加强能源领域合作，为推动共同发展创造有利条件，共同促进全球能源可持续发展，维护全球能源安全。

在开展“一带一路”国际能源合作的道路上，国网浙江电力行稳致远，厚积薄发，通过一次次的硬核调试不断积蓄着力量。从1997年开始开辟海外业务，到2021年具备大型火电项目调试能力，国网浙江电力已承接多项海外工程调试任务。

2009年，国网浙江电力开启了第一个巴基斯坦调试项目，承担中国机械设备进出口公司在巴基斯坦SAIF总承包的225兆瓦联合循环机组调试工作。在充分信赖的基础上，2018年，国网浙江电力又签下巴基斯坦吉航1263兆瓦燃机调试合同，该工程采用世界上首款空冷型H级重型燃气轮机，燃烧温度超过1500摄氏度，联合循环机组效率达61.5%，高于1000兆瓦级超超临界燃煤机组约45%的循环效率。

2012年，国网浙江电力再次迎来双“第一”，那就是第一个白俄罗斯调试项目和第一个越南调试项目。

白俄罗斯别列佐夫电站和卢克木里电站项目是中白两国战略合作协议内的能源合作项目。两个项目装机容量均为427兆瓦，单个电站发电量约占当时白俄罗斯全国发电量的10%，该项目的调试完成与投入运行为解决白俄罗斯的电力短缺作出了积极贡献。2015年11月，别列佐夫联合循环电站项目荣获“中国建设工程（境外工程）鲁班奖”。

越南翁安电厂2×600兆瓦工程调试项目为越南带来了全国首台600兆瓦机组。该项目的业主咨询公司、总承包咨询公司均是国际知名跨国工程公司，业主、总承包、施工单位均是越南企业。项目的持续推进使调试队伍熟悉了国际工程的流程、标准，培养了一批适合海外工作的技术人才。

经过一项项工程的历练，调试技术逐渐炉火纯青，中国的先进调试技术得以在全球舞台占据一席之地。

高掌远跖，力争上游，对于国网浙江电力，印度尼西亚爪哇项目只是“一带一路”国际能源合作中的一个项目。2021年开始，国网浙江电力将更广更深地参与国际市场开拓，让硬核团队在全球的舞台中不断崭露头角。印度尼西亚南苏机组优化项目、印度尼西亚南苏超临界机组基建项目，将是团队新的征程。深化与越南东盟机电的合作，联合中方企业共同开拓乌兹别克斯坦、塞浦路斯燃机市场，等等，还有更广阔的天地可供这支硬核团队纵横驰骋。

“一带一路”上的电力送经人

国家主席习近平在与“一带一路”国家领导人交流中多次强调要加强能源等领域的互惠互利合作，推动双边关系发展。这为能源企业“走出去”指明了方向。国家电网公司作为国际电力业务的较早开拓者，将先进的设备、技术和管理经验带到了“一带一路”沿线国家，促进当地能源资源优化配置。国网浙江电力积极践行国家电网“走出去”战略，探索实践能源国际合作的新路径。

雪山之国尼泊尔，全境拥有8座海拔超8000米的极高峰。珠穆朗玛峰屹立在中国和尼泊尔的边境交界，是中尼两国世代友好的象征。在背包客的眼中，尼泊尔是佛祖诞生地，是众神的国度，是世界上幸福指数最高的国家之一。然而，在电力人眼中，尼泊尔也是世界上最不发达的国家之一，电力基础设施陈旧，供电短缺严重，人民电气化水平低，电网运行管理落后。

2019年6月，国家电网公司与尼泊尔电力局签署了《中尼电力联网可研合作协议》，旨在推动双方在能源电力领域的互联互通。早在2018

年，国网浙江电力的专家团队就在这片土地上开始了系统内首个尼泊尔电网咨询服务。在此前很长一段时间里，尼泊尔的电力技术和管理咨询项目始终被欧美发达国家垄断，这次是亚洲公司第一次承接尼泊尔电力局的咨询类项目。

竞标时，法国的EDF公司、韩国电力公司、印度普华永道、爱尔兰电力供电局和西班牙电力咨询公司是国网浙江电力强有力的竞争对手。项目负责人吴笛带领团队仔细研究招标文件，查阅了大量资料，对尼泊尔电网现状做了深入研究和分析，并与浙江省配电网发展和技术水平做了全面的比较分析，提出了对尼泊尔配电网降损有很强针对性的投标技术方案。经过几个月紧张的竞标，国网浙江电力凭着扎实的配网降损技术经验，成功中标尼泊尔配网降损总体规划咨询项目。

时光回到2016年，彼时的吴笛作为国网浙江电力印度降损项目的一名专家，游刃有余地完成了咨询工作，为印度加尔各答供电公司成功送去了“降损真经”。在这个项目中，我国电网配网降损技术的可靠性和智能化程度被验证达到了国际一流水平。他踌躇满志，然而当他双脚踏上雪山之国的土地，才意识到这个项目有多棘手和艰难。

2018年7月，正值尼泊尔近几十年来最热的夏天。吴笛率领团队抵达尼泊尔首都加德满都准备合同签约。团队居住的酒店位于市区，酒店设施在当地处于中上水平。入住当天晚上，吴笛正趴在台灯前研究尼泊尔电网资料，突然一片漆黑，让他有点措手不及。“首都市中心的酒店居然还会停电？”吴笛纳闷地打电话给前台经理询问情况。“非常抱歉，确实停电了，请稍等，我们将马上启动发电机供电。”前台经理十分平静地告知吴笛，显然他们对此早就习以为常了。由于首都加德满都也要轮流停电，酒店专门配备了多台柴油发电机，以备停电之需。“放心，我们将在这里开展电网诊断分析和治理，到时候，这些发电机恐怕就用不上了！”吴笛笃定地对酒店经理桑吉夫说。

第二天，在尼泊尔电力局一间小小的会议室中，吴笛和同事们一边抹着汗水，一边郑重签下了咨询项目的合同。签下合同的那一刹那，吴笛内心五味杂陈，这里比印度的情况更复杂、更严峻。他将要在这个古老的国度，在条件艰苦、线损严重的地方奉献整整3年的时光。

在尼泊尔14.7万平方千米的土地上，只有2900万人左右，不及浙江省人口数量的一半，其中80%的人口从事农业。该国以水电装机为主，电力短缺情况严重，枯水期还需要从印度进口电力，只有65%的人口通电，部分农村地区一天断电超过16小时。2015年的大地震使本就陈旧落后的基础设施雪上加霜。其后，虽然各国大力援建，世界银行、亚洲开发银行等也纷纷加大资金贷款额度，但基础设施建设依然进展缓慢。由于技术落后、管理混乱、偷电漏电等一系列问题，电网损耗居高不下，输配电损耗超过24%，是中国电网平均水平的4—5倍。极高的线损严重透支着尼泊尔电力公司的经济效益，也影响着百姓的用电质量。

配电网作为电力系统的末梢神经，连接着千家万户，对其开展降损诊断分析需要深入到每一个配电台区、每一家用电企业，甚至每一个居民家庭。收资的质量决定着整个项目的成败。尼泊尔全国有8个供电大区、112个配电中心、27000多台配变，由于设备陈旧落后，运行管理混乱，手工台账零散，数据资料大量缺失，仅有的一些信息系统更新维护滞后，更别说电网随意私拉乱接、窃电等情况导致现场实际与台账资料严重不匹配，60%以上的数据需要现场重新勘测。虽说尼泊尔的面积不大，但这毕竟是一个全新的国度，山高路崎，环境恶劣，交通基础设施极差，南北地理变化显著，地区气候差异极大。北部的喜马拉雅地区，海拔高度在4877—8844米，且当地社会环境复杂，受多民族、多宗教影响较深，对一个外国团队来说，收资困难程度大大超出预料。

收资计划启动第一周，项目团队需要赶赴尼泊尔北部格尔纳利省进行现场勘查。来尼泊尔之前，大家就有所耳闻，由于当地环境复杂，以老旧小飞机为主的尼泊尔国内航线是世界上最危险的航线之一，这天就恰巧遇到了一架飞机在降落时带着剧烈震动冲出了机场跑道的情况，整个机场的航班都延误了。苦等了好几个小时后，大家克服巨大的心理恐惧踏上了旅程。平安落地后，顾不上因惊魂未定而悬着的心，在两名向导的带领下，大家直奔台区现场。几年前的大地震让整个城市还处在缓慢复苏的过程中，道路崎岖狭窄，尘土飞扬，拥堵不堪，电线纵横交错，杂乱无章。团队一行来到一家小作坊门口，准备进门查看计量表，一个皮肤黝黑的小个子带着警惕的眼神飞快地冲过来关上了大门，周边的一些企业和居民也都纷纷紧闭门窗。从向导处得知，这里小作坊、小商铺很多，可以看到有私拉电线的窃电情况，团队成员双目所及之处都是供电方面的问题。

第一次收资就碰了一鼻子灰，吴笛陷入了沉思。他想起签约后，尼泊尔电力局的总经理吉辛专门召集了项目团队，对这个项目寄予了很高的期望。他郑重地说：“配电网降损对尼泊尔电力局来说十分重要，关系着企业的经营效益。世界银行专门贷款给我们开展全国范围内的配电网降损咨询规划，就是希望借鉴国际上的先进经验，全面降低配电网损耗，提高电网投资效益，改善供电质量和电网运行管理水平。我知道这个项目执行起来会非常艰难，你们如果有什么困难，尽管跟我们沟通。”

国网浙江电力项目团队与尼泊尔电力局开展交流合作

于是，通过尼泊尔电力局高层的协调推进，项目团队发动了尼泊尔全国各供电公司的力量，开展了一系列联合收资工作。授人以鱼，不如授人以渔，吴笛的团队从国内带来了各式各样的测量仪器，一边对当地供电局员工从零到一进行教学培训，指导测量方法和测量要求，一边优化工作方案。他们边收资边开展数据诊断分析，通过国内带去的线损分析软件，逐一勾勒出每一个变电站和每一个台区的高损耗原因，同时结合国网浙江电力配电网建设、运行和管理的经验，优化网架结构，规划布局新站点，提升改造旧设备，制定有针对性的防窃电措施和线损管理制度手册等，使项目实施逐渐步入正轨。

2019年10月，国家主席习近平到尼泊尔进行国事访问。两国元首共同发布了《中华人民共和国和尼泊尔联合声明》，其中指出中尼双方将开展水电、风电、光伏、生物质等新能源以及电网等领域的交流与合作。吴笛的团队在异乡也备受鼓舞，他们从事的这个配网降损规划咨询项目，正是两国电力合作交流的有效落地。

2020年，新冠肺炎疫情袭来，各国纷纷开始闭关抗疫，严格限制出入境，吴笛和团队也无法赴现场开展咨询服务了。项目进度严重受阻，团队成员通过远程办公、网络视频会议、微信群等方式持续稳步推进降损规划咨询工作，多次以视频会议的方式向世界银行和尼泊尔电力局汇报阶段性成果。项目组经过与尼泊尔电力局的充分沟通协商，重新调整了进度计划。项目推进受阻，但团队始终牢记2020年底国家主席习近平同尼泊尔总统班达里互致信函里提到的，要稳步推进两国共建“一带一路”，使喜马拉雅立体互联互通网络从愿景变为现实，共同打造中尼更加紧密的命运共同体，共同实现经济社会发展与繁荣，造福两国和两国人民。吴笛和团队也有信心在不久的未来给尼泊尔带去完整的“中国方案”，实现电网降损增效，提升供电服务质量，助力尼泊尔政府实现“繁荣尼泊尔、幸福尼泊尔人”的愿望。

古有大唐高僧西行求法，乘危远迈，杖策孤征；今有国网高参西去送经，山川异域，风月同天。未来，国网浙江电力立足全球视野，勇当示范窗口，将继续挑起担子，踏着“一带一路”西行的脚步，把更多的中国电力“真经”传播到世界各地。

IEC立项！我们逆风而行

国家主席习近平在第39届国际标准化组织大会的贺词中指出，伴随着经济全球化深入发展，标准化在便利经贸往来、支撑产业发展、促进科技进步、规范社会治理中的作用日益凸显。标准已成为世界“通用语言”。世界需要标准协同发展，标准促进世界互联互通。伴随着我国在国际标准化领域崭露头角，国网浙江电力也迈出了把自主研发的创新成果推向国际标准舞台的步伐。

2020年8月10日，IEC 62057-3 ED1《电能表的试验设备、技术和程序：电能表自动化试验系统》成功立项，这是第一次由中国人牵头制定IEC/TC13国际标准，是国网浙江电力第一个IEC国际标准立项，也是国家电网公司营销领域第一个牵头制定的IEC国际标准。

创作这么多“第一”，其难度可想而知，在回忆这段长达两年的立项过程时，项目负责人、全国最美职工黄金娟十分感慨：“是的，的确很不容易，但我们做到了！”

黄金娟与项目组成员在智能检定流水线分析故障原因

敲开IEC的大门

2018年夏天，国网浙江电力组织召开会议，探讨是否有优秀项目成果能推为国际标准。团队负责人黄金娟心想，国网浙江电力首创的电能表自动化检定系统已在10余个国家应用，是否可以试一试向国际标准领域进军?

目前，国家电网公司重点参与的国际组织有国际大电网会议、电气与电子工程师协会和国际电工委员会（International Electro Technical Commission，以下简称“IEC”）。其中，IEC是世界贸易组织认可的国际标准，是世界上成立最早的国际性电工标准化机构，负责有关电气工程和电子工程领域中的国际标准化工作。IEC的权威性是世界公认的，如果能做成IEC国际标准，一定能推动中国计量真正走向世界。

可从未接触过国际标准的黄金娟心里一点儿谱也没有。彻夜未眠的她第二天一早就向浙江省计量院专家请教，但没有人敢保证有希望通过。

临走之际，计量院的专家建议："黄主任，您去问问哈尔滨电工仪表研究所吧，它是IEC电工和电磁量测量设备技术委员会的秘书处，也是IEC电能测量和控制技术委员会（IEC/TC13）的国内对口单位。哈表所的专家经验丰富，如果他们觉得可以，那做成国际标准的希望就很大！"

可天不遂人愿，第一次去哈表所带回来的是令人失望的消息。"这个成果要提炼标准化要素比较困难。"时任哈表所副所长陈波听完黄金娟的介绍后说道。陈所长还向江苏、重庆、山东等地计量领域的专家询问，所有人都认为这是一件不可能的事。

但黄金娟不死心，她想把不可能转变成可能。于是，她带着团队踏上了一趟又一趟北上的路程。一次又一次的探讨，终于慢慢全部解答了陈所长提出的一个个问题。

"是你的坚持打动了我，我觉得可以在IEC/TC13做一个问卷调查了。"陈所长说。2018年底，好消息传来，IEC/TC13决定把来自中国的"电能表自动化试验系统"提案纳入年会专题讨论，并邀请黄金娟参加2019年在匈牙利召开的年会。

摸着石头过河

IEC标准有哪几类？制定标准有什么流程？应该怎么编制标准呢？完全不了解这些的黄金娟团队只能一趟趟地往外跑。"出差是家常便饭，哈哈！"团队成员施文嘉每每提到刚起步的时光，总会打趣道，"一周要跑好几个地方。我还记得有一次去北京，坐最早的飞机去，开完会当晚就直接飞回杭州。”为了解各个国家的电能表和检定装置现状，团队成员拜访了10余个国内出口电能表比较多的制造商，详细了解国际电能表使用情况。国内的电能表生产厂家听说是为了制定国际标准，也给予了大力支持。

经过几个月的取经，事情慢慢有了眉目。工作越做越扎实，和国外专家交流沟通也越来越有底气。终于，在布达佩斯的年会上，IEC/TC13第一次看到了来自中国的提案，会议无异议地通过了启动预备工作项目的决议。2019年7月，当看到正式发布的年会会议纪要中提到启动编写技术报告的预备工作项目时，国网浙江电力立马组建“电能表自动检定系统”国内镜像工作组，10月，就向国家标准化委员会提交了草案与新提案文件。

但事情远没有想象的那样简单，文件提交以后一直没有回信，IEC/TC13秘书也迟迟未开始后续流程。团队成员屡次联系，但等来的总是“马上就会开始处理”。

通过大半年的联系，2020年4月，终于有了回音。秘书请团队成员确认以国际标准或技术报告发起投票。国际标准的国际一致性比技术报告高，难度系数也高很多，但在别人看来都是一样的，那为什么不做一个简单的技术报告呢?

习近平总书记曾指出，要增强“四个自信”，以关键共性技术、前沿引领技术、现代工程技术、颠覆性技术创新为突破口，敢于走前人没走过的路，努力实现关键核心技术自主可控，把创新主动权、发展主动权牢牢掌握在自己手中。

团队里的每一个人心里都清楚，国际标准是经正式表决批准并且可公开提供的标准，在世界范围内统一使用。国际标准可以让中国在国际规则制定和制度性话语权上占主导地位，能有效地推动国际合作的开展。只有做成国际标准，中国的计量检定技术才能被世界认可！

最终，提案以国际标准的形式发起投票。

为了能够获得各国支持，黄金娟团队成员通过各种渠道向德国、意大利、英国、法国、日本等众多国家的专家发邮件，希望能得到各国专家的支持。在多方的努力下，2020年8月10日，项目最终成功立项。

努力永不停歇

“我们代表的是中国，千万不可以丢脸。”这是每一个团队成员的心声。

制定标准的每一个阶段都需要漫长的国外专家评审。在等待的时间里，团队成员没有停下学习的脚步。

和外国专家开会需要有流利的口语，团队成员的英语口语不行，他们就拿出当年读书的劲，不管白天黑夜只要是闲暇时就练英语听力。涉及专业的词语和技术条款，大家就去一一溯源，整理成了40余篇学习笔记。所有的技术指标，大家也都通过实验反复验证，绝不马虎，毫不放松。

制定国际标准并不只是目前研究成果的转换，更要随着相应技术的发展而不断修改。团队成员都在定期关注相应标准的修订，针对修改的细节，一一请教业内专家。

“立项以后压力更大了，每一个环节都不能松懈，要更加努力了！”

“不同国家都会有自己的考量，等和外国专家开完会以后，草案的改动或许会非常大，但我们不怕！”

提到以后的路，团队成员总是信心满满，眼里有光。

新时代呼唤新担当，新征程需要新作为。党的十八大以来，以习近平同志为核心的党中央把科技创新摆在国家发展全局的核心位置。这次的立项只是一个起点，国网浙江电力将持续推动国际标准的重大突破，争当国家电网公司推动关键技术走向世界的“排头兵”。

服务走出去　侨商请回来

侨胞一直是习近平总书记高度重视的群体，他曾在多个场合谈及侨胞，谈及侨务工作。2017年2月，习近平总书记对侨务工作作出指示：实现中华民族伟大复兴，需要海内外中华儿女共同努力。把广大海外侨胞和归侨侨眷紧密团结起来，发挥他们在中华民族伟大复兴中的积极作用，是党和国家的一项重要工作。服务海外华侨，引领侨资回归，也是国网浙江电力近年来推动深化"最多跑一次"改革的方向之一，并且卓有成效。

浙江是中国重点侨乡之一。近年来，浙江引导侨商侨资回流，利用侨务资源推进"走出去"和"引进来"的发展内容，帮助海外华侨领会国家及浙江各项政策。

以青田县为例，这个人口55万的浙南小县有33万华侨，他们分布在全球128个国家和地区。如今，得益于当地政府及公共服务业提供的支持，已有10万青田华侨陆续带着理念和资金回归家乡。

国内的用电业务也可以在海外办，实在太方便了！

叶理火的人生轨迹是很多华侨的缩影：少年时怀抱梦想离乡背井去异国他乡打拼，历经千辛万苦，在事业有成之后，带着对家乡深深的眷恋重回故乡。

一切的开始，要从叶理火在西班牙找到了国家电网的“海外营业厅”说起。这次遇见让他惊叹身处海外依旧能保障自己在国内的权益，同时也成了叶理火日后归国反哺家乡的契机。

最让叶理火放心不下的就是老母亲，因为母亲年事已高，又不愿离开故土，只得一个人居住在老家。叶理火放心不下母亲，每两个月左右，他就丢下手头的工作，赶回国内探望母亲。中国和欧洲隔着万水千山，往返一次相当不容易，即使再忙再累，叶理火也要风尘仆仆地赶回来，哪怕只在家待几天也行。2017年秋，独自生活在青田老宅里的母亲不慎扭伤了脚，她给儿子打去电话，说家里的电费很久没去缴了，自己又去不了营业厅，让叶理火想想有什么办法。叶理火一边安慰母亲，一边在青田华侨圈子里打听怎么联系国内供电公司的工作人员，看看是否有提供上门收取电费的服务。

此时，一位名叫包越瑜的女士回复了叶理火的求助信息：“来Lumisa公司吧，我们这里可以代办国家电网的国内业务。”看到信息后，叶理火匆匆来到Lumisa公司，通过这里的国家电网“海外营业厅”为家里缴足了电费，这是叶理火第一次知道原来国内的用电业务还可以在海外办。

“海外营业厅”又名“侨帮主”平台，是国网浙江电力依据青田华侨之乡的特色，服务海外华侨的第一个阵地。旅居西班牙的华人通过该平台可以直接在海外办理国内用电业务，解决办电和用电难题。

“海外营业厅”没有独立的门店，但后台服务网络十分强大，海外用户可以通过关注“侨帮主”微信平台，直接办理国内用电业务。“海外营业厅”的运维工作人员通过微信，在最短的时间内受理并安排人员办理业务。就这样，无形的网络将国网浙江电力与旅居海外的华侨连接在了一起，华侨隔着电子屏就能享受到有形的优质服务。

如今，依托海外同乡会、中餐馆、华人超市、华侨联络员队伍和国外能源公司，国家电网“海外营业厅”已经在西班牙、捷克、意大利等国家的共12个城市设点。一个小小的微信平台“侨帮主”由虚拟走向现实，让海外华侨不再受时空和国界的约束，解决国内外用电难题。国外的用户真真切切地感受到了电力服务的周到和细致，家乡电力服务的热情传递到了万里之外的游子心坎上。

我看到了回国投资的可能性

除了办理用电业务，“侨帮主”平台也会推送电力产业的相关投资信息。在一次“侨帮主”平台发布的“电力获得指数”信息中，叶理火看到了国家电网为改善营商环境取得的成绩，他敏锐地感觉到国内投资环境正变得越来越好，而且国内政治稳定、社会安全、经济保持稳步增长，这些优势都是其他很多国家无可比拟的。

叶理火久居海外，足迹遍布全球各地，但对家乡、家人的思念时常萦绕在他的心中。如今自己事业有成，看着国内环境的不断变化，他萌生了回国发展的想法。

有了想法后，叶理火通过“海外营业厅”拿到了成体系的家乡政策解读、归国投资、公共服务等方面的宣传材料，特别是当地政府也在号召侨商回归，这让长年待在国外的叶理火对国内的投资环境有了更深入的了解，也坚定了回国投资的决心，用他的话说就是："我看到了回国投资的可能性。"

在充分了解家乡关于光伏项目的具体政策后，叶理火决定在家乡投资光伏电站，打造一个集光伏发电、生态种植、观光旅游于一体的现代农业综合体。

出国近23年，如今要回国发展，叶理火在创业初期还略有担心。但"海外营业厅"很快消除了他的顾虑——通过"侨帮主"，他不仅可以在线办理装电手续、翻译国外电费单、咨询电价政策等国内外各类涉电业务，还能一并解决政策解读、公共服务等其他民生问题。很快，在"侨帮主"的帮助下，叶理火快速办理了涉及各个部门的项目前期申报工作，大大缩短了前期等待时间。

2019年6月29日，叶理火投资的光伏电站成功并网发电。2020年7月，也就是投运的1年后，叶理火的光伏电站运行良好。在别人的建议下，他又在光伏板下试种起了油茶，产出后还将叠加收益。望着这一切，叶理火觉得，他与故乡的距离又一次拉近了。

"侨帮主"成为家乡招商引资的"桥梁"

叶理火的光伏电站步入正轨后，儿子叶正川也添加了"侨帮主"平台，关注起了青田县的招商政策。近年来，跨境电子商务在国内势头大好，叶正川动了投身跨境电子商务的念头。在平台发布的青田进口商品城招商须知中，叶正川嗅到了商机，决定租一个店面开一家西班牙进口超市。

叶正川没有国内生活的经验，通过"侨帮主"平台，当地供电公司主动为叶正川提供了增值服务，不仅为他的店铺在用电新装上开方便之门，还帮助指导办理工商、税务、消防等登记手续。从店铺选址再到开张，只用了不到1个月的时间。特别是从办电到通电“一次都不跑”，仅2天就完成了，这在国外是无法想象的，使叶正川大为吃惊，也让他十分感谢“侨帮主”。

国家电网浙江电力红船共产党员服务队服务海外华侨回乡投资

像叶正川这样开设的进口商品店在青田有200多家，这也是青田县“服务华侨要素回流，抱团走向全国”的一个缩影，仅青田进口商品城三期、四期项目中就有118户店主是在国外通过“侨帮主”办理的用电报装。

自2015年推出，截至2020年，“侨帮主”已累计为海外华侨办理了198户大工业、一般工商业用电及83户居民生活用电，累计吸引328名华侨回乡投资创业，为青田引进侨商资金1.64亿元，共有13名华侨通过“侨帮主”推送的信息，回乡积极响应国家节能减排政策。

如今，“侨帮主”平台正在充分发挥微媒体开放性强、自由度大、信息传播快等特点，联合当地侨联、招商、经信等相关单位，充分整合各方面资源，丰富“侨帮主”微联盟服务元素，打出一套服务民生、助力经济的组合拳。

第十一章

红船领航

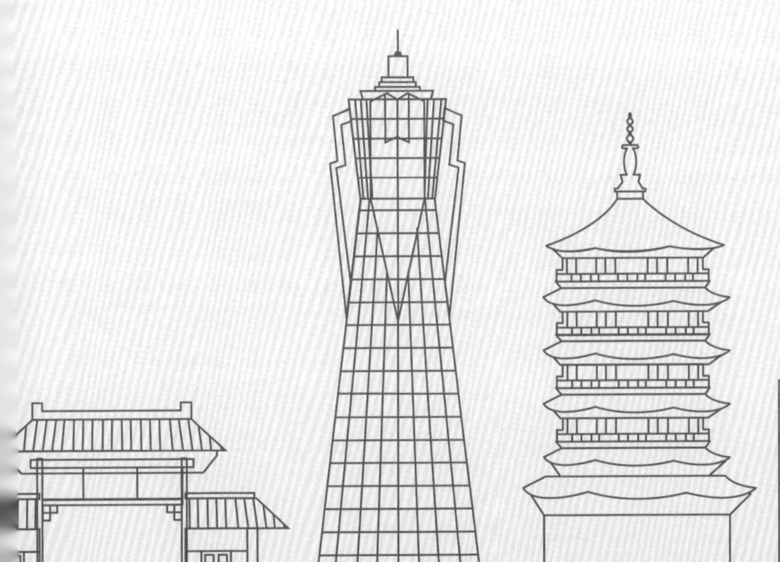

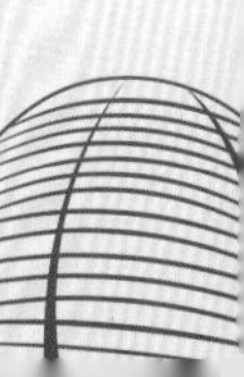

小小红船承载千钧，播下了中国革命的火种，开启了中国共产党的跨世纪航程。在中国革命红船起航地，有这样一群人，他们敢为人先，他们百折不挠，他们忠诚为民，他们以实际行动成为群众心中的“红船”，他们是红船精神的传承者与践行者，他们是国家电网浙江电力红船共产党员服务队。

红船精神　电力传承

2005年，时任浙江省委书记习近平同志在《光明日报》发表文章《弘扬“红船精神”走在时代前列》，首次提出并阐释了红船精神。国网浙江电力把红船精神融入共产党员服务队建设，将红船精神转化为满足人民美好生活向往、引领能源转型发展的强大动力，推动红船精神在之江大地永放光芒。

2021年是中国共产党百年华诞。百年征程波澜壮阔，百年初心历久弥坚。从上海石库门到嘉兴南湖，一艘小小红船承载着人民的重托、民族的希望，越过急流险滩，穿过惊涛骇浪，成为领航中国行稳致远的巍巍巨轮。

沧海桑田，时代变迁。南湖畔，百年红船依旧光彩夺目，充满磅礴力量。2005年6月21日，时任浙江省委书记习近平在《光明日报》发表署名文章《弘扬“红船精神”走在时代前列》，将“红船精神”概括为开天辟地、敢为人先的首创精神，坚定理想、百折不挠的奋斗精神，立党为公、忠诚为民的奉献精神。

在梦想起航的之江大地上，有一群光明的守护者，他们不论酷暑严寒、狂风暴雨，也不管在城市还是乡村，都保持着一颗永恒的初心，用优质服务不断满足人民对美好生活的需要。他们有一个共同名字，叫作“国家电网浙江电力红船共产党员服务队”。

从10人到9528人

秀水泱泱，红船依旧。有一种磅礴穿越时空，有一种精神薪火相传。

2007年10月，国网嘉兴供电公司党员朱洪春和另外9位年轻的电力工人，在南湖红船之畔举行庄严的宣誓仪式，宣告全国首支以“红船”命名的共产党员服务队正式成立。

时间是最好的见证者。短短10余年，当初这支只有10人组成的红船共产党员服务队，以星火燎原之势迅速发展壮大。

2012年，国网浙江省电力公司成立了由嘉兴红船共产党员服务队等组成的百余支国家电网浙江电力红船共产党员服务队。

2018年4月11日，国网浙江电力举行“红船精神、电力传承”——国家电网浙江电力红船共产党员服务队授旗暨“人民电业为人民”专项启动仪式，以“红船”统一省公司各单位共产党员服务队品牌。同年6月6日，国家电网浙江电力红船共产党员服务队示范基地揭牌。

初心如磐，使命如山。作为红船旁守卫光明的国有大型企业，国网浙江电力坚定不移地推进“红船精神、电力传承”特色实践，不忘初心使命，将红船精神体现在精神状态上，彰显在实践行动上，努力当好红船精神的忠实守护者、坚定传承者和自觉践行者。一代又一代国网浙江电力人在红船精神的鼓舞下，秉承“人民电业为人民”的初心，如弄潮儿一般劈波斩浪、勇立潮头。

国家电网浙江电力红船共产党员服务队在南湖边重温入党誓词

随着红船共产党员服务队品牌的不断打响，朱洪春发展壮大服务队的心愿得以实现。红船共产党员服务队从最初仅有10名队员的队伍，发展成为拥有实体化服务队434支，队员9528名，其中共产党员7276名的一支先锋团队。

这支服务覆盖浙江全境的先锋团队，近年来涌现出中华慈善楷模钱海军、全国劳模徐川子、全国最美职工黄金娟等一大批先进典型。在2020年新冠肺炎疫情防控关键期，红船共产党员服务队队员们还研发了全国首个“电力大数据＋网格化防控”模型助力社区精准防疫，创新试点“电力复工指数”，并在全国推广。

在社区，红船共产党员服务队走进空巢老人的家中递上名片，接到老人求助电话马上出发，一边免费维修电路一边和老人拉家常，得知老人有困难便帮忙解决……他们把“人民电业为人民”的企业宗旨化作了千家万户的光明。

在能源互联网建设和服务绿色低碳发展中，在对接“中国制造2025浙江行动”“两美浙江”等政府重大项目中，红船共产党员服务队的旗帜始终高高飘扬。

在G20杭州峰会、历届世界互联网大会乌镇峰会等重大政治保供电任务中，在抗冰抗台风救灾抢险中，在爱心结对访贫问苦里，“红船精神、电力传承”成了家喻户晓的“金名片”。

红船精神　闪耀那曲

在海拔4500米的西藏那曲索县嘎美乡山巅上，住着次旺一家17口人，用电对他们而言，在过去是一种奢望。2020年6月5日晚9时30分，随着最后一缕余晖从山巅消失，次旺家的灯亮了，这是他们全家第一次用上国网电。年逾七旬的次旺激动地说：“现在电不会断断续续了，我们家也能用冰箱了。”

在全球海拔最高的行政区那曲，索县有着“那曲中的那曲”之称，这里沟壑纵横、山多路险、交通不便，全年无霜期仅40天左右。跟次旺一样，县城内6个乡镇的大部分藏族同胞过去只能依靠太阳能发电，用电十分不便。

“我们就是来解决实际困难的！”2020年2月，来自国家电网浙江电力红船共产党员服务队的队员钟其和15名队友分三批，穿越5000多千米，从浙江来到索县，对口支援建设该地10千伏及以下配电工程。

经过85天的奋战，克服高原缺氧、路况险峻、物资匮乏等种种困难，钟其和其他队员在“生命禁区”提前42天完成支援任务，为当地928户藏族同胞送上放心电、稳定电。

“三区三州”深度贫困地区电网建设是国家电网公司助力脱贫攻坚的重要举措。高质量完成配网工程建设，是助力打赢脱贫攻坚战的关键一环。

国网浙江电力切实履行央企社会责任，依托红船共产党员服务队和青年志愿者团队，联合社会多方，创新建立以电为圆心的公益平台项目，将能源发展与民生帮扶工作相结合，大力开展扶贫、助残、助老、助学等公益志愿活动，增加百姓获得感，实现企业、社会的可持续发展。

开展西藏那曲农网改造升级、“三区三州”深度贫困地区电网建设等对口帮扶工程，让贫困地区真正实现从“用上电”到“用好电”的跨越。在帮扶过程中，国网浙江电力援藏人员克服极高海拔、严寒、大风等恶劣环境，用责任和担当为那曲市双湖县人民打通了光明路。

从“点亮一盏灯”到“温暖百姓心”

服务，是红船共产党员服务队成立的初衷，更是队员们始终不忘的初心。

嘉兴市百花社区是一个老旧小区，这里的居民大多为老人。前几天，新一任红船共产党员服务队队长袁均祥带着队员一起，修好了楼道里的照明灯，让“黑”了一阵子的楼道一下亮堂了。

红船共产党员服务队高效的服务，让百花社区党委书记苗青很感动。她说：“这几年在红船服务队的结对帮扶下，黑楼道逐渐减少。灯亮了，老人们的心也亮了。”

“微信扫一扫，报修零距离。”2016年8月，为了提升服务水平，红船共产党员服务队以社区、街道为单元，与社区工作人员共建了“红船服务零距离”微信群。社区工作人员只要轻触手机屏幕，拍个照片、发条微信报修，服务队就会马上派人来维修。目前，该微信群已覆盖嘉兴6个街道49个社区，打通了服务客户的“最后一公里”，也让便民服务实现了“零距离”。

线上有微信群，线下红船共产党员服务队建立了以走进园区、走进社区、走进农村、走进爱心领域为主要内容的“红船・光明驿站”，进一步扩充服务范围。6月1日，嘉兴再添11家“红船・光明驿站”。在这里，群众不仅可以处理用电问题，还实现了水、气、华数电视等生活类项目的一窗通办。

红船劈波行，精神聚人心。伴随着红船共产党员服务队的成立，以爱为圆心的公益项目扩展到全省，宁波发起“千户万灯”项目，为残疾人、贫困户家庭免费改造室内照明线路；杭州启动“芯系老人”计划，向1万户老人赠送智能插座，贴心守护独居老人；东阳发起“幸福蜗居”工程，为困难残疾人家庭改造危房……爱心，在行动中不断传递着。

一桩桩、一件件看似不起眼的小事，聚沙成塔，聚水成涓。这支国家电网浙江电力红船共产党员服务队正以实际行动成为群众心中的“红船”，从快速服务到优质服务再到品牌服务，传承着红船精神，塑造着“红船形象”。

代代传承，让共产党员服务队的旗帜高高飘扬

围绕“红船精神、电力传承”特色实践，国网杭州供电公司努力当好红船精神的守护者、传承者和践行者，当好电力先行官，架起党群连心桥，通过一代代党员的接续传承，把红船精神脚踏实地落实到每一项工作、每一个细节上。

无论是海拔4000米的青藏高原、“利奇马”等台风的抗灾抢险现场，还是“战疫”保电一线，国家电网浙江电力（杭州）红船共产党员服务队队员们始终身着红马甲，在危险临近时奋不顾身，在紧要关头挺身而出，在党和人民需要时奋勇向前，走进了政府、企业和千万百姓的心里。

2018年，国网浙江电力以“红船”统一全省共产党员服务队品牌，将队伍正式更名为“国家电网浙江电力红船共产党员服务队”。在国家电网共产党员服务队十大公约的指引下，国网杭州供电公司结合实际，不断完善国家电网浙江电力（杭州）红船共产党员服务队建设，在各具特色的政治服务、抢修服务、营销服务、志愿服务、增值服务的细微之处体现爱心、细心和用心。

国家电网浙江电力红船共产党员服务队用爱“点亮”玉树，让红船精神闪耀雪域高原

40年就做为民服务一件事

“梅雨叠三伏，全城变蒸笼。”2020年7月15日，全国劳模、国家电网浙江电力（杭州）红船共产党员服务队荣誉队长史文斌和其他队员们一边开着关于天气的玩笑，一边拎上工具箱又出发了。从5月“入梅”以来，史文斌穿着红马甲跑遍了王马、半道红等40多个老旧小区。他们一次次钻进黑漆漆的地下室和老旧的楼道，查一查裸露的电线、修一修损坏的电器。每到一处，蚊子从潮湿阴暗的角落一哄而起，每个人带着一腿的“蚊子包”继续往前走。

“老百姓下来拿自行车，万一碰到裸露的电线呢？万一被水里的麻绳绊倒怎么办？”史文斌说完话，打开手电筒叼在嘴里，两手用力地把绝缘胶布厚厚地缠绕在电线上。老旧小区没有电梯，57岁的史文斌一次次爬上7楼，每到一层都“嗯哼”呛一声，确认楼道里的灯亮起来才放心离开。

40年如一日，史文斌努力把群众的所思所盼所想一件件办实、办好。从1988年在超强台风里骑着自行车去抢修，到每个周末风雨无阻地在吴山广场摆摊为老人提供电咨询、送上“爱心孝老卡”；从走进玉树地震灾区为孩子们安装光伏板，到帮助弯湾洗车行的30名智力障碍青年找工作……从一个摇着铃铛赶路去抢修的小伙子，再到国家电网浙江电力（杭州）红船共产党员服务队荣誉队长，史文斌说他从黑发干到白头只做一件事：“优服务”“暖人心”，架起党和人民群众的连心桥。

春风化雨，如今，这座连心桥成了杭城百姓的口头禅：“你用电、我用心，有事找阿斌。”

从个人品格的感召，到主动请缨的“传帮带”，现在的史文斌又有了一个新身份——“杭电工匠云学堂”讲师。2020年7月16日，在党员服务队模拟实训区，史文斌把故障抢修、志愿服务的技能和心得用手机拍摄成视频，通过“杭电工匠云学堂”平台分享到各个实训基地，把自己的经验通过数字化方式传承下去。

劳模大课堂从线下办到线上，让国网杭州供电公司1100余名团员青年在红船精神和典型人物的指引下，积极投身“五项服务”，组织起“青言青语谈奋斗”“90后”宣讲团，让红色的青春身影遍布杭城街巷。

精神感召、典型引领。在出生于20世纪60年代初的史文斌身后，在数千名红船共产党员服务队队员接续奋斗的身影中，更多先进人物和事迹持续涌现。

凡是急难险重，党员就没有躲在后面的道理

“75后”抗疫英雄周志仁是个有着23年党龄的退伍军人，他个头不高、皮肤黝黑、说话不超过三四句，而他在距离隔离病房20米处抢修的故事却感动了无数人。平凡的工作，在千钧一发的关头才显出共产党人应有的品格。

周志仁常说：“凡是急难险重，党员就没有躲在后面的道理。”

2020年春节，一场突如其来的新冠肺炎疫情牵动全国人民的心。在宜兴老家过年的周志仁大年初一清晨便离开家人，在大雨中沿着空荡的长深高速飞驰150千米，赶回了单位。“我最了解设备，我报名保电。”周志仁走进班组，加班的理由不由分说。他主动申请去了最前线——西溪医院和浙一医院之江院区。前者是杭州疫情防控定点医院，后者是浙江省的重症病例定点医院。

“设备异响！请求支援！”1月30日正月初六，难题来了。浙一医院之江院区设备出了状况，客户电工曹春源束手无策，急得冒汗。

“我是党员，我去看！”周志仁嗖地起身。他知道之江院区的配电房离重症隔离病房只有20米，一旦变压器故障，重症病人的呼吸机可能停运、负压病房的空气可能溢出……这无疑是杭州市疫情防控中最前线、最关键、最危险，却最不容有失的一处场所。

曹春源带着周志仁七拐八弯绕过隔离区，全副武装走进配电房。他们对14台变压器一一做了外观检查和测温，没发现故障，但噪音还在耳边。周志仁闻到空气中没有焦味，凭着经验，判断大概率是有源滤波器出了问题。这让曹春源更着急了，如果滤波器过度充电，可能会引起设备炸裂，不但本级和上级电源保不住，在场的人都有危险。

“全部滤波器和无功补偿都退出来。”周志仁也在冒汗，他冷静下来，努力用沉稳的语气指导曹春源操作，一步、再一步，一台、又一台。两人用20分钟隔离了故障，重症病房关键负荷保住了。

“党员没有躲在后面的道理。”周志仁这么说，也是一直这么做的。在他的工作日程里，全是云栖大会保电、汽车西站保电、军队驻地保电这样的“硬骨头”。有一次，为了保障青年2050大会，周志仁愣是在应急发电车副驾驶座上睡了两天，吃饭、充电都在车上，发电车随时能用他才放心。然而这些，都是周志仁一次次向领导申请来的。

有人说他傻，喜欢“挑硬的”。周志仁说，党员像样，就是别人吃不消干的你得冲上去，别人顶不住的你要扛得起。

青年党员就要带头攀登核心技术最高点

钱锦，同事们眼中的“狠人”。2017年，刚入职第二年，他便在浙江省电力行业网络与信息安全攻防对抗竞赛中获得个人第一、团体三等奖的优异成绩。

2020年长三角G60科创走廊城市暨浙江省职工网络安全攻防技能大赛上，他在29个城市、36支代表队、108位数字精英中脱颖而出，以1375分的高分勇夺第一，比第二名整整高出500多分。要知道，同台竞技的选手当中，不仅有来自三大运营商的专业人士、国防机构的网络警察，还有来自互联网公司的网管大咖。

“传统的安全防护已经无法满足新业务场景的需求，我们需要的是技术突破，作为青年党员，就是要带头扛起创新的责任！”2020年12月15日晚上9时，国网杭州供电公司信通分公司楼层还灯火通明。钱锦和团队小伙伴在下班后聚在一起，讨论项目细节。

此前不久，国网杭州供电公司召开科技推进会。钱锦作为揭榜人，组建起以青年党员为骨干的“电力数智信通创新团队”，接下了研究全场景网络安全防护体系、打造高弹性电网安全防护体系示范的任务。绝大部分都是党员，平均年龄29岁，最低学历是硕士研究生。这支青年党员团队也被纳入该公司党委直接联系服务专家人才机制管理，受到特别的“关照”。

“核心技术引进不来、买不到，唯有把核心技术握在手里，大胆突破。”钱锦和青年党员们暗暗下决心，希望能突破更多困难，填补更多技术空白，为企业的长远发展添油助力。

“心中有目标，行动有方向。”青年党员团队计划在未来1年内，带着“新跨越行动计划”任务，在5G、新安全技术等关键核心技术领域，寻求能源互联网环境下的落地应用和项目合作机会，推进计划的电力5G网络应用、大数据平台的网络安全态势分析等5项课题落地，用网络安全保障企业数据资产发挥价值。

“迈向新的5年，我们要让更多的‘钱锦’成为科技创新带头人，在更多关键核心技术上取得突破！”国网杭州供电公司信通分公司党支部书记王一达说。

在“红船精神、电力传承”的感召下，国网杭州供电公司作为守卫光明的地方供电企业，始终秉承红船精神、劳模精神和志愿服务精神，把红船精神融入血液，为美好生活充电、为美好中国赋能，为努力打造全面展示国家电网建设具有中国特色国际领先的能源互联网企业的先行示范窗口作出新的更大贡献。

大陈薪火点亮东海日月星光

很少有一个地方，能像大陈岛这样充满传奇色彩。它孤悬于东海之上，总面积只有14.6平方千米，却从未淡出人们的视线。习近平同志不仅一次登岛、两次回信，还凝练概括了“艰苦创业、奋发图强、无私奉献、开拓创新”的垦荒精神。数十年来，三代电力人牢记习近平总书记建设“小康的大陈、现代化的大陈”的嘱托，接力驻守海岛，为这颗“东海明珠”亮起星星灯火，点亮东海上的瑰丽夜空。

坐落于东海之滨，距离台州椒江东南52千米的大陈岛，是一个极具历史和政治意义的海岛。半个多世纪前，数百名青年志愿者组成垦荒队踏上大陈，挥洒青春，这其中，就有王海强的父亲王进苏。

王海强是大陈岛上土生土长的“垦荒二代”。1987年，19岁的他毕业后回到大陈岛，成为一名电力工人，一路参与、见证了大陈岛的电力垦荒岁月。在他的记忆里，当年岛上基本都是黑的，连路灯也没有。

艰苦的生活条件，造就了大陈居民坚韧不拔、自强不息的优秀品质，而刻在骨子里的“垦荒精神”，让他们能够更加顽强、从容地面对挫折和逆境。

2006年8月，时任浙江省委书记习近平前往大陈岛考察，对老垦荒队员的奉献给予了充分肯定和表扬，提出“发扬‘艰苦创业、奋发图强、无私奉献、开拓创新’的大陈岛垦荒精神”。[①]自此，大陈岛垦荒精神成为浙江精神的重要组成部分。在垦荒精神的引领下，一批批垦荒人接续奋斗，炸石开山、修路盖房、开发养殖业与捕捞业……经过10多年的努力，这座荒芜的小岛迎来了翻天覆地的变化。和满坡荒草、处处废墟的岛屿一起相生相伴、焕发光芒的，还有岛上的电网架构。2009年，20多千米的35千伏海底电缆贯通，大陈岛正式进入陆岛联网供电时代。有了稳定的供电，岛上的夜晚不再冷清黯淡。

2010年4月27日，时任浙江省委书记习近平写给大陈岛25位老垦荒队员的回信，更加坚定了他们建设美丽海岛的信心与决心。许多离开大陈岛外出打工的年轻人受到感召，又重新回到故乡，王海强也是其中一员。秉持着大陈岛一脉相承的垦荒精神，他带领国家电网浙江电力（椒江大陈）红船共产党员服务队，为海岛振兴提供多元化的电力支撑，让整座大陈岛“亮”起来、“活”起来、“热”起来。

海岛的夜晚，不再漆黑

60多年来，电力建设者在大陈岛垦荒精神的指引下，奋发图强、开拓创新。习近平总书记对建设“小康的大陈、现代化的大陈”的殷切嘱托，时刻在他们的耳边响起，号召他们投身大陈岛的建设，不负时代

---

① 中共临海市委党校：《大陈岛垦荒精神激励青年成长》，《浙江日报》2021年3月29日。

的重托。在他们的努力下，岛上的电网架构，从无到有，从有到坚，从炭气发电到风力发电，从孤立电网到陆岛联网，历经了一次次的更新蝶变，仿佛另一部跌宕起伏的电力垦荒史。

大陈岛四面环海，台风、盐雾、藤蔓、锈蚀都成了阻碍电力稳定供应的“绊脚石”。为了解决这些问题，2013年开始，王海强带领红船共产党员服务队花了6年时间，致力于打造一张海岛坚强智能电网。

当年的大陈，山路崎岖，坑坑洼洼的地面使得工程车无法正常运行，他们便肩扛导线、身背器材，靠人力将23千米长的铝电缆全部更换为铜电缆，还为全岛电杆做了防风拉线，更换了1071个高绝缘性绝缘子以消除盐雾造成的污闪。同时，利用岛上丰富的风力资源，创新设计风趋式防缠绕装置，解决藤蔓缠绕线路的安全隐患。在一轮轮改造下，大陈岛的电网等级远超行业规范，在2019年16级台风“利奇马”的肆虐下，海岛上竟无一处倒杆。

叩响全域旅游致富门

守望着这座海岛的同时，电力人也在洞察大陈岛的时代脉动，应时而动，为她的绿色崛起注入新的动能。

从传统的渔业岛转型为民宿大热的旅游岛，是一个漫长且艰辛的过程。但是，大陈岛需要有自己安身立命的产业，实现自身的造血功能。也只有产业做起来了，才能真正注入源头活水，富民增收，守住百姓的“钱袋子”。

随着乡村振兴的号角在浙江渐次奏起，大陈岛也迎来了新的时期。这座美丽的岛屿崛起于碧波万顷的东海之上，浓墨勾画出新时代“重要窗口”美丽海岛风景线。以全域旅游为契机，以民宿发展为载体，大陈岛生动诠释了“碧海金沙也是金山银山”的时代内涵。

2015年是大陈岛旅游业飞速崛起的一年，海岛民宿如雨后春笋般遍地开花，用电量随之节节攀升。那年夏天，红船共产党员服务队接到上大陈岛居民反映：家里电灯经常忽明忽暗，电扇也转不快。服务队调查之后发现，这种情况是由于岛上用户距离太远，电压过低导致的。大伙立即重新架设线路，并进行变压器增容等工作。当时正值六七月的用电高峰，为了不影响居民日常生活，工程队错开中午用电高峰，每天起早贪黑，历经两个多月，人人都晒脱了一层皮，终于完成了这项电力改造工程。

这次事件，给电力人敲响了警钟。为了更好地提升当地生产生活的用电体验，回应大陈岛发展全域旅游的乡村振兴战略部署，国网浙江电力梳理好整个岛屿的用电需求，重新设计调整用电方案，签署了《全电景区建设合作框架协议》。着力打造甲午岩景区、乌沙头景区、垦荒纪念碑景区等全电景区，先后将岛上的有家客栈、半山居改造成全电民宿，并建成10个充电桩，实现大陈岛全电公交。

实现了全电气化之后，大陈岛的夜晚更加热闹了。在树木掩映下，可以看到特色鲜明的石厝房屋，木围栏点缀着艳丽小花，茶舍、书屋、餐厅灯火通明、音乐缭绕，人们促膝长谈，欢声笑语，唤醒了海岛的夜晚。

一条大黄鱼“游”出大产业

多年来，国网浙江电力一直忠实践行着“人民电业为人民”的企业宗旨，以党员服务队为纽带，服务地方特色经济发展。

大陈岛得天独厚的生态环境造就了丰富的优秀水产，发展海洋经济大有潜力。这里的水温非常适合黄鱼生长，大陈岛堪称大黄鱼的故乡。许多岛民嗅到了这一商机，选址大陈岛的鸡笼头区域，准备大干一场，却在筹建养殖基地的时候碰到了难题。

原来，黄鱼鱼皮上有色素细胞，在天黑时打捞才能呈现金黄色泽。捞出水面后要立即倒入冰桶内，用电动升降机拉上平台迅速装进铺满冰块的冷藏箱，再盖上一层冰霜，这样，黄鱼最佳的新鲜状态才能保存下来，最后通过冷链船运连夜配送出去。整个过程对电力要求极高。

2017年，广源渔业的陈老板在筹建养殖基地时，发现鸡笼头一带因偏僻无人住，一直未拉电线，依靠柴油发电显然无法满足大规模养殖设施的用电需求。在他犯难的时候，当地供电公司红船共产党员服务队主动上门，及时装好了一台专用变压器，并拉了一条1千米的专线，让养殖场通上了电。

这正是国网浙江电力在电力项目的开展中，重点突出“因地制宜”“对症下药”的一个重要举措，旨在更好地服务地方重点产业的发展，服务百姓最为迫切的所需所求。2018年，红船共产党员服务队再次上门服务，为广源渔业重新制定了用电方案，经过优化，如今每年能节约用电成本近7万元。2021年，广源渔业养殖基地用电量超过5万千瓦时。

电能充足稳定了，“大陈一品”黄鱼品牌也打响了。2019年，国网浙江电力以“乡村振兴·电力先行”示范区建设为抓手，推进大陈岛“三色三地”智慧能源样板区落地实践，着力打造“全电养殖”，引导农渔业电气化改造，“以电代油”保护海洋环境，构建蓝色海湾新生态，最终实现3个水产品养殖基地全电化生产、加工、冷藏、运输，大幅提高黄鱼幼苗存活率。截至目前，每年增产黄鱼约65万尾，经济效益提升30.3%。

为当地渔民提供电力服务

铝饭盒积攒出浓厚亲情

2016年六一国际儿童节前夕，习近平总书记的一封给大陈岛老垦荒队员后代的亲笔回信，推开了时光的大门，让大陈岛的垦荒传奇再次来到人们面前。

信中，习近平总书记勉励他们，要“努力成长为有知识、有品德、有作为的新一代建设者，准备着为实现中华民族伟大复兴的中国梦贡献力量”。

孩子的教育，关系到祖国的未来。椒江区大陈实验学校是大陈岛上唯一一所学校，自2012年起，国网浙江电力就与大陈实验学校帮扶结对，给予了学校许多帮助，包括捐赠电脑、图书、教具等教学物资，帮助学校建立了电脑教室、阳光书屋等。

海岛的冬天异常湿冷，往年冬天，孩子们坐在冰冷的教室里冷得瑟瑟发抖，手冻得都握不住笔。红船共产党员服务队的队员在上门服务时发现了这一情况，大家商量着要为孩子们改善一下学习条件，这笔钱就从那只“铝饭盒”里出。

大家口中的“铝饭盒”，起初只是王海强的存钱罐。在1997年的一次抗台抢险任务中，群众为感谢服务队的帮助，送来了一些鱼虾蔬果。“受之于群众，回馈于群众”，带着这样的想法，王海强他们便把菜钱存进了这个铝饭盒，打算通过服务将钱用回到群众身上。这么多年过去，大家不断往铝饭盒里存钱，便积累了不少。

2019年10月16日，红船共产党员服务队为大陈实验小学免费安装了电采暖系统，让孩子们能够坐在温暖的教室里上课。大家还帮学校食堂进行了电磁炉改造，用清洁的电能代替了传统的柴火灶台，消除了安全隐患。考虑到电采暖和电磁炉耗电量都不小，他们在学校楼顶天台安装了光伏发电板。大陈岛光照充足，有着丰富的太阳能资源，楼顶的光伏发电板1年大约能发电2000—3000千瓦时，可以给学校补贴一笔不小的电费。

在大众认知里，兴起于六七十年代的铝饭盒主要用来带饭上学，承载着父母对子女的关爱，而红船共产党员服务队的铝饭盒，何尝不是维系电力人与岛民之间“亲情”的特殊纽带？

岁月变迁，初心不改。王海强和服务队同这座岛屿一起历经了风雨变迁、沧海桑田，将自己的“个人梦”融入海岛的“发展梦”，点亮了大陈岛的“夜”，助推大陈岛蝶变新生。已经深深融入他们血脉里的垦荒精神，正如这颗“东海明珠”一般光彩夺目，熠熠生辉。

"千户万灯"暖人心

2011年8月20日，习近平同志在视察国家电网共产党员服务队时曾勉励，要始终牢记宗旨、心系群众，立足岗位、奉献社会。国网浙江电力始终牢记习近平总书记的殷切嘱托，积极探索共产党员服务队常态化开展志愿服务的新模式，在浙江省全面实施"千户万灯"残疾人贫困户室内照明线路改造项目，打造了"红船精神、电力传承"特色实践的"金名片"。

2012年11月15日，习近平总书记在十八届中共中央政治局常委同中外记者见面时强调："人民对美好生活的向往，就是我们的奋斗目标。"国网浙江电力以红船共产党员服务队为载体，坚定不移地推进"红船精神、电力传承"特色实践，以全国劳动模范、全国最美志愿者钱海军为先锋，在浙江省实施"千户万灯"残疾人贫困户室内照明线路改造项目，走出了一条共产党员服务队常态化开展志愿服务的特色道路。

从一个钱海军到“人人都是钱海军”

红船精神是中国革命精神之源，更是国网浙江电力人的初心使命。作为国家电网浙江电力红船共产党员服务队基层队长的钱海军，在社区客户经理的岗位上牢记初心使命，尽职尽责。

钱海军平时负责22个社区近6万户居民的用电服务工作，为他们提供用电咨询、业务代办等12项便民举措。在走街串巷时，他发现社区里空巢、孤寡老人很多，生活上经常有困难，从1999年起便加入社区义工团队，利用工作之余开展志愿服务，以一技之长为老年用户提供免费电力维修。他视老人如父母，既帮助检查线路，又陪着聊天解闷，服务内容也从电力维修扩大到生活的方方面面。

钱海军长期结对的一位老人名叫陈文品，是退休教师，性格很孤僻，不与邻里交往，家中还有一个生活不能自理的智力障碍儿子。2008年，钱海军到社区走访后敲开陈老的家门，递上一张名片，说以后有电力维修的需求可以打电话给他。老人对此将信将疑，认为这样的上门走访也就是个形式。

两个月后的一天，老人家中的插座坏了，想起那张名片，便尝试着拨通电话。“好的，我马上来。”钱海军满口答应。他立刻赶到老人家里，检查后发现是电源线短路，于是买来材料马上修好。

从此以后，隔三岔五的探望，每周的电话问候，钱海军渐渐化开了陈老心头的冰凌。一次老人生病，钱海军送他去宁波113医院住院治疗，27天里，钱海军去看了他6次，病友们将他误认为陈老师的亲儿子。

老人是这样评价钱海军的：“我与海军非亲非故，他为什么待我这么好？而且他不只是对我一个人好，是对所有老年人都好，我想这就是他作为一名共产党员的初心吧。”

金杯银杯不如群众的口碑。23年，钱海军在志愿服务之路上越走越远。23年里，他结对空巢、孤寡老人100多名，捐助贫困学子27名，累计上门服务超过2万次。有人把他比作“活雷锋”，也有人送他“万能电工”的雅号，他们说钱海军带来的光明不仅驱逐了视觉上的黑暗，更点亮了慰藉心灵的盏盏明灯。可面对赞誉，钱海军却说，我就是个普通人，只是帮大家做了一些力所能及的普通事。

为了让钱海军发挥“一座灯塔的能量”，国网浙江电力号召全省电力系统广大党员向钱海军学习，注册成立了以他的名字命名的志愿服务中心，以“多行一步，多帮一点”为服务口号，创新设立了“星星点灯”未成年人社会体验、关爱空巢老人“暖心行动”、“灯亮万家”表后电力维修等七大志愿服务项目。截至目前，团队累计服务3万余次、12.8万余工时，帮扶上千孤寡老人，助学97人次，无偿献血超过20万毫升，实现了从一个钱海军默默做好事到“一群‘钱海军’共同做大事”的转变。

从“点亮一盏灯”到“千户万灯暖人心”

也许，有的人生活在这个光鲜亮丽的城市，没有感受过黑暗；也许，有的人生活在这个衣食无忧的时代，没有感受过贫穷。可是，在城市的某些地方，有那么一群人天天生活在黑暗与贫穷里。这群人有一个共同的名字叫“残疾人”，如果给它加一个后缀，那就是“残疾人贫困户”。

线路老化、私拉乱接、金属线头裸露……在日常生活中，这是让许多人深感头疼的事情。四肢健全的正常人处理起来尚且不易，更不要说那些视力、听力、精神、肢体方面有残缺，行动不方便，经济条件又相对较差的残疾人了。对他们来说，维持生活的温饱已属不易，要解决这些安全隐患更是一种奢侈。很多残疾人甚至表示这个问题连“想都没想过”。

但隐患不会因为他们“没有想过”而消失，放眼周围，因线路老化、私拉乱接造成的触电和火灾事故时有发生。在宁波慈溪，国网浙江电力经过抽样调查发现，残疾人贫困户家中约有40%存在室内照明线路搭接混乱、线路老化等安全隐患。如何保障他们的住房安全，让残困人群在追求美好生活时不掉队？

2015年8月，国网浙江电力对宁波慈溪的2742名残疾人低保户进行了实地走访，如果不是在这一次实地走访中亲眼所见，没有人会相信在慈溪这个宝马、奔驰满大街跑的城市里，居然还有人两年没有用上一度电。然而，这偏偏又是真实发生在我们身边的事情。

2015年9月，红船共产党员服务队队员们凭着灵巧双手扮演起了“梦想改造家”，在前期走访基础上与地方慈善总会、残疾人联合会共同发起“千户万灯”残疾人贫困户室内照明线路改造项目，消除他们的用电安全隐患，保障住房安全。

国家电网浙江电力红船共产党员服务队为当地住户免费进行室内照明线路改造

除了改善硬件设施，队员们还走村到户，向残疾人贫困户传播安全用电知识。钱海军说："有些残疾人对于用电安全的了解可能还不如一个小学生，所以我们多做一点，他们的安全用电就更有保障。没有比这更让人觉得开心的了。至于我们做得好不好，我想那些用户比我更有话语权！"

事实上，这些"改造家"改变的不只是残疾人贫困户室内的照明线路，还有他们的内心。如果说之前他们的心是凄凉的、清苦的，那么改造之后，他们的心是火热的、幸福的。因为那一刻，他们知道自己是有人记挂的，从此不再是孤苦无依的了。

时至今日，"千户万灯"项目已持续实施6年，累计走访贫困户上万户，完成改造5200余户，惠及6万余人。

2019年，宁波市钱海军志愿服务中心注册成立，全面引领宁波大市"千户万灯"项目的推广，在国网浙江电力主导下，还构建了全省电力系统"千户万灯"公益联盟，形成了覆盖全省11个地市的项目组织架构。2020年"千户万灯"项目由浙江省残联发文在全省全面推广实施，展现了责任央企服务人民美好生活的使命和担当。

从"温暖一座城"到"遍迹数个省"

"坚决打赢脱贫攻坚战。让贫困人口和贫困地区同全国一道进入全面小康社会是我们党的庄严承诺。"[①]国网浙江电力沿着习近平总书记的指引，将"千户万灯"项目在浙江实践的成功经验输送到了更多的贫困

① 习近平：《决胜全面建成小康社会　夺取新时代中国特色社会主义伟大胜利——在中国共产党第十九次全国代表大会上的报告》，人民出版社2017年版，第47页。

地区，将“输血式”扶贫升级为“造血式”扶贫，将精准扶贫与“扶智”“扶志”紧紧融合，从雪域高原到偏远山区再到扶贫协作地区，全面助力脱贫攻坚、实现全面小康。

2017年，国网浙江电力援藏干部在西藏仁布县工作时，在与藏族同胞交流时发现当地有许多残困家庭需要帮扶。于是，一场光明接力排上了行程。在西藏南部平均海拔近4000米的仁布县，服务队完成了“千户万灯”项目西藏行首个村落25户的改造任务，在当地成立了公益组织分支，给当地游牧民送上了太阳能移动电源和多功能自发电灯，手把手教大家使用方法。在康雄乡则拉村村民多吉尺列家，焕然一新的照明设施改变了他的生活，也架起了党联系群众的连心桥，朴实的藏族同胞不太会表达，握着队员的手不住地说感谢。

扶贫必扶智。在开展室内照明线路改造的同时，队员们也关心着当地孩子的教育。他们给西藏仁布县康雄乡中心小学送去了慰问物资，为藏族孩子们带去了生动有趣的“星星点灯”电力知识科普大课堂，还与孩子们约定，要实现他们的大海梦、高铁梦。

2018年7月，7名藏族小学生应邀来到浙江宁波，参加了为期一周的“藏娃寻海，浙里有家”主题活动。孩子们白天跟随结对家庭领略山水浙江的人文魅力，晚上与他们同吃同住。通过一个星期的朝夕相处，两地的孩子互通友情，收获了一份特殊的成长纪念。在藏族小朋友身上，队员们倾注了无限的爱心，他们关爱更多贫困儿童的热情也被点燃。

2018年11月，当得知黔东南有一批贫困学子亟待帮助时，队员们一拍即合，一场名为“星星点灯、一路黔行”的扶贫助学行动迅速展开。队员们为施秉县白垛乡谷定村唯一的小学送去了投影仪、电脑等现代化教学设备以及手摇发电机、人体导电这两个电力知识科普教具和22份爱心礼包，还精心为孩子们准备了头灯，目的是照亮他们回家和上学的路，并启用全新的教学仪器开展电力知识科普讲堂，让他们感受科技为生活带来的改变。

为了援助扶贫协作地区，2019年，国家电网浙江电力红船共产党员服务队在吉林省延边朝鲜族自治州敦化市圆满完成了首批50户贫困家庭的室内线路整改，通过开展专业培训让“千户万灯”扶贫模式在当地长效落地，实现了扶贫先扶志的承诺。此行延边，除了带去“千户万灯”项目，国网浙江电力还根据当地实际情况提供特色服务，为50户贫困户的露天旱厕安灯，推进“厕所革命”。68岁的残疾人士顾成明望着亮起的太阳能灯，笑容在脸上蔓延开来：“以后晚上出来不打手电筒，也不会摔着了。”

有人曾经问钱海军为什么把项目取名为“千户万灯”，钱海军回答道：“因为电关系千家万户，而我们就是要‘走千户，修万灯’，让放心灯照亮每个家庭，温暖身边每一个人。”后来的事实证明，千和万都是虚词，因为他们走的远不止千户人家，修的亦不止一万盏灯。

初心辉映“光明”

党的历史是最生动、最有说服力的教科书。2021年2月20日，习近平总书记在党史学习教育动员大会上强调，必须把党的历史学习好、总结好，把党的成功经验传承好、发扬好。国网浙江电力作为浙江省内关系国计民生的能源领域核心企业，牢记周恩来同志“光明”嘱托，以实际行动践行“光明”承诺。

1939年3月，在抗日战争的关键时期，周恩来与5位绍兴电力青年员工秘密座谈，并为他们写下5幅含有“光明”两字的题词，从此为浙江电力、中国电力铸下“光明”烙印。时至今天，这枚独特而珍贵的“光明”烙印，历经风雨洗礼，熠熠生辉，照耀浙江大地。

每一个足迹，每一次进位，彰显新时代国网浙江电力勇毅前行、担当“大国重器”的雄心，照见电力人接续奋斗、践行“人民电业为人民”的初心。

“光明”基因融入血脉

2018年3月1日，习近平总书记在纪念周恩来同志诞辰120周年座谈会上指出：我们要向周恩来同志学习，不要忘记我们是共产党人，不要忘记我们是革命者，任何时候都不要丧失理想信念。他高度评价周恩来同志的丰功伟绩，号召全党全国人民学习周恩来同志的崇高品德和精神风范。

不忘初心，牢记使命。

2019年，国网浙江电力开展了纪念周恩来总理“前途光明”题词80周年活动，追寻“光明”历史足迹，打造光明纪念馆，开辟“红船·光明之路”，建设“光明驿站”，推出“光明工程”，进一步传承和弘扬“光明”文化。

铭记“光明”嘱托，将追求光明的理想信念化为自觉行动，在逆境中坚忍不拔，于险途中攻坚克难，电力人用心用情书写下一个又一个温暖而有力的“光明”故事。

海拔5000米的高原上，电力人不顾高原缺氧的种种不适，争分夺秒施工，最终提前完成对口帮扶地西藏那曲市配电网建设工程，让当地百姓一举告别缺电的日子。

在嵊州市石璜镇海拔900米的雾荡岗抗冰基地，一支应急抗冰抢险队冒着严寒深陷雪地，实时观测500千伏凤苍线、凤岩线及220千伏仪岸线的覆冰情况，只为确保电网安全可靠。

在绍兴市区八字桥直街13号，88岁的孤寡老人金行礼，迎来一群“亲人”，他们是国家电网浙江电力红船共产党员服务队的鲁江锋和队友们，这群年轻人常常利用休息时间，看望老人、帮助老人。像这样的困难老人，他们结对了56名，人数还在增加……

从决胜全面小康、决战脱贫攻坚到抢险救灾，从电力110、光明服务队再到红船共产党员服务队，国网浙江电力始终与时代发展同心发力，与百姓生活同音共鸣，在传承“光明”题词精神、传递“光明”伟

开展“千户万灯”公益服务，关爱独居老人

力中丰富涵养“光明”文化。

“光明”文化引领发展

一叶乌篷，载着2500年沧桑，迈入新时代。千年古城复兴，踏上新征程。电力人以时不我待、只争朝夕的紧迫感，奋勇争先，勇立潮头。

长三角一体化发展这一国家战略的实施，为绍兴带来历史性机遇，也为电力能源与经济发展的匹配，提出新的要求。聚焦“融杭联甬接沪”战略，围绕高质量发展，国网浙江电力加快建设能源互联网，持续优化营商环境，全面提升获得电力服务水平，助推地方经济社会发展行稳致远。

以“光明”文化引领电网建设，就是要站在高质量发展的高度，建设坚强电网。“十三五”期间，绍兴电网建设取得新跨越，在全省率先建成500千伏双环网，110千伏及以上变电站突破200座，建成投产110千伏及以上输变电工程56项，2019年供电可靠性位列全国第九，达到全国领先水平……

今天的绍兴电网，特高压、高压、配电网层层叠扣，勾勒出密实可靠的电力输送版图。2020年，主城区年户均停电时间由52分钟缩短至5分钟。

获得电力是衡量一座城市营商环境的重要标尺。对标世界先进经济体水平，从绍兴实际出发，切准大中小型企业的服务需求，国网绍兴供电公司持续推进优化电力营商环境工作，电力服务成为助推经济发展的新动能。

“芯片生产对供电质量要求极高，有国网浙江电力保驾护航，心里特别踏实。”中芯国际电力科经理胡伟林深有感触。中芯国际的快速投产，得益于国网浙江电力创新推出的“阳光业扩一站通”办理模式。

这一新模式应用的直接效应是使企业办理用电的时间压缩至32.7天以内，小微企业办电时间平均时长压缩至12.5天以内，包括中芯国际在内的一大批企业因此受益。

以“光明”文化引领电力服务升级，就是要将助企、惠民落到实处，落到细处。例如，与市农业农村局签署共同推进乡村振兴建设战略合作框架协议，推动“乡村振兴·电力先行”示范区建设；与水气部门协同，推出水电气“三合一”一柜办结业务，真正实现“最多跑一次”。

“光明”事业赓续奋斗

运用大数据精准分析，连续11年为绍兴居民免费发放《居民家庭科学用电建议书》，累计节约电费15亿元。一纸建议书，节约的不仅是电费，更是激发了个体参与节能减排的自觉行动。这是国网浙江电力人付诸10余年滴水之功而筑起的社会责任丰碑。

光明火种，薪火相传。这仅仅是国网浙江电力人坚持不懈、赓续奋斗光明事业的一个侧影。

成功攻克国家“863”课题，这项名为“高密度分布式能源接入交直流混合微电网关键技术”示范工程在绍兴上虞投入运行，提供了高密度分布式能源接入的新模式，是国内首次实现交直流混合微电网用户侧的商业化运营。

自主研发智能合解环装置，成功破解30度大相角差配电网间需停电倒负荷的难题，在国际上首次采用快速合解环方式实现线路不停电转供，精确控制合解环时间小于10毫秒，让电网愈加坚强，让用户能效提升。

建立起兼具独立性和区域性特征的智慧线路示范区，面积近500平方千米，覆盖110千伏及以上线路共58条、588千米，合计1267基塔，是国家电网公司验收通过的首个智慧架空线路。

圆满完成庆祝新中国成立70周年、G20杭州峰会、“枫桥经验”纪念大会等一系列重大活动保供电任务。

……

一切过往，皆为序章。新时代，新使命。

“十四五”时期，浙江肩负忠实践行“八八战略”、奋力打造“重要窗口”的使命担当，吹响建设社会主义现代化先行省的嘹亮号角。

雄关漫道真如铁，而今迈步从头越。

国网浙江电力将继续传承好“光明”题词精神，内化于心，外化于行，全力当好城市低碳发展的引领者、推动者、实践者，助力浙江率先实现碳达峰、碳中和，迈好能源电力发展“十四五”开局第一步，为地方经济社会高质量发展提供坚强电力支撑。

电力背包客：用脚丈量出美好生活

习近平同志曾指出，凡是为民造福的事就一定要千方百计办好。[①] 2018年，红船共产党员服务队“电力背包客”正式成立，他们用双脚丈量土地，翻山越岭，只为留守在大山里的百姓提供更好的用电服务。

浙南边陲，古廊桥畔，一座山城正勃发着郁郁生机。在这里，61名电力背包客肩负服务背包，听着虫鸣鸟叫，走过古桥古道，在大山深处留下一个个脚印……

“不打烊”守护深山灯火

据统计，截至2020年，在泰顺仍约有2.7万名留守老人和儿童，居住在交通不便、没有通班车的偏远山区，出门办事平均需要步行1.2小时，且大多留守人员无手机或用非智能手机，更谈不上享受“掌上电力”的便捷服务。

① 习近平：《之江新语》，浙江人民出版社2007年版，第33页。

如何让山区百姓体验更好的用电服务，成为当地电力人深入思考和努力解决的问题。彼时的电力抄表员，成了电力服务最后一公里的“桥梁”。“刚开始的时候我们还不叫‘背包客’，只是上门核准电费时会不约而同做这些事情，后来因为上门总是背着一个工具包，当地的百姓总是用方言叫我们‘背包客’，这个称呼就沿用下来了。”供电服务人员陈冬云说道。于是，“电力背包客”应运而生。

2018年，在“办电不出村”的基础上，国网泰顺县供电公司立足山区实际，整合队伍，在原有的“背包客”基础上，以红船共产党员服务队为载体，创新推出农村电力服务新模式——红船共产党员服务队“电力背包客”。该模式以网格形式对区域进行划分，将片区居民作为主要服务对象，安排“背包客”深入交通不便的村落，进村入户开展业务咨询、用电检查、业务办理等服务，让群众实现“零趟跑”，解决农村用户办理用电业务遥远、供电企业服务响应时间长等问题。

“在第一次接过背包时，我就知道这个背包虽然小小的，但是责任很大。”陈冬云回忆道。陈冬云是为数不多的女背包客，负责片区内4000多户用户的用电事宜。路途遥远，交通不便，经常早出晚归，中午吃面包和泡面充饥是工作常态，每年都要走烂好几双鞋。她以认真负责的工作精神、热情周到的态度，积极为客户送上暖心的上门服务，赢得广泛认同和好评。

家住高枯山村的82岁老人汪阿玉第一次听到陈冬云上门免费帮她更换插排时，简直不敢相信自己的耳朵。汪阿玉的房子，是一间破旧的木质结构房。房顶贴着几张透明塑料布，那是防水用的。一条打着补丁的电线，从墙边拉到屋中间，将一盏仅15瓦的钨丝灯悬挂在梁上，即使开了灯，屋内仍瞧得不是很清楚。墙边的桌子上，一个老旧的电饭煲插在一个破旧的插排上。因家庭贫苦，这个插排已经用了十几年，尽管只剩下2个插孔可以使用，汪阿玉仍然舍不得丢弃。

“比亲人还亲。”汪阿玉说。在陈冬云的帮助下，汪阿玉家有了很大的变化：墙上杂乱的电线被一一套在了套管里，并被整整齐齐地钉在墙上，昏黄的钨丝灯也改成了节能灯……新的插排，新的电饭煲，汪阿玉别提有多高兴了。“别说是6户，就算是1户，我们也要做好服务。”陈冬云说。

从2018年成立至今，“电力背包客”们一直践行红船精神，他们平均每人每周步行18千米，一年中有260余天都在山间行走，还解决了一些贫困户的实际生活困难，成了山村百姓最信赖的人。

小背包拨动致富密码

除了解决山村百姓的实际困难，“电力背包客”也能念好电力助农“致富经”。

柬埔寨华侨夏克勇便是在“电力背包客”的帮助下，实现了返乡创业梦，带领村民一起走上了致富路。

2019年，夏克勇决定回乡创业，先后投入300多万元在泰顺县李垟村的一个山头上，成立了浙江省唯一的鹧鸪特色养殖基地——温州永正农业开发有限公司。

当10000多只小鹧鸪即将“飞”来的时候，夏克勇这才想起，没有办理用电业务。从养殖场开车进城，来回得花上4—5个小时。刚回国的他，对办理用电业务需要什么资料、怎么走流程也是一头雾水。

万万没想到，就在他准备进城去供电营业厅咨询的时候，“电力背包客”陈宝贵上门了。在陈宝贵的耐心介绍下，夏克勇当即办理好了用电申请业务，厂子不久就用上电了。

鹧鸪既怕热又怕冷，既怕黑又怕亮，最喜欢的温度在18—22摄氏度……甚是娇气。由于工作量过大，聘请的7位技术工人觉得这活太累，纷纷提出辞职。

受人工成本影响，夏克勇决定引进设备，实现全自动养殖。然而，问题出现了——设备一启动就跳闸。李垟村仅有的一台50千伏安的变压器，无法满足村民生活和养殖场电气设备同时用电。

经此一役，夏克勇不禁怀疑自己回国创业是不是一个错误的选择，便计划着重新出国发展。

得知情况后，“电力背包客”陈宝贵带着一张设计图又来了，有条10千伏线路要进行改造，刚好经过李垟村。考虑到鹧鸪厂的实际用电困难，供电公司重新规划了线路，在李垟村新立起30根电杆，新建设了3千米10千伏线路，还把村口那台变压器增容到160千伏安。养殖场内所有电器设备终于可以同时运行了。

华侨终于圆了返乡创业梦！在夏克勇的带领下，周边的村民也纷纷加入了鹧鸪养殖，年人均收入从原先的不足6000元增长到了现在的38000元。

疫情期间的“背包”担当

2020年初，新冠肺炎疫情暴发，大多数居民不得不宅在家中。但是，随着时间流逝家中粮食年货消耗殆尽，偏远山区的孤寡老人们家中更是所剩无几。“电力背包客”们便主动当起了代购，背上背包，拿起笔记本，每天往返于市场和用户家中，为居家隔离的用户义务代购水果、食品等生活物资，让用户足不出户享受到电力人的代购服务。

“县城里居民可以下单，由志愿者直接送上门。但是山区老人无法享受这种便利。”胡昌凑是第一个在“电力背包客”群里发起并参与代购服务的，为偏远山区的老人们代买菜、米、油等生活物资。

胡昌凑负责的辖区内有3500多户，其中78%是留守老人。疫情期间，胡昌凑总是早早起床，顶着严寒挨家挨户询问、登记、分类、采买、分发，为村民日常生活提供便利和保障。

87岁的梁桂芳老人一直独居在西地村的老房子内，由于无法出门，家中早已“弹尽粮绝”。从胡昌凑手中接过免费采买的猪肉和豆角时，梁桂芳浑浊的眼里饱含泪水，不停地说着：“我已经3天没有吃菜了，谢谢，谢谢！”

胡昌凑说，代买是一件需要细心和耐心的工作。最多的时候，一天会收集到70多户的采购需求清单，有时一个人的需求要跑很多地方才能配齐。

诸如此类的事情还有很多。“电力背包客”朱剑泉，在服务中看到临时检查卡点缺乏后勤物资，自费7000多元买了方便面、水果、饼干等物品分发给10个检查卡点，给值班人员带去了关心和温暖。“电力背包客”王时快、陶旭耀当起了村里防疫宣传员和临时检查卡点值班员，尽管条件艰苦简陋，他们依然无怨无悔坚守岗位……

红船劈波行，精神聚人心。成立至今，61名“电力背包客”仍在大山深处行走。在服务山区百姓、助力全面小康的进程中，他们一直发挥着“背包客”的便民服务优势，积极为群众排忧解难。

2020年9月16日，习近平总书记在谈到基层公共服务时强调，基层公共服务关键看实效，要提高针对性，老百姓需要什么，我们就做什么。为继续服务好山区百姓，急群众之所急，想群众之所想，2020年，泰顺“电力背包客”“背包警务”“背包银行”一起成立了“背包客党建联盟”，发挥联盟内各党组织资源优势，形成“阵地共享、活动共办、发展共赢、宣传共创”的党建联盟新格局，打造泰顺本土“背包三剑客”，将更多的优质服务、联合服务带进山区，惠及群众。

党建联盟服务山区百姓

瞧，“背包客”们又来了……

心向光明　一路向西

扶贫，一直是习近平总书记牵挂的事情。2015年3月8日，习近平总书记在参加十二届全国人大三次会议广西代表团的审议时强调，要把扶贫攻坚抓紧抓准抓到位，坚持精准扶贫，倒排工期，算好明细账，决不让一个少数民族、一个地区掉队。电网是改善深度贫困地区生产生活条件的重要基础设施，国家电网公司始终把援藏工作作为重大政治任务，以实际行动为当地经济社会发展注入强劲动力。在西藏那曲，国网浙江电力红船迎风航行在雪域高原之上，载着光明，更载着希望，书写着“红船精神、电力传承”的动人篇章。

2020年3月17日，国网浙江电力援藏帮扶人员迎来了入藏以来的第五、第六车共计60吨“三区三州”电网工程建设物资。在物资运送的必经之地，海拔5200米的那曲嘉黎叶尔拉山上，帮扶人员与当地公安、路政人员一起，挥起铁锹，铲除盘山公路上厚厚的冰层。经过5个多小时的破冰行动，被困的电网工程建设物资运输车成功将物资运送到临时仓库，为后续电网建设有序推进奠定了物资基础。

这是国网浙江电力全力冲刺“三区三州”深度贫困地区电网建设任务的工作场景之一。从拉萨向西北出发，跨过300千米的茫茫荒原，便来到了他们的目的地——西藏那曲。

那曲全市平均海拔4500米以上，平均海拔在4700米以上的县有6个。夏季空气含氧量仅为海平面的58%，年平均气温零下1摄氏度。绝大部分地方绿色植物生长期只有3个月，有效施工期仅5个月。2018年以来，国网浙江电力援藏对口帮扶团队在这片荒凉贫瘠的土地上，承担起西藏地区海拔最高、区域最广、投资最大、自然条件最恶劣、施工条件最复杂的电网建设任务。

从平原到高原，迎难而上打赢“百日攻坚”

由于气候恶劣、物资运输困难，那曲地区电网建设十分薄弱，当地大多数农牧民只能依靠太阳能发电，用电极不稳定。

为此，国网浙江电力举全公司之力推进那曲“三区三州”配网工程建设，充分发挥在人员、技术、管理等方面的优势，统筹全公司资源，成立对口那曲公司帮扶工作组织机构，建立前方入藏帮扶与后方专业支撑相统一的帮扶机制，开展工程建设全过程帮扶。

在西藏那曲市嘉黎县绒多乡新建110千伏变电工程现场，吴健从县城到乡里赶了3个多小时的路，正和检查组队员们对那曲市主配网工程“百日攻坚”行动进行现场督导。吴健作为国网浙江电力东西帮扶人才，援藏期间担任国网那曲供电公司副总经理，是国网浙江电力那曲帮扶工作组组长。2018—2020年，那曲“三区三州”深度贫困地区10千伏及以下工程有12项，共计投资10.32亿元，新建和改造10千伏及以下线路3913.82千米、配变1042台，惠及24935户10万余贫困人口。

"国网浙江电力借鉴新一轮农村电网改造升级工程'两年攻坚战'的成熟经验，开展工程建设全过程帮扶。"吴健介绍说。

按照标准化项目部建设要求，国网浙江电力与国网那曲供电公司组建联合业主项目部，构建"一市帮一县"的帮扶模式，组建后方专业支撑团队和临时帮扶专家团队，全面推动那曲农村电网改造升级，同时落实"以帮代培、以帮促学"要求，提高那曲电网工程管理水平。

2020年是决胜全面建成小康社会、决战脱贫攻坚之年。为了让更多藏族同胞尽快用上大电网的稳定电，国网浙江电力于3月15日启动帮扶那曲"三区三州"配网工程"百日攻坚"行动，吹响了战斗的号角，确保6月30日前电网建设的所有工程全部完成验收投产。

在那曲建设电网，难度超出了援藏人员的想象——在沙尘暴和漫天飞雪的极端天气下，剧烈的头痛、恶心、呼吸困难时刻考验着他们。刚进藏时，大部分援藏人员整夜头疼得睡不着觉，早晨起床后都发现鼻子里有血块，走路稍快就喘得厉害。

为确保施工进度不受新冠肺炎疫情影响，国网浙江电力帮扶团队克服海拔高、气候寒冷等重重困难，坚持疫情防控与复工复产"两手抓、两手都要硬"的原则，全力推进各项工程建设进度。2020年5月15日，随着最后一个配变完成安装，西藏"三区三州"深度贫困地区电网建设"百日攻坚"行动计划提前完成。这意味着那曲的藏族同胞能提前一个月用上国家电网供应的放心电、稳定电，为当地民族团结和社会稳定、为满足人民美好生活需要作出了积极贡献。

从油灯到电灯，电力天路铸就幸福之路

"你有什么愿望？"

“早点有电用，晚上能暖暖地睡到天亮。”

作为国网衢州供电公司援藏对口帮扶组组长，41岁的郑璇源已进藏工作了19个月。同事们说，他进藏前还是满头黑发，皮肤也很白，但1年多过去，现在两鬓已经斑白，皮肤变得粗糙、黝黑。

郑璇源始终记得，初来西藏那曲市申扎县帮扶时，他和巴扎乡小学三年级学生次仁的对话。原来，在申扎县没有用上大电网电的村落，除了靠太阳能保证日常照明外，冬天照明只能靠油灯，取暖只能靠烧少量木柴或牛粪。次仁告诉帮扶队员：“无论是在家里还是在学校，下半夜躺在床上，会冻得直哆嗦。”

电网改造后，小学教室里原本一暗一亮的灯重新点亮，发出持续稳定的光亮，照在了孩子们灿烂的笑脸上。假期结束，申扎县巴扎乡政府和小学的各个教室和宿舍便通上了国网电，结束了长久以来烧煤和太阳能发电的历史。为此，乡长方华算了一笔账：“以前不通电时，乡政府和小学用电只能靠烧煤发电，电压不稳定不说，一年还得花费近40万元用来买煤、买发电机等。如今安全稳定的大电网电不仅能让电热毯等取暖设备派上用场，一年下来还能节省十来万元。”

申扎县卡德村的藏族小姑娘央措第一次在家里看上了电视。奶奶嘎桑说，这是孙女笑得最开心的一次。由于缺电，央措一家仅靠太阳能供电，天气不好时便用不上电。能在家里看上电视，一直是小央措心里的一个愿望，如今实现了。

从申扎县城前往卡德村，需要翻越3座海拔5000米以上的山峰，2条结冰的河流。沿途山高谷深，道路崎岖。援藏以来，如何完成最偏远村落的通电任务，成为国网浙江电力援藏人员的心头大事。

为卡德村架线通电历经8个多月，个中的苦郑璇源一言难尽：从县城到卡德村，架设线路要翻越高山，汽车无法到达的地方运输靠牦牛运、骡子驮、人肩扛。施工沿线经常有大雾和暴雪天气，能见度不到10米，山路陡峭泥泞，还常常有泥石流和岩石滑落。在进行卡德村项目竣工验收时，3名帮扶人员曾一天完成了412基电杆的缺陷检查，途中不乏翻山越岭，这对工作人员的身体和专业技能都是极大的考验。

2020年5月18日，卡德村，这个三面环山、一面环水，一共只有3户10口人居住的小山村用上了和城市一样安全、方便、便宜的国家电网直供电。当被问到打通这条“生命禁区”供电工程的艰苦时，郑璇源只是笑着摇头，可他乌黑开裂的嘴唇早已替他讲述了工程的不易。

“2020年是国家脱贫攻坚的关键之年，从乡乡通电到村村通电，再从村村通电到户户通电的过程中，哪怕只为1户人家，线也要架、电也要通。”郑璇源说，仅为卡德村3户家庭建设的供电线路造价就超过200

国网浙江电力援藏人员为藏族同胞点亮光明

万元，按照每月正常用电量50千瓦时的电费计算，这个投资费用可供家庭用电1000多年。

如今，12米高的电杆、笔直崭新的“电力天路”，宣告着这个藏地村庄新电力生活的开始，也让村民们靠天用电的日子一去不复返。“通电的人们，感谢你们！”嘎桑一家热情地招呼帮扶人员，并为他们倒上暖暖的酥油茶。

没有用上大电网安全可靠的电，不仅制约了西藏人民的生活，也制约了这里的生产发展。申扎县雄梅镇色宗村党支部书记久扎说：“以前村里用的电不稳定，供应不足，经常停电，群众日常生活很不方便，也没办法发展特色产业。现在，通了国家电网的电，不但有效解决了群众用电难的问题，村里还可以添置几台大功率生产机器，在家门口发展特色产业，促进群众增收致富，巩固脱贫攻坚成果。”

从“输血”到“造血”，结对帮扶输送不竭动力

2020年11月17日一早，国网那曲供电公司安监专员毛全伟来到雄梅镇的配变台区拨通了视频通话。在电话的另一头，他的师父郑璇源也如约而至，准备为毛全伟答疑解惑。

4个月前，毛全伟从郑璇源手下正式“毕业”。结束援藏帮扶以后，两人依然以师徒相称。师徒结对子，是国网浙江电力在西藏新一轮农网改造升级工程对口帮扶中与国网那曲供电公司采取的一项技术帮扶举措。

西藏电网改造升级工程规模空前，建设任务十分艰巨。因此，国家电网公司创新采取“一省帮一市”“一市帮一县”方式开展工程建设、管理帮扶工作。

徒弟毛全伟比师父郑璇源还要年长6岁。在一起工作的1年多里，郑璇源带着徒弟从电网基础管理流程开始，讲到项目管理，将他所有的知识、经验毫无保留地传授，边教边用，并鼓励毛全伟在工作中自己去发现、解决问题，培养了毛全伟独立工作的能力。近两年时间里，毛全伟已成长为独当一面的安全管理负责人。他说，从师父那里学到的，自己将继续“传帮带”下去。

“授人以鱼，不如授人以渔。我们留下的不仅是技术，还有学习的过程。”郑璇源说，永久性配网标准化示范基地将无偿留给国网那曲供电公司使用。他相信，同时留下的，还有学习的氛围。

“帮扶最大的意义不是输血，而是让我们有了新的造血功能。”西藏申扎县供电公司总经理武兴利坦言，通过管理和技术帮扶或许难以立竿见影，但在技术帮扶中学到的新观念新思维，将会持续发酵，为那曲的电网建设、企业管理提升输送不竭的动力。

“他们爬冰卧雪，把青春热血注入交织的银线，将浙藏的情谊焊接在矗立的铁塔。黑夜纷纷落地，电掣千魔锻造出闪烁星光。幸福等了许久，只为迎接光明的惊叹！高原捧出哈达，屋脊之上放歌中国梦想。”2021年1月21日晚，2020年度“最美浙江人·浙江骄傲”人物评选活动云发布仪式在杭州举行，国网衢州供电公司援藏帮扶团队作为国网浙江电力援藏帮扶团队代表，荣获2020“浙江骄傲”年度人物称号，娓娓道来的致敬词，将记忆再次拉回他们在“那”里的日子。

漫漫援藏路，拳拳帮扶情，一批批电力援藏队伍在雪域高原写下了助力脱贫攻坚浓墨重彩的华章。如今，一条条电网飞架在高原山川之间，一座座铁塔联通山野乡村，连绵的银线穿越崇山峻岭、荒漠沼泽、戈壁灌丛，将充沛的电能送进了雪域高原的千家万户。2021年2月，在全国脱贫攻坚总结表彰大会上，习近平总书记强调，脱贫摘帽不是终点，而是新生活、新奋斗的起点。这个起点，擦亮了奋斗的底色，凝聚着迈向更好生活的力量，沿着“电力天路”，幸福和希望正在高原上不断延伸。

后 记

能源问题关乎国家繁荣发展、人民生活改善、社会长治久安，是国家安全的重要组成部分。党的十八大以来，习近平总书记从保障国家安全战略高度出发，提出“四个革命、一个合作”能源安全新战略，发表了要稳步推进国内能源互联网建设，抢占全球能源互联网建设制高点，构建清洁低碳、安全高效的能源体系等一系列重要论述。这是习近平新时代中国特色社会主义思想在能源领域的重要体现和科学运用。

追寻习近平总书记的能源电力足迹，本书编著者详细梳理了2003年以来浙江破解能源发展困局的相关措施，收录了21世纪头20年里，国网浙江电力在能源消费、能源供给、能源技术、能源体制等领域的主要创新实践案例，以期探寻伟大思想的形成脉络，深刻感受其中所蕴含的强大的实践伟力。

在“十四五”开局之年，中国新能源产业迎来前所未有的发展空间。2021年3月15日，习近平总书记主持召开中央财经委员会第九次会议。会议提出，要构建清洁低碳安全高效的能源体系，控制化石能源总量，着力提高利用效能，实施可再生能源替代行动，深化电力体制改革，构建以新能源为主体的新型电力系统。这是中央首次提出“新型电力系统”一词。

构建以新能源为主体的新型电力系统并非易事，实属世界性难题。

指向未来，中国必将同时迎来能源结构转型、电力体制改革、电力供需变化等挑战。而正在高质量发展建设共同富裕示范区的浙江，将如何应对这些挑战？当下，国网浙江电力正加快多元融合高弹性电网建设，通过一系列能源数字化创新与实践，在源网荷储友好互动系统建设、新型电力系统关键技术等诸多方面加强攻关，为构建以新能源为主体的新型电力系统探索路径、积累经验、提供示范。这些，也必将成为本书编著者后续的重要选题。

本书编写工作得到了来自社会各界关心能源电力发展的专家、学者和广大同行的大力支持。编写组梳理出一个不完全名单，在此一并表示诚挚感谢。

张 帆 刘艳珂 陈富强 汪华强 杨 扬 陆勇锋 陈海明
张子凡 项 丹 张正华 廖文就 张友良 方艳霞 张 俊
求 力 李相磊 富岑滢 钱 英 张 蕾 唐瑾瑾 石瑞敏
何磊杰 翟宝峰 孙玉晶 苗云梦 董骏城 潘玉毅 顾剑豪
杨佳慧 宋 丹 王海燕 王 佳 刘东东 周天宇 杨 晨
金 玮 郭天元 王乾鹏 章奇斌 孙 雯 杨晓璇 杨瑶佳
吴 闯 朱梦琦 卢奇正 杨学君 何东皓 陈姣姣 潘 盼
包 涛 徐 放 金朦朦 王 雪 金振南 项静静 包舒静
屈依杨 卢江东 许雨佳 王新斌 陈龙伟 洪瑜阳 陈智洲
虞攀峰 王文波 陈泽云 富雨晴 吴 玲 沈旻骅 汪冬辉
骆思齐 王 浩 朱晓峰 方 峥 徐欣蔚 吴 笛 许子颖
李 舜 王佳颖 叶红豆

图书在版编目（CIP）数据

大潮起之江 ：能源安全新战略的浙江实践 / 国网浙江省电力有限公司编著. —杭州 ：浙江人民出版社，2021.9

ISBN 978-7-213-10223-3

Ⅰ. ①大… Ⅱ. ①国… Ⅲ. ①能源-国家安全-研究-浙江 Ⅳ. ①TK01

中国版本图书馆CIP数据核字(2021)第139021号

大潮起之江:能源安全新战略的浙江实践

国网浙江省电力有限公司 编著

出版发行 浙江人民出版社（杭州市体育场路347号 邮编 310006）
市场部电话:(0571)85061682 85176516

责任编辑 郦鸣枫 胡佳佳

助理编辑 赖 甜

责任校对 朱 妍

责任印务 刘彭年

封面设计 王 芸

电脑制版 杭州兴邦电子印务有限公司

印 刷 浙江新华印刷技术有限公司

开 本 710毫米×1000毫米 1/16

印 张 28

字 数 330千字

插 页 2

版 次 2021年9月第1版

印 次 2021年9月第1次印刷

书 号 ISBN 978-7-213-10223-3

定 价 80.00元